"十三五"国家重点出版物出版规划项目

面向可持续发展的土建类工程教育丛书

地下建筑结构设计

主编　张瑞云　朱永全

参编　刘冬林　乔文涛　申兆武

　　　李文平　孟丽军

机械工业出版社

本书是为普通高等院校土木工程专业地下工程方向和城市地下空间工程专业编写的《地下建筑结构设计》教材，系统地介绍了地下结构设计理论和常用地下结构的设计方法，主要包括地下结构荷载、地下建筑结构的设计理论与方法、梁板结构设计、框架结构设计、浅埋式地下结构设计、附建式地下结构设计、基坑支护结构设计等内容。

　　本书可作为普通高等院校土木工程专业和城市地下空间工程专业本科生教材，也可供矿山、铁路、公路、水利水电等专业的工程技术人员学习、参考。

　　本书的授课 PPT 等相关配套资源，免费提供给选用本书的授课教师，需要者请登录机械工业出版社教育服务网（www.cmpedu.com）注册后免费下载。

图书在版编目（CIP）数据

地下建筑结构设计/张瑞云，朱永全主编. —北京：机械工业出版社，2021.1

（面向可持续发展的土建类工程教育丛书）

"十三五" 国家重点出版物出版规划项目

ISBN 978-7-111-67672-0

Ⅰ.①地…　Ⅱ.①张…　②朱…　Ⅲ.①地下建筑物-结构设计-高等学校-教材　Ⅳ.①TU93

中国版本图书馆 CIP 数据核字（2021）第 039287 号

机械工业出版社（北京市百万庄大街 22 号　邮政编码 100037）
策划编辑：李　帅　责任编辑：李　帅　舒　宜
责任校对：王　延　封面设计：张　静
责任印制：张　博
三河市国英印务有限公司印刷
2021 年 5 月第 1 版第 1 次印刷
184mm×260mm·13.25 印张·323 千字
标准书号：ISBN 978-7-111-67672-0
定价：44.90 元

电话服务　　　　　　　　　　　　网络服务
客服电话：010-88361066　　　　机 工 官 网：www.cmpbook.com
　　　　　010-88379833　　　　机 工 官 博：weibo.com/cmp1952
　　　　　010-68326294　　　　金 书 网：www.golden-book.com
封底无防伪标均为盗版　　　　　机工教育服务网：www.cmpedu.com

前　言

随着我国经济的快速发展，城市化进程不断加快。由于城市人口密度的增加，可利用的地面空间越来越少，向地下要空间、向地下要资源成为城市发展的必然趋势。城市交通发展地铁；新建小区的车库普遍在地下，地面以上不见车辆只有绿化；在发展高层建筑的同时，人防工程必须同步进行；地下商场与地上商场及地铁同步建设。凡此种种，地下空间为各类建筑结构及构筑物开辟了广阔的前景，地下空间与工程成为土木工程重要的发展途径。

当前，土木工程专业地下工程方向和城市地下空间工程专业都要求开设"地下建筑结构设计"课程，希望学生通过本课程的学习，掌握地下建筑结构设计的基本原理和方法，为今后从事地下建筑结构设计工作打下良好基础。本书即为适应这一要求而编写。

荷载-结构设计方法是最基本的地下结构设计方法，其他的地下结构设计方法要和荷载-结构设计方法相结合，才能更好地应用于实际。地下结构设计最后可归结为梁、板、柱、墙、拱等各类构件的设计。本书在编写过程中，结合地下结构的受力特点，以培养学生的结构思维为主线，着重叙述浅埋于土层的各类地下结构的设计，强化基本概念，突出基本方法，培养学生的结构设计思维模式和思路。

本书由张瑞云教授和朱永全教授担任主编，书中第1、3章由张瑞云编写，第2章由孟丽军编写，第4、5章由乔文涛编写，第6章由李文平编写，第7章由申兆武编写，第8章由刘冬林编写。全书由张瑞云和朱永全统稿。由于地下建筑结构涉及的知识面广，内容庞杂，在内容的选取和侧重点上仁者见仁、智者见智，再加上编者经验不足，因此尽管在编写过程中进行了反复斟酌和修改，但仍然存在不足之处。敬请读者批评指正。

在本书的编写过程中，编者参考了大量学者的著作、图片等资料，在本书末的参考文献中列出，但难免百密一疏，在此一并表示衷心的感谢。

编　者

目　录

前言
第 1 章　绪论 …………………………… 1
1.1　地下建筑结构概念和特点 ………… 1
1.1.1　地下结构的概念 …………… 1
1.1.2　地下结构的特点 …………… 1
1.2　地下建筑分类和形式 ……………… 3
1.2.1　居民住宅 ……………………… 4
1.2.2　城市地下商业设施 …………… 5
1.2.3　地下公共建筑 ………………… 5
1.2.4　特殊设施 ……………………… 7
1.2.5　地下停车场 …………………… 8
1.2.6　地下交通运输设施 …………… 9
1.2.7　城市综合管廊 ………………… 9
1.3　地下建筑结构形式 ………………… 10
1.4　地下建筑结构的设计程序及内容 … 12
1.4.1　初步设计 ……………………… 12
1.4.2　技术设计 ……………………… 12
思考题 ……………………………………… 13
第 2 章　地下结构荷载 ………………… 14
2.1　荷载种类和组合 …………………… 14
2.1.1　荷载种类 ……………………… 14
2.1.2　荷载组合 ……………………… 15
2.2　荷载确定方法 ……………………… 15
2.2.1　使用规范 ……………………… 15
2.2.2　设计标准 ……………………… 15
2.3　静荷载的计算 ……………………… 16
2.3.1　结构自重的计算 ……………… 16
2.3.2　土压力的计算 ………………… 17
2.4　活荷载 ……………………………… 19
2.4.1　楼面活荷载 …………………… 19
2.4.2　屋面活荷载 …………………… 20

2.4.3　车辆荷载 ……………………… 21
2.5　动荷载 ……………………………… 22
2.5.1　地震作用 ……………………… 22
2.5.2　常规武器或核武器爆炸荷载 … 25
思考题 ……………………………………… 29
第 3 章　地下建筑结构的设计理论
　　　　与方法 ………………………… 30
3.1　设计方法历史沿革 ………………… 30
3.2　荷载-结构设计方法 ………………… 32
3.3　地层-结构设计方法 ………………… 34
3.3.1　解析法 ………………………… 34
3.3.2　数值法 ………………………… 34
3.3.3　特征曲线法 …………………… 35
思考题 ……………………………………… 35
第 4 章　梁板结构设计 ………………… 36
4.1　梁板结构一般概念 ………………… 36
4.1.1　梁板结构类型 ………………… 36
4.1.2　单向板与双向板 ……………… 38
4.1.3　梁板结构设计要求 …………… 38
4.1.4　荷载计算 ……………………… 38
4.2　肋梁楼盖设计 ……………………… 39
4.2.1　肋梁楼盖的设计步骤 ………… 39
4.2.2　肋梁楼盖的布置 ……………… 39
4.2.3　梁、板截面尺寸的确定 ……… 40
4.2.4　单向板肋梁楼盖设计 ………… 40
4.2.5　双向板肋梁楼盖设计 ………… 46
4.2.6　整体现浇肋梁楼盖的截面设计与
　　　　构造 ……………………… 48
4.3　无梁楼盖设计 ……………………… 51
4.3.1　概述 …………………………… 51
4.3.2　力学性能 ……………………… 52

4.3.3 无梁楼盖的设计要点 ……… 53
4.4 井式楼盖 ……………………… 54
4.5 密肋楼盖 ……………………… 54
4.6 地下空间结构中的梁板计算 … 55
思考题 ………………………………… 55

第5章 框架结构设计 …………… 57
5.1 框架结构的组成与布置 ……… 57
5.1.1 框架结构的组成 …………… 57
5.1.2 框架结构的布置 …………… 58
5.2 框架结构内力近似计算方法 … 60
5.2.1 计算简图的确定 …………… 61
5.2.2 竖向荷载作用下的内力计算——
分层法 ………………………… 63
5.2.3 水平荷载作用下的内力计算
（一）——反弯点法 ………… 64
5.2.4 水平荷载作用下的内力计算
（二）——D 值法 …………… 67
5.3 框架结构水平位移近似计算 … 75
5.3.1 侧位移近似计算 …………… 76
5.3.2 弹性层间位移角限值 ……… 76
5.4 框架结构的内力组合 ………… 77
5.4.1 控制截面和最不利内力 …… 77
5.4.2 竖向活荷载最不利布置 …… 77
5.4.3 竖向荷载作用下梁端弯矩调整 … 78
5.5 框架结构的抗震设计 ………… 79
5.5.1 框架结构抗震设计的一般概念 … 79
5.5.2 框架梁抗震设计 …………… 81
5.5.3 框架柱抗震设计 …………… 83
5.5.4 框架节点设计 ……………… 88
思考题 ………………………………… 88

第6章 浅埋式地下结构设计 …… 90
6.1 概述 …………………………… 90
6.1.1 浅埋式地下结构的形式 …… 90
6.1.2 浅埋式地下结构设计步骤和
内容 ……………………………… 93
6.2 地下商业街 …………………… 94
6.2.1 地下商业街的类型与功能 … 94
6.2.2 组合形式 …………………… 96
6.2.3 平面柱网及剖面 …………… 97
6.3 地下停车场 …………………… 98
6.3.1 分类 ………………………… 98
6.3.2 平面柱网及剖面 …………… 99
6.3.3 结构形式 …………………… 101

6.3.4 坡道设计 …………………… 102
6.4 地铁车站 ……………………… 102
6.4.1 地铁车站分类 ……………… 102
6.4.2 地铁车站平面设计 ………… 104
6.4.3 地铁车站建筑设计 ………… 104
6.4.4 地铁车站的结构形式 ……… 105
6.5 结构设计要点 ………………… 111
6.5.1 地铁车站结构设计要点 …… 111
6.5.2 地铁结构设计的构造要求 … 118
思考题 ……………………………… 122
计算题 ……………………………… 123

第7章 附建式地下结构设计 …… 124
7.1 概述 …………………………… 124
7.1.1 地下室的类别 ……………… 124
7.1.2 附建式地下结构特点 ……… 124
7.2 附建式地下结构形式 ………… 126
7.2.1 梁板结构 …………………… 126
7.2.2 板柱结构 …………………… 127
7.2.3 箱形结构 …………………… 127
7.2.4 其他结构 …………………… 128
7.3 附建式地下结构荷载 ………… 128
7.3.1 荷载类型 …………………… 128
7.3.2 荷载组合 …………………… 129
7.4 梁板式地下室结构的设计 …… 130
7.4.1 顶板 ………………………… 130
7.4.2 侧墙 ………………………… 131
7.4.3 基础 ………………………… 134
7.4.4 承重内墙（柱） …………… 138
7.4.5 口部结构 …………………… 139
7.5 附建式地下结构造要求 ……… 142
7.5.1 建筑材料的强度等级 ……… 142
7.5.2 防空地下室结构构件的最小
厚度 …………………………… 143
7.5.3 保护层最小厚度 …………… 143
7.5.4 变形缝的设置 ……………… 144
7.5.5 构件相接处的锚固 ………… 144
7.5.6 砌体结构 …………………… 144
7.5.7 平战转换设计 ……………… 144
7.5.8 平战转换措施 ……………… 144
思考题 ……………………………… 144

第8章 基坑支护结构设计 ……… 145
8.1 概述 …………………………… 145
8.1.1 基坑支护设计原则 ………… 145

8.1.2 作用效应与支护结构设计极限
　　　状态 …………………… 146
8.1.3 支护结构选型 ………… 147
8.1.4 水平荷载与抗剪指标的采用 ……… 148
8.2 桩锚支护结构 ……………… 152
8.2.1 悬臂桩支护结构 ……… 152
8.2.2 单支点桩锚支护结构 … 154
8.2.3 多支点桩锚支护结构 … 156
8.2.4 锚杆设计 ……………… 161
8.2.5 稳定性验算 …………… 163
8.2.6 桩正截面和斜截面承载力计算 … 167
8.2.7 构造要求 ……………… 167
8.3 内支撑支护结构 ………… 167
8.3.1 内支撑结构选型 ……… 167
8.3.2 内支撑结构分析 ……… 168
8.3.3 内支撑布置 …………… 169
8.3.4 内支撑构件计算 ……… 170
8.3.5 构造要求 ……………… 171
8.4 土钉墙 …………………… 172

8.4.1 土钉承载力计算 ……… 172
8.4.2 稳定性验算 …………… 174
8.4.3 构造要求 ……………… 176
8.5 重力式水泥土墙 ………… 177
8.5.1 稳定性验算 …………… 177
8.5.2 墙体承载力验算 ……… 179
8.5.3 构造要求 ……………… 180
8.6 基坑开挖与监测 ………… 180
8.6.1 基坑开挖 ……………… 180
8.6.2 基坑监测 ……………… 181
思考题 ………………………… 182
附录 …………………………… 183
附录A 等跨等刚度连续梁在常用荷载作用下
　　　按弹性分析的内力系数表 … 183
附录B 四边支承矩形板在均布荷载作用下的
　　　弯矩、挠度系数表 ……… 193
附录C 规则框架承受均布及倒三角形分布
　　　水平力作用时反弯点的高度比 … 197
参考文献 ……………………… 202

第1章 绪 论

■ 1.1 地下建筑结构概念和特点

1.1.1 地下结构的概念

地下结构是指在地层中开挖出能提供某种用途的地下建筑结构。在修建地下结构时，首先按照使用要求在地层中挖掘洞室，然后沿洞室周边修建永久性支护结构。该结构可承受开挖空间周围地层的压力、结构自重、地震和爆炸等动静荷载，防止开挖空间周围地层风化、崩塌，并起到防水和防潮等围护作用。为了满足承载能力和使用要求，在其内部还需要修建必要的梁柱和墙体等结构。

形成地下结构的地下空间可分为矿山地下空间和明挖、盖挖式地下空间（覆土式地下空间）。

矿山式地下空间一般埋置较深，只能从地面上的几个点经过竖井和水平通道向内挖掘，其空间靠岩石或土体形成围岩和人工支护结构。

明挖、盖挖式地下空间是浅埋和覆土的地下建筑物，要承受土的荷载，地下空间大多属于这一类型，其包括从小型住宅到大规模多用途的商业、交通及工业建筑综合体等。覆土式地下空间建筑方法与矿山式有所不同，其建筑物周围的土不作为结构的一部分。

1.1.2 地下结构的特点

地下建筑结构与地上建筑结构相比，由于它们受力特点的差异和施工方法的不同，其力学作用机理和采用的理论及设计方法也不一样。

1. 地上结构

地上建筑结构一般都是由上部结构和地基组成。地基只在上部结构底部起约束和支承作用，除了自重外，荷载都是来自结构外部，如人群、设备、风、汽车等（图1-1a）。

2. 深埋地下结构

深埋地下结构一般都是由围岩和人工结构构成。结构上承受地层荷载、人工结构自重和其他附加荷载。同时，结构在荷载作用下发生的变形又受到地层给予的约束（图1-1b）。

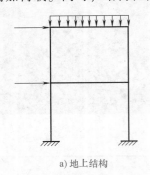
a) 地上结构

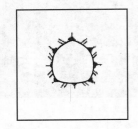
b) 地下结构

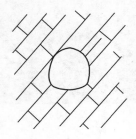

图1-1 地上结构与地下结构示意图

深埋地下结构根据周围地层的情况分成以下两种：

1）在稳固地层情况下，开挖出的洞室中甚至可以不设支护结构而只留下裸洞，如我国陕北地区的黄土窑洞（图1-2）。因此，周围地层能与地下结构一起承受荷载，共同组成地下结构体系。地层既是承载结构的基本组成部分，又是形成荷载的主要来源。

2）在非稳固地层中，需要修建支护结构，即衬砌（图1-3），它是在地下洞室内部修建的永久性支护结构。支护结构有两个最基本的使用要求：一是满足结构强度、刚度要求，以承受诸如水、土压力以及一些特殊使用要求的外荷载；二是提供能满足使用要求的工作环境，以满足洞室内部的干燥和清洁。

图1-2 稳固地层中的地下结构

图1-3 非稳固地层中的地下结构

3. 浅埋地下结构

目前，在城市环境下开发的浅部地下空间结构，如地铁车站、地下商场、地下停车场等设施，其特点是建筑面积大、上部覆土层较浅，往往采用明挖或盖挖的形式进行施工建造。这类地下结构的受力与深埋地下的结构不同，其周围的土层并不能成为地下结构的一部分，其上部覆土将成为结构的主要竖向荷载，而两侧的土体对结构产生较大侧向土压力，在计算理论上和上部结构类似，如图1-4所示。

综上所述，地下结构设计不同于地面结构，它具有以下工程特点：

1）地下空间内以建筑结构替换了原来的地层，结构需承受地层荷载。施工方法不同，

图 1-4　明挖地下结构

该地层荷载的大小不同。在设计和施工中，要最大限度地发挥地层自承载力，以便控制地下结构的变形，降低工程造价。

2）在受载状态下构建地下空间结构物，地层荷载随着施工进程发生变化，这种施工力学过程设计时要考虑最不利的荷载工况。

3）作用在地下结构上的地层荷载，应视地层介质的地质情况合理确定。对于土体一般可按松散连续体计算；对于岩体要查清岩体的强度和完整性（结构、构造、节理、裂隙）等情况，按围岩好坏级别分析确定。

4）地下水状态对地下建筑结构的设计和施工影响较大，设计前必须了解清楚水的分布和变化情况，如地下水的静水压力、动水压力、地下水的流向、地下水对地层力学性能软化、地下水水质对结构的腐蚀影响等。

5）地下建筑结构设计要考虑结构物从开始构建到正常使用以及长期运营过程的受力工况，注意合理利用地层支护反力作用，节省造价。

6）在设计阶段获得的地质资料，有可能与实际施工揭露的地质情况不一样。因此，在地下结构施工中，应根据施工的实时工况，随时修改设计。

7）地下建筑结构的围岩既是荷载来源，在某些情况下又与结构共同构成承载体系。

8）当地下建筑结构的埋置深度足够大时，由于地层的成拱效应，结构所承受的围岩垂直压力总是小于其上覆土的自重压力。地下结构的荷载与众多的自然和工程因素有关，它们的随机性和时空效应明显，而且往往难以量化。

1.2　地下建筑分类和形式

地下建筑可按其用途和埋深进行分类。

地下建筑按用途可分为：工业类，如地下工业厂房；民用类，如地下住宅；交通运输类，如地铁、隧道、人行道等；水利水电类，如电站输水隧道、农业给水排水隧道等；市政工程类，如城市综合地下管廊、给水排水管道设施、垃圾填埋设施等；地下仓储类，如地下停车场、石油储存、核废料填埋等；人防工事类等。

地下建筑按结构顶部覆土深度（h）分为：浅埋地下结构和深埋地下结构。根据隧道围岩压力理论，当 $h<(2\sim2.5)h_0$ 时为浅埋式地下结构，其中 $h<h_0$ 时为极浅埋地下结构；当 $h\geqslant2.5h_0$ 时为深埋式地下结构。在隧道压力理论中，将 h_0 称为自然拱高度。

1.2.1　居民住宅

地下居住建筑是指供人们起居生活的场所。传统地下居住建筑规模最大、分布最广的地区是中国西北部的黄土高原。最古老的地下居住建筑是地下黄土窑洞，如图 1-5 所示。

图 1-5　我国农村黄土窑洞

在突尼斯的马特马他地下聚集点，位于加贝斯城西南 20km，在撒哈拉沙漠北侧。柏柏尔人全部在地下居住，向地下挖成大小不等的坑，有圆形、方形和矩形，深 6～10m，在坑周围向里横向挖洞居住，在院中活动。从远处看，根本感觉不到村落的存在，只见炊烟，与我国黄土高原的下沉式窑洞民居非常相似。图 1-6 所示为地下民居改建的酒店。

图 1-6　地下民居改建的酒店

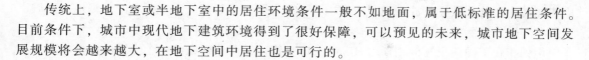

传统上，地下室或半地下室中的居住环境条件一般不如地面，属于低标准的居住条件。目前条件下，城市中现代地下建筑环境得到了很好保障，可以预见的未来，城市地下空间发展规模将会越来越大，在地下空间中居住也是可行的。

1.2.2 城市地下商业设施

商业本身也是一种业务活动，包括批发、零售、金融、贸易等。因一般规模较大，参与活动的人数较多，在地下空间中的商业活动又较普遍，故可作为一项独立的内容。商业活动在地下空间中进行，可吸引地面上大量人流到地下去，有利于改善地面交通，在一些气候严寒多雪或酷热多雨地区，购物活动在地下空间更受居民欢迎。但是由于地下环境封闭，在人员非常集中的情况下，必须要妥善解决安全与防灾问题。

经过几十年的发展，我国的大中城市中已建设了很多地下商业设施。如石家庄中心线广安商业街，南接中山东路、北至和平东路、西临市政府、东依育才街，全长 1.1km，市政规划红线宽 60m，是石家庄市政府规划建设的中央商务休闲大道。地下商业街部分总长约 1100m，宽约 25m，建筑面积 33000m^2，地下建筑顶板覆土 3.0m，层高 5.0m。这座名为广安地下商业街的地下城，集"吃、喝、玩、乐、购"于一体，拥有"国际名品廊、潮流新地带、风尚大本营、韩国时尚馆、儿童欢乐城、餐饮美食街、时尚淘宝街"七大主题内涵，如图 1-7 所示。

图 1-7 石家庄中心线广安街地下商业街

在深圳，2017 年建成了中国第一条地铁商业示范街——"连城新天地"地铁商业街，"深圳地铁·连城新天地"是中国迄今唯一在运营的"贯穿多站厅、连接多枢纽"的地铁商业街，位于深圳市中心区福华路地下，东起会展中心站，西至购物公园站，建筑面积 24339m^2，全长 663m。

厦门火车站地下商业街，位于厦门火车站与梧村汽车站之间，长约 420m，宽约 50m。

1.2.3 地下公共建筑

民用建筑包括居住建筑和公共建筑。公共建筑涉及的内容包括除交通建筑和储库之外的各种公共建筑。地下公共建筑在功能、空间、环境、结构、设备等方面与地面上的同类型建筑并无原则上的区别，发展的历史并不长，数量也不是很多，但是在实践中已经可以看到地下公共建筑在城市现代化进程中所起的积极作用，以及在城市地下空间开发利用中所占有的越来越重要的地位。

有些公共建筑是为了适应地下建筑的特点而修建的。例如，城市再开发所要解决的一个问题，是建筑密度过高和开敞空间过少。特别是在城市中心区，如果把一些按传统方式本来应建在地面上的公共建筑放到地下空间中去，最大限度地保留城市开敞空间和绿地，则城市面貌和环境将得到很大的改善。

例如，在美国明尼阿波利斯（Minneapolis）市南部商业中心的一个十字路口处，有一块面积约 $1hm^2$ 的空地。20 世纪 70 年代后期，在这里准备建一座社区公共图书馆，并采用了建在地下的方案，主要是考虑了三个因素：第一，在这个位置交通噪声较强，在地面上建图书馆是不利的；第二，图书馆需要一定规模的停车场，如场地被建筑物所占满，停车场无处安排；第三，主要希望在这个重要的路口处保留开敞的空间。工程于 1980 年完成，地面恢复后，原有场地的一半作为露天停车场（可停放 32 辆车），另一半为图书馆的地面部分，与绿地组织在一起，形成一个规模适度的公共活动广场。在场地的一角，设一个小型下沉广场，从中可以水平进入地下阅览厅。经过这样的处理，不但噪声问题和停车问题均得到解决，更重要的是为城市保留了可贵的开敞空间，为居民提供了一个舒适的文化、休息活动场所。明尼阿波利斯市沃克社区地下图书馆的地面部分鸟瞰图如图 1-8 所示。

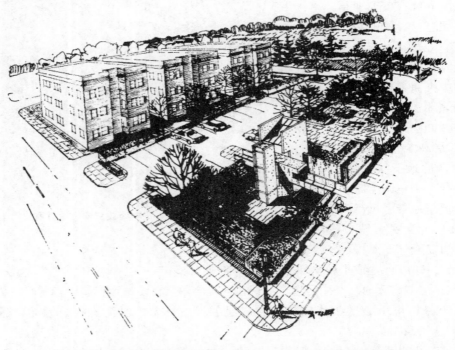

图 1-8　明尼阿波利斯市沃克社区地下图书馆的地面部分鸟瞰图

有些地下公共建筑是为了保存地面上原有的城市和建筑风貌而建的。在城市发展过程中，原有的城市及各类建筑的规模与不断增长的社会需求不相适应；大到城市，小到一些单体建筑，都经常面临扩建的问题。在扩建过程中，如何使原有的城市和建筑风貌不受破坏，得到完好的保存，如何使新增部分与原有部分在风格上保持和谐一致，常成为一个敏感的、不容易妥善解决的问题。在日本东京，在一些现代的高楼大厦之间，偶尔可看到一座孤立的庙宇，虽然古建筑得到很好的保护，但在环境和景观上很不协调。城市地下空间的开发利用，为解决新旧建筑统一的问题提供了良好的手段。美国几所大学校园内陆续出现的地下图书馆建筑，在解决这个问题上做出了努力。

以哈佛大学的普塞图书馆（Pusey Library）为例。在哈佛大学，历史上已经形成古典风格的校园和建筑群，保存非常完好，其中有几座图书馆建筑，总藏书量超过 1000 万册，是全美第二大图书馆，但是随着学校的发展已不够使用，需要扩建。在哈佛校园内，也有几座知名度较高的现代派建筑，如研究生中心、艺术中心等，但都集中布置在新发展区，与原来校园保持一定距离。但是，图书馆的扩建只能在原有图书馆附近进行，因为需要与之保持联系。因此，决定利用原有的三座图书馆之间的一片绿地，建一座地下图书馆，从地下均可连通；同时利用了倾斜的地形，设置了较大面积的采光窗和采光天井，使地下一层的阅览室能够得到天然光线。建成后，屋顶覆土绿化，使一座面积 8000m² 的现代化图书馆完全隐蔽在大片草坪之下，在古典与现代建筑之间，取得了较完满的统一。普塞地下图书馆地面部分的透视图如图 1-9 所示。

图 1-9　哈佛大学普塞地下图书馆地面部分透视图

法国巴黎市中心的卢浮宫是世界著名的宫殿之一，建于 17 世纪，1793 年改为国立美术博物馆。经过几百年的使用和发展，博物馆已经不能满足现代城市文化生活的需要，需要扩建。在既无发展用地，原有的古典主义建筑又必须保持其传统风貌，无法增建和改建的情况下，设计者巧妙地利用了由宫殿建筑围合成的拿破仑广场，在广场地下空间中容纳了全部扩建内容。为了解决采光和出入口布置问题，在广场正中和两侧设置了三个大小不等的锥形玻璃天窗，成功地对古典建筑进行现代化改造。扩建的地下部分和地面上的天窗与原有建筑在比例、尺度和造型上的关系如图 1-10 所示。

1.2.4　特殊设施

位于明尼苏达州橡树公园的保密监狱部分建于地下。该监狱设置在一个浅峡谷的凹陷处，监狱外墙处于四周斜坡监视下，高大外墙及观望塔也起着威慑作用，安全度高。

在法国、印度、意大利、日本和美国，粒子物理实验室等国家级研究设施都建在岩洞和隧道中。巨大的粒子碰撞实验室也建在地下，以避免偏高的辐射和从磁场逸出的加速电子产生严重后果。

我国著名的重庆涪陵 816 军工洞体被称为"世界第一大人工洞体"，该工程为地下核设施，总建筑面积 10.4 万 m²，大型洞室有 18 个，道路、导洞、支洞、隧道及竖井等达到 130 条，所有洞体的轴向线长叠加超过 20km，其中，最大洞室高达 79.6m，侧墙开挖跨度为

图 1-10　巴黎卢浮宫地下扩建部分广场

25.2m，拱顶跨度为 31.2m，面积为 1.3 万 m^2。这样"洞中有楼，楼中有洞，洞中有河"的工程设计在 1978 年曾获国家科技大会奖集体奖，如图 1-11 所示。

图 1-11　816 地下核工程

1.2.5　地下停车场

随着我国经济发展，家用小型汽车在我国已经基本普及，城市乡村的汽车停放成为需要抓紧解决的大问题。在建设住宅小区时，在小区内的地下空间建设成地下停车场，而在地面上进行绿化。在大型购物场所，规划停车场是必须考虑的，往往建设为地下一层、二层，甚至更多层的停车场，如图 1-12 所示。

图 1-12　地下停车场

1.2.6　地下交通运输设施

地下空间的交通运输形式主要有地铁、铁路隧道、公路隧道等。

1882 年，建成较大的、穿越瑞士阿尔卑斯山的铁路隧道——一条 14.9km 长的圣哥达山铁路隧道。

近代城市利用地下空间发展快速轨道交通的历史，是从 1863 年英国伦敦建成世界上第一条地下铁道开始的。我国近 30 年来，地下铁道、地下轻轨交通、城市公路隧道、越江或越海隧道，以及地下步行道等，都有了很大的发展。在许多大城市中，已经形成了完整的地下交通系统，在城市交通中发挥着重要作用。

城市交通在地下空间中运行有许多优点，大致概括为：

1）完全避开了与地面上各种类型交通的干扰和地形的起伏，可以最大限度地提高车速、分担地面交通量、减少交通事故。

2）不受城市街道布局的影响，在起点与终点之间，有可能选择最短距离，从而提高运输效率。

3）基本上消除了城市交通对大气的污染和噪声污染。

4）节省城市交通用地，可节约大量征迁土地的费用。

5）地下交通系统多呈线状或网状布置，便于与城市地下公用设施以及其他各种地下公共活动设施组织在一起，提高城市地下空间综合利用的程度。此外，地下交通系统在城市发生各种自然或人为灾害时，能有效地发挥防灾作用。

1.2.7　城市综合管廊

综合管廊就是地下城市管道综合走廊，即在城市地下建造一个隧道空间，将电力、通信、燃气、供热、给水排水等各种工程管线集于一体，设有专门的检修口、吊装口和监测系统，实施统一规划、统一设计、统一建设和管理，是保障城市运行的重要基础设施和"生命线"。

在发达国家，综合管廊已经存在了一个多世纪，在系统日趋完善的同时其规模也有越来越大的趋势。

1893 年，德国在汉堡市的 Kaiser-Wilheim 街两侧人行道下方兴建 450m 的综合管廊，收容暖气管，自来水管，电力、电信缆线及煤气管，但不含下水道。

1964 年，民主德国的苏尔市（Suhl）及哈利市（Halle）开始兴建综合管廊的实验计划，至 1970 年共完成 15km 以上的综合管廊，并开始营运，同时也拟定在全国推广综合管廊的网络系统计划。他们的管线包括雨水管、污水管、饮用水管、热水管、工业用水干管、电力电缆、通信电缆、路灯用电缆及瓦斯管等。

英国于 1861 年在伦敦市区兴建综合管廊，采用 12m×7.6m 的半圆形断面，收容自来水管、污水管及瓦斯管、电力电缆、电信电缆，还敷设了连接用户的供给管线。迄今为止，伦敦市区建设综合管廊已超过 22 条，伦敦兴建的综合管廊建设经费完全由政府筹措，属伦敦市政府所有，完成后再由市政府出租给管线单位使用。

常见的城市综合管廊结构如图 1-13 所示。

图 1-13　城市综合管廊

■ 1.3　地下建筑结构形式

地下结构的形状和尺寸根据其用途、地形、地质、施工和结构性能等条件差异而不同，通过勘测和初步设计来加以选用。按照其相对于地表面的位置，地下结构可以是水平的（称为水平坑道）、倾斜的（称为斜井）和竖直的（称为竖井）。水平坑道按埋置深度的不同，又可分成浅埋和深埋两种。

结构形式首先由受力条件来控制，即在一定地质条件的水、土压力下和一定爆炸与地震等动载下最合理和经济的结构形式。地下结构断面可以有如图 1-14 所示的几种形式。矩形隧道的直线构件不利于抗弯，故在荷载较小，即地质较好、跨度较小或埋深较浅时常被采用。圆形隧道受到均匀径向压力时弯矩为零，可充分发挥混凝土结构的抗压强度，当地质较差时应优先采用。其余四种形式按具体荷载和尺寸决定，如竖直压力为主的直墙拱形，有底部压力时底板常需呈仰拱式。

结构形式也受使用要求的制约，一个地下建筑物必须考虑使用需要的跨度。

图 1-14 地下结构形式

施工方案是决定地下结构形式的重要因素之一，在使用和地质条件相同的情况下，由于施工方法不同而采用不同的结构形式。一般明挖、盖挖多采用矩形，暗挖多采用拱形。

综合地质、使用、施工三方面因素，地下结构常见的形式有以下几种：

1）附建式结构：是房屋建筑下面的地下室，一般有承重的外墙、内墙（地下室作为大厅用时则为内柱）和板或梁板式平底结构，如图 1-15 所示。

2）明挖、盖挖式结构：平面呈方形或长方形，当大跨顶板做成平顶时，常用梁板式结构。地下指挥所可以采用平面呈条形的单跨或多跨结构，为节省材料，顶部可做成拱形，如一般人员掩蔽部常做成直墙拱形结构，如图 1-16 所示；如平面为条形的地下铁道等大中型结构，则常做成矩形框架结构，如图 1-17 所示。

3）暗挖式结构：有直墙拱形结构或曲墙式结构。

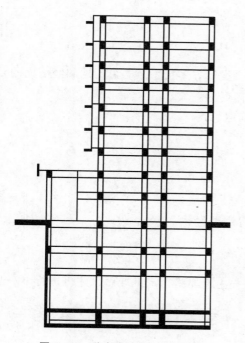

图 1-15 附建式结构（剖面图）

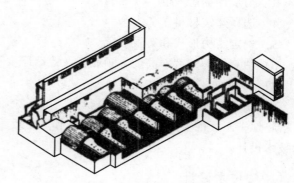

图 1-16 明挖式结构一

4）盾构法结构：多为圆形装配式结构，也有方形和半圆形异型盾构结构。

5）顶管结构：以千斤顶顶进就位的地下结构称为顶管结构。断面小而长的顶管结构一般采用圆形结构，断面大而短时可采用矩形结构或多跨箱涵结构。

6）沉管法结构：一般做成箱形结构，两端加以临时封口。运至预定水面处，沉放至设计位置。

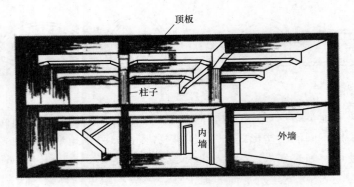

顶板

柱子

内墙

外墙

图 1-17 明挖式结构二

■ 1.4 地下建筑结构的设计程序及内容

修建地下结构，必须遵循勘察—设计—施工的基本建设程序。结构设计是地下工程设计的重要组成部分，进行地下工程结构设计时一般采用初步设计和技术设计（包括施工图设计）两个阶段。

1.4.1 初步设计

初步设计主要是在满足使用要求的前提下，解决设计方案技术上的可行性和经济上的合理性，并提出投资、材料、施工等指标。初步设计内容为：

1）工程等级和要求，以及静、动荷载标准的确定。

2）确定埋置深度和施工方法。

3）初步计算荷载值。

4）选择建筑材料。

5）选定结构形式和布置。

6）估算结构跨度、高度、顶底板及边墙厚度等主要尺寸。

7）绘制初步设计结构图。

8）估算工程材料数量及财务概算。

将地下工程的初步设计图附以说明书，送交有关主管部门审定批准后，才可进行下一步的技术设计。

1.4.2 技术设计

技术设计主要是解决结构的承载力、刚度、稳定性、抗震性等问题，并提供施工时结构各部件的具体细节尺寸及连接大样。技术设计内容包括以下七个方面。

1）计算荷载：按地层介质类别、建筑用途、防护等级、抗震级别、埋置深度等求出作用在结构上的各种荷载值，包括静荷载、动荷载、活荷载和其他作用。

2）计算简图：根据实际结构和计算工具情况，拟出恰当的计算图式。

3）内力分析：选择结构内力计算方法，得出结构各控制设计截面的内力。

4）内力组合：在各种荷载内力分别计算的基础上，对最不利的可能情况进行内力组合，求出各控制截面的最大设计内力值。

5）配筋设计：通过截面强度和裂缝计算得出受力钢筋，并确定必要的分布钢筋与架立钢筋。

6）绘制结构施工详图：如结构平面图、结构构件配筋图、节点详图，以及风、水、电和其他内部设备的预埋件图。

7）材料、工程数量和工程财务预算。

【思考题】

1．试述地下结构的概念和特点。

2．简述地下结构的分类与形式。

3．试述地下结构设计的程序和内容。

第2章 地下结构荷载

【学习目标】
1. 掌握作用在地下结构上的荷载种类和组合形式；
2. 掌握作用在明挖结构或浅埋暗挖结构上的土压力的计算方法；
3. 了解围岩压力的概念和基本计算方法；
4. 熟悉常规武器或核武器爆炸荷载的概念，掌握其设计取值的基本要求。

地下建筑结构根据其上部的功能和周边情况来确定其承受的荷载，因此其荷载的计算是比较复杂的。有些荷载的确定受到很多条件的限制，很难获得比较准确的取值，还需要进一步研究。

■ 2.1 荷载种类和组合

2.1.1 荷载种类

作用在地下建筑结构上的荷载，按其存在的状态，可以分为静荷载、活荷载和动荷载等三大类。

1) 静荷载（简称，静载）：又称为恒载，是指长期作用在结构上且大小、方向和作用点基本不变的荷载，如结构自重、岩土体压力和地下水压力等。

2) 活荷载（简称，活载）：是指在结构物施工和使用期间可能存在的变动荷载，其大小和作用位置都可能变化，如地下建筑物内部的楼面荷载（人群、物件和设备重量）、吊车荷载、落石荷载、地面附近的堆积物和车辆对地下结构作用的荷载以及施工安装过程中的临时性荷载等。

3) 动荷载（简称，动载）：要求具有一定防护能力的地下建筑物，需考虑原子武器和常规武器（炸弹、火箭）爆炸冲击波压力荷载，这些瞬时作用的动荷载；在抗震设防区进行地下结构设计时，应按不同类型计算地震波作用下的动荷载作用。

4) 其他荷载：使结构产生内力和变形的各种因素中，除有以上荷载的作用外，通常还有：混凝土材料收缩（包括早期混凝土的凝缩和后期的干缩）受到约束而产生的内力；温度变化使地下结构产生内力，例如浅埋结构受土层温度梯度的影响，浇灌混凝土时的水化热温升和散热阶段的温降；软弱地基当结构刚度差异较大时，由于结构不均匀沉降而引起的内力。

材料收缩、温度变化、结构沉降以及装配式结构尺寸制作上的误差等因素对结构内力的影响都比较复杂，往往难以进行确切计算，一般以加大安全系数和在施工、构造上采取措施来解决。中小型工程在计算结构内力时可不计上述因素，大型结构应予以估计。

2.1.2 荷载组合

上述几类荷载对结构可能不是同时作用，需进行最不利情况的组合。先计算个别荷载单独作用下的结构各部件截面的内力，再进行最不利的内力组合，得出各设计控制截面的最大内力。最不利的荷载组合一般有以下几种情况：

1）静载。

2）静载与活载组合。

3）静载与动载组合。

地面建筑下的地下室（即附建式结构），考虑动载作用时，地面部分房屋有被冲击波吹倒的可能，结构计算时是否考虑房屋的倒塌荷载需按有关规定确定。

■ 2.2 荷载确定方法

荷载一般按其所在行业的规范和设计标准确定，特殊情况需作专门计算。

2.2.1 使用规范

当前在地下建筑结构设计中施行的规范、技术措施、条例等有多种，比较直接相关的规范有《建筑结构荷载规范》（GB 50009—2012）、《铁路隧道设计规范》（TB 10003—2016）、《公路隧道设计细则》（JTG/T D70—2010）、《地铁设计规范》（GB 50157—2013）、《人民防空地下室设计规范》（GB 50038—2005）、《水工隧洞设计规范》（SL 279—2016）。有的仍沿用地面建筑的设计规范，设计时应遵守各有关规范。

2.2.2 设计标准

1）各种地下建筑结构均应承受正常使用时的静力荷载。根据建筑用途、防护等级、抗震设防烈度等确定作用在地下建筑物的荷载。

2）地下建筑结构材料的选用，一般应满足规范和工程实际要求。

3）地下结构一般为超静定结构，其内力在弹性阶段可按结构力学计算。考虑抗爆动荷载时，允许考虑由塑性变形引起的内力重分布。

4）截面计算原则。结构截面计算时，一般进行强度、裂缝（抗裂度或裂缝宽度）和变形的验算等。砖石结构仅需进行强度计算，并在必要时验算结构的稳定性。

钢筋混凝土结构在施工和正常使用阶段静荷载作用下，除强度计算外，一般应验算裂缝宽度，根据工程的重要性，限制裂缝宽度小于 0.20mm，但不允许出现通透裂缝。对较重要的结构则不能开裂，即需要验算抗裂度。

钢筋混凝土结构在爆炸动载作用下只需进行强度计算，不作裂缝验算，因为在爆炸情况下，只要求结构不倒塌，允许出现裂缝，日后再修复。

5）安全系数。结构在静载作用下的安全系数可参照有关规范确定。

对于地下室等民用极浅埋地下建筑结构，如施工条件差，不易保证质量和荷载变异大时，对混凝土和钢筋混凝土结构需考虑采用附加安全系数1.1；静载下的抗裂安全系数不小于1.25，视工程重要性，可予以提高。

对于其他用途的地下结构，安全系数按相关规范取值。例如《地铁设计规范》（GB 50157—2013）相关规定，即钢筋混凝土结构安全系数取2.0。

结构在爆炸荷载作用下，由于爆炸时间较短，而荷载很大，为使结构设计经济和配筋合理，其安全系数可以适当降低。

6）材料强度指标。一般采用工业与民用建筑规范中的规定值，亦可根据实际情况，参照水利、交通、人防和国防等专门规范。

结构在动载作用下，材料强度可以提高，提高系数见有关规定。

2.3 静荷载的计算

荷载的确定是工程结构计算的先决条件。地下建筑结构上所承受的荷载有结构自重、地层压力、弹性抗力、地下水静水压力、车辆和设备重力及其他使用荷载等。对于兼作上部建筑基础的地下结构，上部建筑传下来的垂直荷载也是必须考虑的主要荷载。另外还可能受到一些附加荷载，如灌浆压力、局部落石荷载（对于岩石地下工程）、施工荷载、温度变化或混凝土收缩引起的温度应力和收缩应力；有时还需要考虑偶然发生的特殊荷载，如地震作用或爆炸作用。上述这些荷载中，有些荷载虽然对地下结构的设计和计算影响很大（如上部建筑自重），但计算方法比较简单明确；有些荷载（例如温度和收缩应力）虽然分析计算比较复杂，但对地下结构的安全并不起控制作用；结构本身的自重必须计算在内。

而其中地层压力（土压力或围岩压力）对大多数地下工程而言，是至关重要的荷载。一是因为地层压力往往成为地下结构设计计算的控制因素；二是因为地层压力计算的复杂性和不确定性。作用于地下建筑结构的地层压力包括竖向压力和水平压力。

2.3.1 结构自重的计算

计算结构的静荷载时，结构自重必须计算在内。直墙、梁、板、柱的自重及其建筑装修层的自重，其大小实际上就是体积与重度之积。常用材料和建筑构造层做法的单位重力见表2-1，其他详见《建筑结构荷载规范》（GB 50009—2012）。

表 2-1 常用材料和建筑构造层做法单位重力

常用材料	单位重力/(kN/m³)	常用建筑构造层做法	单位重力/(kN/m²)
钢筋混凝土	24~25	水泥瓦屋面	0.55
普通砖砌体	19	油毡防水层(7层做法)	0.35~0.4
石(花岗石、大理石)	28	顶棚吊顶(麻刀灰板条顶棚)	0.45
木材(马尾松、柳木等)	5~6	墙面抹灰(水泥粉刷墙面)	0.36
钢材	78.5	水磨石地面	0.65
水泥砂浆	20	门窗(木~钢)	0.25~0.45

2.3.2 土压力的计算

地层压力是地下结构物承受的主要荷载。由于影响地层压力分布、大小和性质的因素很多，要准确地确定它是很困难的，《地铁设计规范》（GB 50157—2013）规定应根据结构所处工程地质和水文地质条件、埋置深度、结构形状及其工作条件、施工方法及相邻隧道间距等因素，结合已有的试验、测试和研究资料按相关公式或依据工程类比确定。由于地层压力对地下结构的安全和经济有很大影响，所以应慎重确定其数值及分布形式。

1. 竖向压力

岩石隧道的地层压力可根据围岩分级依工程类比确定。岩石隧道采用荷载——结构模型时，以承受岩体松动、崩塌而产生的竖向和侧向主动压力为主要特征，围岩的松动压力仅是隧道周围某一破坏范围（天然拱或承载拱）内岩体的重力，而与隧道埋深无直接关系。围岩的松动压力可按《铁路隧道设计规范》（TB 10003—2016）的围岩分级和所建议的公式进行计算。在进行结构计算时，一般以竖向和侧向均布荷载为主，特殊地段还要用可能出现的非均布荷载图式进行比较。

《地铁设计规范》（GB 50157—2013）指出土质隧道可用下述通用的方法计算地层压力：

明挖和盖挖法施工的地下结构一般应按计算截面以上全部土柱重力计算；盾构法施工和土质地层矿山法施工的隧道宜根据所处地质和水文地质条件及覆土厚度，并考虑土体卸载拱作用的影响；暗挖车站的竖向压力按全土柱考虑。竖向荷载计算时应考虑地面及临近的任何其他荷载对竖向力的影响。

2. 水平压力

根据地下结构受力过程中墙体位移与地层间的相互关系，分别按主动、被动和静止土压力计算。在地下结构计算中，主动土压力习惯上采用朗肯土压力理论。对于黏性土尚需考虑黏聚力的影响，即

$$e_i = \lambda_a q_i - 2c(\sqrt{\lambda_a}) \tag{2-1a}$$

$$e_i' = \lambda_p q_i + 2c(\sqrt{\lambda_p}) \tag{2-1b}$$

式中 e_i、e_i'——计算截面 i 处的主动、被动土压力；

λ_a、λ_p——朗肯主动、被动侧压力系数；

q_i——计算截面 i 处的竖向土压力；

c——土的黏聚力。

在计算总压力时可不计临界深度 $h_0 = \dfrac{2c}{\gamma\sqrt{\lambda_a}}$ 以上的负压力。

《地铁设计规范》指出地层的水平压力按下列规定考虑：施工期间作用在支护结构主动区的土压力宜根据变形控制要求在主动土压力和静止土压力之间选择；明挖结构长期使用阶段或逆作法结构承受的土压力宜按静止土压力计算；明挖法或矿山法支护结构的初期支护应考虑100%的外侧土压力，内衬结构应考虑与支护结构或初期支护的共同作用而分担的土压力，分别按最大、最小侧压力两种情况，与其他荷载进行不利组合；盾构法施工的隧道应考虑外侧的土压力，并宜按静止土压力计算；荷载计算应计及地面荷载和破坏棱体范围的建筑物，以及施工机械等引起的附加水平侧压力。

3. 水压力

《地铁设计规范》（GB 50157—2013）规定，作用在地下结构上的水压力可根据施工阶段和长期使用过程中地下水位的变化，区分不同围岩条件，分别按静水压力计算或把水压力和土压力分开或合并计算。

静水压力对不同类型的地下结构将产生不同的荷载效应，对圆形或接近圆形的结构而言，静水压力使结构的轴力加大，对抗弯性能差的混凝土结构来说，相当于改善了它的受力状态，因此，验算结构的强度时，则须按可能出现的最低水位考虑。反之，验算结构的抗浮能力时，则须按可能出现的最高水位考虑。可见地下水位对结构受力影响很大，需慎重处理。

水压力的确定还应注意以下问题：

1）作用在地下结构上的水压力，原则上应采用孔隙水压力，但孔隙水压力的确定比较困难，从实用和偏于安全角度考虑，设计水压力一般都按静水压力计算，还应根据可能发生的最不利水位，计算水压力和浮力对结构的作用。

2）在评价地下水位对地下结构的作用时，最重要的三个条件是水头、地层特性和时间因素。具体计算方法如下：

① 使用阶段：无论砂性土或黏性土，都应根据正常的地下水位按安全水头和水土分算的原则确定。

② 施工阶段：可根据围岩情况区别对待：

置于渗透系数较小的黏性土地层中的隧道，在进行抗浮稳定性分析时，可结合当地工程经验，对浮力作适当折减或把地下结构底板以下的黏性土层作为压重考虑；并可按水土合算的原则确定作用在地下结构上的水平水压力。

置于砂性土地层中的隧道，应按全水头确定作用在地下结构上的浮力，按水土分算的原则确定作用在地下结构上的水平水压力。

3）确定设计地下水位时应注意的问题：

① 由于季节和人为的工程活动（如邻近场地工程降水影响）等都可能使地下水位发生变动，所以在确定设计地下水位时，不能仅凭地质勘察取得的当前结果，必须估计到将来可能发生的变化。尤其近年来对水资源保护的力度加大，需要考虑结构在长期使用过程中城市地下水回灌的可能性。

② 地形影响：在盆地和山麓等处，有时会出现不透水层下面的水压力变高的情况，使地下水压力从上到下按线性增大的常规形态发生变化。

③ 符合结构受力的最不利荷载组合原则：由于超静定结构某些构件中的某些截面是按侧压力或底板水反力最小的情况控制设计的，所以在确定设计地下水位时，应分别考虑最高水位和最低水位两种情况。

计算静水压力有两种方法，一种是和土压力分开计算，即水土分算；另一种是将其视为土压力的一部分和土压力一起计算，即水土合算。水土分算时，地下水位以上的土采用天然重度 γ，水位以下的土采用有效重度 γ' 计算土压力，另外再计算静水压力的作用。水土合算时，地下水位以上的土与前者相同，水位以下的土采用饱和重度 γ_s 计算土压力，不计算静水压力。其中土的有效重度 γ' 为

$$\gamma' = \gamma_s - \gamma_w \tag{2-2}$$

式中　　γ_w——水的重度，一般 $\gamma_w \approx 10 \text{kN/m}^3$。

两种计算静水压力的方法的差异示于图 2-1 中。

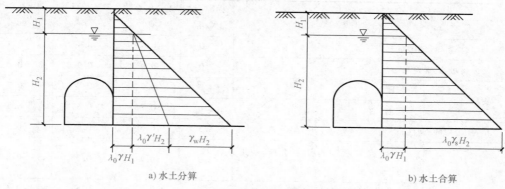

a) 水土分算　　　　　　　　　　　　b) 水土合算

图 2-1　两种计算静水压力方法

4. 地下结构上方和破坏棱体内的设施和建筑物的压力

在计算这部分荷载时，应考虑建筑物的现状和以后的变化，凡明确的，应以其设计的基底应力和基底距隧道结构的距离计算。凡不明确的，应在设计要求中做出规定，如上海市规定为 $20kN/m^2$。

■ 2.4　活荷载

2.4.1　楼面活荷载

楼面均布活荷载是活荷载的一种，也是建筑结构设计中主要的荷载形式之一。

1. 楼面均布活荷载取值

楼面均布活荷载大小，通常指楼面活荷载的标准值大小，它是通过统计分析，取具有 95% 保证率的分位值确定的。《建筑结构荷载规范》（GB 50009—2012）以此为依据，确定了不同使用性质的楼面活荷载标准值大小，实际设计时可直接通过荷载规范查取。表 2-2 列出了部分民用建筑楼面可变荷载的标准值及其组合值、频遇值和准永久值系数。

表 2-2　民用建筑楼面可变荷载的标准值及其组合值、频遇值和准永久值系数

项次	类　　别	标准值/(kN/m^2)	组合值系数 ψ_c	频遇值系数 ψ_f	准永久值系数 ψ_q
1	住宅、宿舍、旅馆、办公楼、医院病房、托儿所、幼儿园	2.0	0.7	0.5	0.4
2	实验室、阅览室、会议室、医院门诊室	2.0	0.7	0.6	0.5
3	教室、食堂、餐厅、一般资料档案室	2.5	0.7	0.6	0.5
4	礼堂、剧场、影院、有固定座位的看台	3.0	0.7	0.5	0.3
	公共洗衣房			0.6	0.5
5	商店、展览厅、车站、港口、机场大厅及其旅客等候室	3.5	0.7	0.6	0.5
	无固定座位看台			0.5	0.3
6	健身房、演出舞台	4.0	0.7	0.6	0.5
	运动场、舞厅			0.6	0.3

（续）

项次	类 别		标准值/ (kN/m²)	组合值系数 ψ_c	频遇值系数 ψ_f	准永久值系数 ψ_q
7	书库、档案馆、储藏室		5.0	0.9	0.9	0.8
8	通风机房、电梯机房		7.0	0.9	0.9	0.8
9	厨房	餐厅	4.0	0.7	0.7	0.7
		其他	2.0	0.7	0.6	0.5
10	浴室、卫生间、盥洗室		2.5	0.5	0.6	0.5
11	走廊、门厅	宿舍、旅馆、医院病房、托儿所、幼儿园、住宅	2.0	0.7	0.5	0.4
		办公楼、餐厅、医院门诊部	2.5	0.7	0.6	0.5
		教学楼及其他可能出现人员密集的情况	3.5	0.7	0.5	0.3
12	阳台	可能出现人员密集的情况	3.5	0.7	0.6	0.5
		其他	2.5	0.7	0.6	0.5

2. 楼面活荷载的折减系数

由前述可知，当楼面活荷载通过楼板传给楼面梁、柱、墙和基础时，随着梁负荷面积和建筑楼层增加，每层、每处同时出现按标准值大小满布荷载的可能性很小。因此，在承载能力极限状态的荷载组合时，常按建筑物类别、梁的从属面积大小以及竖向构件计算截面以上的楼层层数，对楼面活荷载的标准值进行折减。具体折减系数的数值可查阅《建筑结构荷载规范》（GB 50009—2012）。

3. 公路桥梁的人群荷载标准值

当桥梁计算跨径小于或等于 50m 时，人群荷载标准值为 3.0kN/m²；当桥梁计算跨径等于或大于 150m 时，人群荷载标准值为 2.5kN/m²；当桥梁计算跨径在 50～150m 之间时，可由线性内插得到人群荷载标准值。对跨径不等的连续结构，以最大计算跨径为准。城镇郊区行人密集地区的公路桥梁，人群荷载标准值取上述规定值的 1.15 倍。专用人行桥梁，人群荷载标准值为 3.5kN/m²。

人群荷载在横向应布置在人行道的净宽度内，在纵向施加于使结构产生最不利荷载效应的区段内。

人行道板（局部构件）可以一块板为单元，按标准值 4.0kN/m² 的均布荷载计算。

2.4.2 屋面活荷载

屋面活荷载也是一种可变荷载，包括上人屋面的人群荷载、不上人屋面的施工及检修荷载、积灰荷载和雪荷载，前两项称为屋面均布活荷载。其中屋面均布活荷载和雪荷载不同时参与组合。

1. 雪荷载

雪荷载是指屋面积雪的重力荷载，雪荷载的标准值大小是指屋面水平投影面上的数值，计算公式为

$$S_k = \mu_r S_0 \qquad (2\text{-}3)$$

式中 S_k——雪荷载的标准值（kN/m^2）；

μ_r——屋面积雪分布系数，它与屋面形式有关，详见荷载规范；

S_0——基本雪压（kN/m^2），通过统计分析确定，按荷载规范中全国基本雪压的有关表格。

2. 其他屋面活载

1）不上人屋面的均布活荷载：应考虑施工、检修荷载。一般取 $0.5kN/m^2$。

2）上人屋面的使用活荷载：指屋面上人群的重力荷载，通常参照楼面活荷载标准值的小值选用，取 $2.0kN/m^2$；对有人群聚会等情况时应按相应楼面活载取值。

3）积灰荷载：积灰荷载仅在设计有大量排灰的厂房和相邻建筑物时才考虑，设计时可直接查《建筑结构荷载规范》（GB 50009—2012）。

2.4.3 车辆荷载

一般浅埋地铁与轻轨结构设于城市主干道下方，所以应考虑地面车辆荷载的影响。关于地面车辆荷载的采用标准，可参照《公路桥涵设计通用规范》（JTG D60—2015）中有关地面车辆荷载的规定加以计算（在铁路下方隧道的荷载，可按现行《铁路桥涵设计规范》（TB 10002—2017）的规定执行）。

（1）竖向压力 一般情况下，地面车辆荷载可按下述方法简化为均布荷载：

1）单个轮压传递的竖向压力（图 2-2）

$$p_{oz} = \frac{\mu_o p_o}{(a + 1.4Z)(b + 1.4Z)} \qquad (2\text{-}4)$$

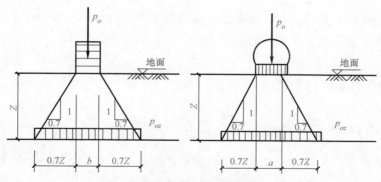

图 2-2 车辆荷载单轮压力计算图式

2）两个以上轮压传递的竖向压力（图 2-3）

$$p_{oz} = \frac{n\mu_o p_o}{(a + 1.4Z)\left(nb + \sum_{i}^{n-1} d_i + 1.4Z\right)} \qquad (2\text{-}5)$$

式中 p_{oz}——地面车辆传递到计算深度 Z 处的竖向压力；

p_o——车辆单个轮压，按通行的汽车等级采用；

a、b——地面单个轮压力的分布长和宽度；

d_i——地面相邻两个轮压的净距；

n——轮压的数量；

μ_o——车辆荷载的动力系数，可参照表 2-3 选用。

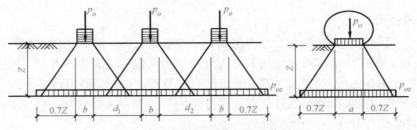

图 2-3 车辆荷载多轮压力计算图式

表 2-3 地面车辆荷载的动力系数

覆盖层厚度/m	≤0.25	0.30	0.40	0.50	0.60	≥0.70
动力系数 μ_o	1.30	1.25	1.20	1.15	1.05	1.00

当覆盖层厚度较小时，即两个轮压的扩散线不相交时，可按局部均布压力计算。

在道路下方的浅埋暗挖隧道，地面荷载可按 10kPa 的均布荷载取值，并不计冲击力的影响。当无覆盖层时，地面车辆荷载则应按集中力考虑，并用影响线加载的方法求出最不利荷载位置。

（2）水平压力 地面车辆荷载传递到地下结构上的水平压力计算公式为

$$p_{ox} = \lambda_a p_{oz} \tag{2-6}$$

式中 λ_a——侧向压力系数，石质地层查《铁路隧道设计规范》（TB 10003）围岩侧压力系数的有关规定，土质地层按库仑主动土压力系数计算。

■ 2.5 动荷载

2.5.1 地震作用

地震对地下铁道结构的影响可以分为剪切错位和振动。靠地下铁道结构来抵抗由于地震引起的剪切错位几乎是不可能的，因此地铁结构的地震作用分析仅局限于在假定土体不会丧失完整性的前提下考虑其振动效应。

只有埋设于松软地层中的重要地铁结构物才有必要和可能进行地震响应分析和动力模型试验，对一般地铁结构都采用实用方法，即静力法或拟静力法。静力法或拟静力法就是将随时间变化的地震力或地层位移用等代的静地震荷载或静地层位移代替，然后用静力计算模型分析地震荷载或强迫地层位移作用下的结构内力。

地震中的地层位移通常都是基岩的剪切位移引起的，一般都发生在地质构造带的附近。另外错位还包括其他原因，例如液化、滑坡或地震诱发的土体失稳引起的较大土体位移。用结构来约束较大的土体位移几乎是不可能的，有效的办法是尽量避开这些敏感部位，如果做不到这一点，则应把震害限制在一定范围，并在震后容易修复。

在衬砌结构横截面的抗震设计和抗震稳定性检算中采用地震系数法（惯性力法），即静力法；验算衬砌结构沿纵向的应力和变形则用地层位移法，即拟静力法。

等代的静地震荷载包括：结构本身和洞顶上方土柱的水平、垂直惯性力以及主动土压力增量。

由于地震垂直加速度峰值一般为水平加速度的 $1/2 \sim 2/3$，而且也缺乏足够的地震记录，因此对震级较小和对垂直地震振动不敏感的结构，可不考虑垂直地震荷载的作用。只有在验算结构的抗浮能力时才计及垂直惯性力。

水平地震荷载可分为垂直和沿着隧道纵轴两个方向进行的计算：

（1）地下结构横截面上的地震荷载（垂直结构纵轴）

1）结构的水平惯性力。作用在构件或结构重心处的地震惯性力一般可表示为

$$F = \frac{\tau}{g} Q = K_c Q \qquad (2-7)$$

式中　τ——作用于结构的地震加速度；

　　　g——重力加速度；

　　　Q——构件或结构的重力；

　　　K_c——与地震加速度有关的地震系数。

对于隧道结构，我们可以将其具体化并简化如下：

① 马蹄形曲墙式衬砌，如图2-4所示，其均布的水平惯性力为

$$\begin{cases} F_1^1 = \eta_c K_h \dfrac{m_1 g}{H} \\ F_1^2 = \eta_c K_h \dfrac{m_2 g}{f} \end{cases} \qquad (2-8)$$

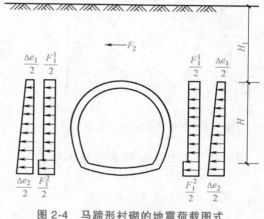

图2-4　马蹄形衬砌的地震荷载图式

式中　η_c——综合影响系数，与工程重要性、隧道埋深、地层特性等有关，规范中建议，对于岩石地基，$\eta_c = 0.2$，非岩石地基，$\eta_c = 0.25$；

　　　K_h——水平地震系数，7度地区，$K_h = 0.1$；8度地区，$K_h = 0.2$；9度地区，$K_h = 0.4$；

　　　m_1——上部衬砌质量；

　　　H——上部衬砌的高度；

　　　m_2——仰拱质量；

　　　f——仰拱的矢高。

② 圆形衬砌，如图2-5所示，其均布的水平惯性力为

$$F_1 = \eta_c K_h \frac{mg}{D} \qquad (2-9)$$

式中　m——衬砌质量；

　　　D——衬砌外直径。

③ 矩形衬砌，如图2-6所示，其水平惯性力分三部分，即

$$\begin{cases} F_1^1 = \eta_c K_h m_t g \\ F_1^2 = \eta_c K_h \dfrac{m_w g}{h} \\ F_1^3 = \eta_c K_h m_b g \end{cases} \quad (2\text{-}10)$$

式中 F_1^1、F_1^3——顶、底的水平惯性力，作为集中力考虑，作用在顶、底板的轴线处；

$\quad\quad F_1^2$——边和中墙的水平惯性力，按作用在边墙上的均布力考虑；

$\quad\quad m_t$、m_b——顶、底板质量；

$\quad\quad m_w$——边、中墙质量；

$\quad\quad h$——边墙净高。

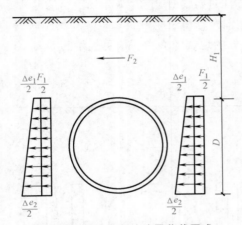

图 2-5 圆形衬砌的地震荷载图式

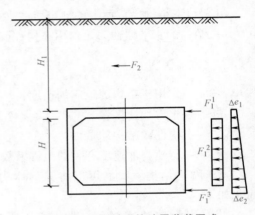

图 2-6 矩形衬砌的地震荷载图式

2）洞顶上方土柱的水平惯性力为

$$F_2 = \eta_c K_h m_\perp g \quad\quad (2\text{-}11)$$

式中 $m_\perp$——上方土柱的质量。

3）主动侧向土压力的增量。地震时地层的内摩擦角要发生变化，由原来的 φ 值减少为 $(\varphi - \beta)$，其中 β 为地震角，在 7 度地震区 $\beta = 1°30'$；8 度处 $\beta = 3°$；9 度处 $\beta = 6°$。因此，结构一侧的主动侧向土压力增量为

$$\Delta e_i = (\lambda_a' - \lambda_a) q_i \quad\quad (2\text{-}12)$$

式中 $\quad\quad \lambda_a = \tan^2\left(45° - \dfrac{\varphi}{2}\right)$；$\lambda_a' = \tan^2\left(45° - \dfrac{\varphi - \beta}{2}\right)$

而结构另一侧的主动侧向土压力增量可按上述值反对称布置。

4）结构和隧道上方土柱的垂直惯性力，其一般公式为

$$\begin{cases} F_1' = \eta_c K_V Q \\ F_2' = \eta_c K_V P \end{cases} \quad\quad (2\text{-}13)$$

式中 K_V——垂直地震系数，一般取 $K_V = \dfrac{K_h}{2} \sim \dfrac{2K_h}{3}$；

$\quad\quad Q$、P——衬砌和隧道上方土柱的重力。

由于垂直惯性力仅在验算结构抗浮能力时需要考虑,因此,即可按集中力考虑。

(2)沿地下结构纵轴方向的地震荷载　地震动的横波与隧道纵轴斜交或正交,或地震动的纵波与隧道纵轴平行或斜交,都会沿隧道纵向产生水平惯性力,使结构发生纵向拉压变形,其中以横波产生的纵向水平惯性力为主。地震波在冲积层中的横波波长为160m左右。因此,孙钧院士在其《地下结构》一书中建议:计算纵向水平惯性力时,对区间隧道可按半个波长的结构重力考虑,即

$$T = \eta_c K_h w' \tag{2-14}$$

式中　w'——纵向80m长的重力。

对于车站结构可按两条变形缝之间的结构重力来计算。

2.5.2　常规武器或核武器爆炸荷载

防空地下室根据防护的要求分为甲类和乙类,甲类防空地下室战时需要防核武器、防常规武器、防生化武器等;乙类防空地下室不考虑防核武器,只防常规武器和生化武器。至于防空地下室是按甲类,还是按乙类修建,应由当地的人防主管部门根据国家的有关规定,结合该地区的具体情况确定。

在防空地下室结构设计计算时,常规武器或核武器爆炸地面冲击波、土中压缩波参数是两个主要荷载计算依据,其取值应符合《人民防空地下室设计规范》(GB 50038—2005)的有关规定。也可按照规范中等效静荷载标准值的大小直接取用,防空地下室结构各部位的等效静荷载标准值取值如下。

1. 常规武器作用下防空地下室梁板结构顶板的等效静荷载标准值

常规武器作用下防空地下室钢筋混凝土梁板结构顶板的等效静荷载标准值 q_{ce1} 可按下列规定采用:

当防空地下室设在地下一层时,顶板等效静荷载标准值 q_{ce1} 可按表2-4采用。对于常5级当顶板覆土厚度大于2.5m,对于常6级大于1.5m时,或者当防空地下室设在地下二层及以下各层时,顶板可不计入常规武器地面爆炸产生的等效静荷载,但顶板设计应符合《人民防空地下室设计规范》(GB 50038—2005)规定的构造要求。

表2-4　顶板等效静荷载标准值 q_{ce1}　　　　　　　　(单位:kN/m²)

顶板覆土厚度 h/m	防常规武器抗力级别	
	5	6
$0 \leqslant h \leqslant 0.5$	110~90(88~72)	50~40(40~32)
$0.5 < h \leqslant 1.0$	90~70(72~56)	40~30(32~24)
$1.0 < h \leqslant 1.5$	70~50(56~40)	30~15(24~12)
$1.5 < h \leqslant 2.0$	50~30(40~24)	—
$2.0 < h \leqslant 2.5$	30~15(24~12)	—

注:1. 顶板按弹塑性工作阶段计算,允许延性比 [β] 取4.0。

　　2. 顶板覆土厚度为小值时,取大值。

　　3. 当上部建筑层数不少于二层,其底层外墙为钢筋混凝土或砌体承重墙;或者上部为单层建筑,屋顶为钢筋混凝土结构;且两种情况下任何一面外墙墙面开孔面积不大于该墙面面积的50%时,考虑上部建筑影响时的数值取用表中括号内数值。

2. 常规武器作用下防空地下室外墙的等效静荷载标准值

常规武器作用下防空地下室外墙的等效静荷载标准值 q_{ce2} 可按下列规定采用：

土中外墙的等效静荷载标准值 q_{ce2}，可按表2-5、表2-6采用；对于顶板底面高出室外地面的常5级、常6级防空地下室，直接承受空气冲击波作用的钢筋混凝土外墙按弹塑性工作阶段设计时，其等效静荷载标准值对常5级可取400kN/m²，对常6级可取180kN/m²。

表2-5　非饱和土中外墙等效静荷载标准值 q_{ce2}　　　　（单位：kN/m²）

顶板顶面埋置深度 h/m	土的类别	防常规武器抗力级别			
		5		6	
		砌体	钢筋混凝土	砌体	钢筋混凝土
0<h≤1.5	碎石土、粗砂、中砂	85~60	70~40	45~25	30~20
	细砂、粉砂	70~50	55~35	35~20	25~15
	粉土	70~55	60~40	40~20	30~15
	黏性土、红黏土	70~50	55~35	35~25	20~15
	老黏性土	80~60	65~40	40~20	30~15
	湿陷性黄土	70~50	55~35	35~20	20~15
	淤泥质土	50~40	35~25	25~15	15~10
1.5<h≤3.0	碎石土、粗砂、中砂		40~30		20~15
	细砂、粉砂		35~25		15~10
	粉土		40~25		15~10
	黏性土、红黏土		35~25		15~10
	老黏性土		40~25		15~10
	湿陷性黄土		35~20		15~10
	淤泥质土		25~15		10~5

注：1. 表内砌体外墙数值系按防空地下室净高≤3.0m，开间≤5.4m计算确定；钢筋混凝土外墙数值系按计算高度 ≤5.0m计算确定。

　　2. 砌体外墙按弹性工作阶段计算；钢筋混凝土外墙按弹塑性工作阶段计算，$[\beta]$ 取3.0。

　　3. 顶板埋置深度 h 为小值时，q_{ce2} 取大值。

表2-6　饱和土中外墙等效静荷载标准值 q_{ce2}　　　　（单位：kN/m²）

顶板顶面埋置深度 h/m	饱和土含气量 α_1（%）	防常规武器抗力级别	
		5	6
0<h≤1.5	1	100~80	50~30
	≤0.05	140~100	70~50
1.5<h≤3.0	1	80~60	30~25
	≤0.05	100~80	50~30

注：1. 表内数值系按钢筋混凝土外墙计算高度≤5.0m，允许延性比 $[\beta]$ 取3.0计算确定。

　　2. 当含气量>1%时，按非饱和土取值；当 0.05%<α_1<1%时，按线性内插法确定。

　　3. 顶板埋置深度 h 为小值时，q_{ce2} 取大值。

3. 核武器作用下防空地下室顶板的等效静荷载标准值

核武器作用下防空地下室顶板的等效静荷载标准值 q_{ce1} 可按下列规定采用：

当防空地下室设的顶板为钢筋混凝土梁板结构，且按允许延性比 $[\beta]$ 等于 3.0 计算时，顶板的等效静荷载标准值 q_{ce1} 可按表 2-7 采用。

表 2-7　顶板等效静荷载标准值 q_{ce1}　（单位：kN/m^2）

顶板覆土厚度 h/m	顶板区格最大短边净跨 l_0/m	防核武器抗力级别				
		6B	6	5	4B	4
$h \leqslant 0.5$	$3.0 \leqslant l_0 \leqslant 9.0$	40(35)	60(55)	120(100)	240	360
$0.5 < h \leqslant 1.0$	$3.0 \leqslant l_0 \leqslant 4.5$	45(40)	70(65)	140(120)	310	460
	$4.5 < l_0 \leqslant 6.0$	45(40)	70(60)	135(115)	285	425
	$6.0 < l_0 \leqslant 7.5$	45(40)	65(60)	130(110)	275	410
	$7.5 < l_0 \leqslant 9.0$	45(40)	65(60)	130(110)	265	400
$1.0 < h \leqslant 1.5$	$3.0 \leqslant l_0 \leqslant 4.5$	50(45)	75(70)	145(135)	320	480
	$4.5 < l_0 \leqslant 6.0$	45(40)	70(65)	135(120)	300	450
	$6.0 < l_0 \leqslant 7.5$	40(35)	70(60)	135(115)	290	430
	$7.5 < l_0 \leqslant 9.0$	40(35)	70(60)	130(115)	280	415

注：表中括号内数值为考虑上部建筑影响的顶板等效静荷载标准值。

4. 核武器作用下防空地下室土中外墙的等效静荷载标准值

核武器作用下防空地下室土中外墙的等效静荷载标准值 q_{ce2}，当不考虑上部建筑对外墙影响时，可按表 2-8 和表 2-9 采用；当上部建筑的外墙为钢筋混凝土承重墙，或对上部建筑为抗震设防的砌体结构或框架结构的核 6 级和核 6B 级防空地下室，应按表 2-8 和表 2-9 中规定数值乘以系数 λ 采用。核 6B 级、核 6 级时，$\lambda = 1.1$；核 5 级时，$\lambda = 1.2$；核 4B 级时，$\lambda = 1.25$。对高出室外地面的核 6B 级及核 6 级防空地下室，直接承受空气冲击波单向作用的钢筋混凝土外墙按弹塑性工作阶段设计时，其等效静荷载标准值 q_{ce2} 当核 6B 级时取 $80kN/m^2$；当核 6 级时取 $130kN/m^2$。

表 2-8　非饱和土中外墙等效静荷载标准值 q_{ce2}　（单位：kN/m^2）

土的类别		防核武器抗力级别						
		6B		6		5		4B	4
		砌体	钢筋混凝土	砌体	钢筋混凝土	砌体	钢筋混凝土	钢筋混凝土	钢筋混凝土
碎石土		10~15	5~10	15~25	10~15	30~50	20~35	40~65	55~90
砂土	粗砂、中砂	10~20	10~15	25~35	15~25	50~70	35~45	65~90	90~125
	细砂、粉砂	10~15	10~15	25~30	15~20	40~60	30~40	55~75	80~110
粉土		10~20	10~15	30~40	20~25	55~65	35~50	70~90	100~130
黏性土	坚硬、硬塑	10~15	5~15	20~35	15~25	40~60	25~45	40~85	60~125
	可塑	15~25	15~25	35~55	20~40	60~100	45~75	85~145	125~215
	软塑、流塑	25~35	25~30	55~60	40~45	100~105	75~85	145~165	215~240
老黏性土		10~25	10~15	20~40	15~25	40~80	25~50	50~100	65~125
红黏土		20~30	10~20	30~45	15~30	45~90	35~50	60~100	90~140

（续）

土的类别	防核武器抗力级别							
	6B		6		5		4B	4
	砌体	钢筋混凝土	砌体	钢筋混凝土	砌体	钢筋混凝土	钢筋混凝土	钢筋混凝土
湿陷性黄土	10~15	10~15	15~30	10~25	30~65	25~45	40~85	60~120
淤泥质土	30~35	25~30	50~55	40~45	90~100	70~80	140~160	210~240

注：1. 表内砌体外墙数值系按防空地下室净高≤3.0m，开间≤5.4m 计算确定；钢筋混凝土外墙数值系按计算高度
   ≤5.0m 计算确定。

2. 砌体外墙按弹性工作阶段计算；钢筋混凝土外墙按弹塑性工作阶段计算，$[\beta]$ 取 2.0。

3. 碎石土及砂土，密实、颗粒粗的取小值；黏性土，液性指数低的取小值。

表 2-9　饱和土中外墙等效静荷载标准值 q_{ce2}　　　　　（单位：kN/m^2）

土的类别	防核武器抗力级别				
	6B	6	5	4B	4
碎石土、砂土	30~35	45~55	80~105	185~240	280~360
粉土、黏性土、老黏性土、红黏土、淤泥质土	30~35	45~60	80~115	185~265	280~400

注：1. 表中数值系按外墙构件计算高度≤5.0m，允许延性比 $[\beta]$ 取 2.0 确定。

2. 含气量 $\alpha_1 \leqslant 0.1\%$ 时取大值。

5. 核武器作用下防空地下室钢筋混凝土底板的等效静荷载标准值

核武器作用下防空地下室钢筋混凝土底板的等效静荷载标准值 q_{ce3}，当无桩基时，可按表 2-10 采用；当甲类防空地下室基础采用桩基且按单桩承载力特征值设计时，除桩本身应按计入墙、柱传来的核武器爆炸动荷载的荷载组合验算承载力外，底板上的等效静荷载标准值可按表 2-11 采用。当甲类防空地下室基础采用条形基础或独立柱基础加防水底板时，底板上的等效静荷载标准值，对核 6B 级可取 15kN/m^2，对核 6 级可取 25kN/m^2，对核 5 级可取 50kN/m^2。

表 2-10　钢筋混凝土底板等效静荷载标准值 q_{ce3}　　　　（单位：kN/m^2）

顶板覆土厚度 h/m	顶板短边净跨 l_0/m	防核武器抗力级别									
		6B		6		5		4B		4	
		地下水位以上	地下水位以下	地下水位以上	地下水位以下	地下水位以上	地下水位以下	地下水位以上	地下水位以下	地下水位以上	地下水位以下
$h \leqslant 0.5$	$3.0 \leqslant l_0 \leqslant 9.0$	30	30~35	40	40~50	75	75~95	140	160~200	210	240~300
$0.5 < h \leqslant 1.0$	$3.0 \leqslant l_0 \leqslant 4.5$	30	35~40	50	50~60	90	90~115	190	215~270	280	320~400
	$4.5 < l_0 \leqslant 6.0$	30	30~35	45	45~55	85	85~110	170	195~245	255	290~365
	$6.0 < l_0 \leqslant 7.5$	30	30~35	45	45~55	85	85~105	160	185~230	245	280~350
	$7.5 < l_0 \leqslant 9.0$	30	30~35	45	45~55	80	80~100	155	180~225	235	265~335
$1.0 < h \leqslant 1.5$	$3.0 \leqslant l_0 \leqslant 4.5$	30	30~45	55	55~70	105	105~130	205	235~295	305	350~440
	$4.5 < l_0 \leqslant 6.0$	30	30~40	50	50~60	90	90~115	190	215~270	280	320~400
	$6.0 < l_0 \leqslant 7.5$	30	30~35	45	45~60	90	90~110	175	200~250	260	300~375
	$7.5 < l_0 \leqslant 9.0$	30	30~35	45	45~55	85	85~105	165	190~240	250	285~355

表 2-11　有桩基钢筋混凝土底板等效静荷载标准值 q_{ce3}　　（单位：kN/m²）

底板下土的类别	防核武器抗力级别					
	6B		6		5	
	端承桩	非端承桩	端承桩	非端承桩	端承桩	非端承桩
非饱和土	—	7	—	12	—	25
饱和土	15	15	25	25	50	50

【思考题】

1. 作用在地下建筑结构上有哪些荷载？荷载组合形式有哪些？
2. 明挖回填和浅埋暗挖地下结构上的竖向土压力和侧向土压力如何计算？
3. 地下结构横截面的地震作用如何计算？
4. 浅埋地铁与轻轨结构上方的车辆荷载如何考虑？
5. 防空地下室常规武器或核武器爆炸荷载引起的动荷载应如何考虑？

第 3 章 　 地下建筑结构的设计理论与方法

【学习目标】
1. 了解地下结构设计理论的历史沿革和各阶段特点；
2. 熟悉地层-结构设计方法的基本思路；
3. 掌握荷载-结构设计方法的应用条件和基本思路。

■ 3.1 　设计方法历史沿革

早期地下工程的建设完全依据经验，19 世纪初才逐渐形成自己的理论，开始用于指导地下结构物设计与施工。

在地下结构理论形成的初期，人们仅仅仿照地面结构的计算方法进行地下结构物的计算，这些方法可归类为荷载结构法，包括框架内力的计算、拱形直墙结构内力的计算等。然而，由于地下工程所处的环境条件与地面建筑是完全不同的，引用地面结构的设计理论和方法来解决工程中所遇到的各类问题，常常难以正确地阐述地下工程中出现的各种力学现象和过程。经过较长时间的实践，人们逐渐认识到地下结构与地面结构受力变形特点不同的事实，并形成以考虑地层对结构受力变形的约束作用为特点的地下结构理论。20 世纪中期，电子计算机的出现和现代计算力学的发展，大大推动了岩土力学和工程结构等学科的研究，地下结构的计算理论也因此有了更大的发展。

从地下结构设计理论发展的历史沿革，大致可分为以下四个阶段。

1. 刚性结构阶段

早期的地下建筑物大都是用砖石等材料砌筑的拱形圬工结构。这类材料的抗拉强度很低，为了保持结构的稳定，其截面尺寸通常都很大，结构受力后的弹性变形很小。这一时期的计算理论实际上是模仿石拱桥的设计方法，采用将地下结构视为刚性结构的压力线理论。这种理论认为，地下结构是由一系列刚性块组成的拱形结构，所受的主动荷载是地层压力，当地下结构处于极限平衡状态时，它是由绝对刚体组成的三铰拱静定结构体系，铰的位置分别假设在墙底和拱顶，其内力可按静力学原理计算。

刚性设计方法只考虑衬砌承受其周围岩土所施加的荷载，没有考虑围岩自身的承载能力，也不计围岩对衬砌变形的约束和由此产生的围岩被动抗力，在一般情况下设计出的衬砌厚度偏大。

2. 弹性结构阶段

19 世纪后期，混凝土和钢筋混凝土材料开始应用于地下结构中，与此同时，人们将超静定结构计算力学引入地下结构计算，并考虑了地层对结构产生的弹性抗力作用。

1910 年，康姆列尔（O. Kommerall）在计算整体式隧道衬砌时，率先假设刚性边墙受成直线形分布的弹性抗力作用，建立了将整体式结构的拱圈和边墙分开计算，并将拱圈视为支承在固定支座上的无铰拱的计算方法。其后，许多学者相继提出了假定抗力图形的计算方法，并采用了局部变形的文克尔假定。例如，1922 年约翰逊（Johnson）等人将地层弹性抗力分布假设为梯形；朱拉波夫和布加耶娃假定抗力为镰刀形。由于假定抗力对抗力图形的假定带有任意性，稍后人们开始研究将边墙视为双向弹性地基梁的地下结构的计算理论。纳乌莫夫在 1956 年将其发展为按局部变形弹性地基梁理论计算直边墙的地下结构计算法。此后，共同变形弹性地基理论也被应用于地下结构的计算。1939 年和 1950 年，达维多夫（C. C. Д）两次发表了按共同变形弹性地基理论计算整体式地下结构的方法。1954 年，奥尔洛夫进一步研究了按地层共同变形理论计算地下结构的方法。1964 年，舒尔茨（S. Schuze）和杜德科（H. Dudek）在分析圆形衬砌时，不但按共同变形理论考虑了径向变形的影响，而且还计入了切向变形的影响。

3. 连续介质阶段

自 20 世纪中期以来，随着岩体力学开始形成一门独立的学科，用连续介质力学理论计算地下结构内力的方法逐渐得到了发展。在初始阶段，人们曾致力于建立这类计算理论的解析解，但由于遇到数学上的困难，迄今为止仅对圆形衬砌的计算有较多研究成果。自 20 世纪 60 年代以来，随着电算技术的普及和岩土介质本构关系研究的进步，地下结构的数值计算方法有了较大发展，1966 年，雷耶斯（Reyes）和迪尔（Deere）应用 Drucker-Prager 准则进行了圆形洞室的弹塑性分析。1968 年，辛克维齐（O. C. Zienkiewicz）等按无拉应力分析了隧道的应力和变形，提出了可按初应力释放法模拟洞室开挖效应的概念。1975 年，库哈维（Kuihawy）用有限元法探讨了几种因素对地下洞室受力变形的影响和开挖面附近隧洞围岩的三维应力状态，开始将力学分析引入非连续岩体和施工过程研究的计算。从 20 世纪 70 年代起，我国学者在这一领域也做了大量研究工作，已经建立的计算方法包括洞室的弹性计算方法、弹塑性计算方法、黏弹性计算方法等。

连续介质理论较好地反映了支护与围岩的共同作用，符合地下结构的力学原理。然而，由于岩土的计算参数（如原岩应力、岩体力学计算参数、施工因素等）难以准确获得，人们对岩土材料的本构模型与围岩的破坏失稳准则还认识不足。因此，目前根据连续介质理论所得出的计算结果，还只能作为设计参考依据。

4. 现代支护理论阶段

20 世纪 50 年代以来，喷射混凝土和锚杆被用于隧道支护，与此对应的一整套新奥地利设计方法（简称新奥法）随之兴起，形成了以岩体力学原理为基础的、考虑支护与围岩共同作用的地下工程现代支护理论。新奥法认为围岩本身具有"自承"能力，如果能采用正确的设计施工方法，最大限度地发挥这种"自承"能力，可以得到最好的经济效果。

近年来，在地下结构中主要使用的工程类比法，也在向着定量化、精确化和科学化发展。与此同时，在地下结构设计中应用可靠性理论，推行概率极限状态设计法，采用动态分析方法，即现场监测信息，从反馈信息的数据预测地下工程的稳定性，从而对支护结构进行优化设计等方面也取得了重要进展。

应当看到，由于岩土体的复杂性，地下结构设计理论还处在不断发展阶段，各种设计方法还需要不断提高和完善。后期出现的设计计算方法一般也并不否定前期的研究成果，各种计算方法都有其比较适用的一面，但又各自带有一定的局限性。设计者在选择计算方法时，应对其有深入的了解和认识。

目前，地下建筑结构的设计方法有多种，但大体上可以归纳为以下四种模型：

1）经验类比法。首先对工程围岩或土层进行分类，然后根据相关规范或标准，参照过去的工程实践经验，通过工程类比进行设计。

2）荷载-结构设计法。根据地面建筑结构的设计方法，确定结构、荷载和材料三要素，即首先确定地层压力，然后按弹性地基上结构物的计算方法计算结构内力，最后进行结构的截面设计。

3）连续介质设计法。将地下结构和周围地层视为整体共同受力体系，按变形协调条件分别计算地下结构与地层的内力，根据计算内力进行结构的截面设计，并验算地层的稳定性。

4）收敛约束设计法。该方法是以现场测量和实验室试验为主的实用设计方法。它以地下洞室周边位移测量值为设计依据，根据位移测量曲线的特征来指导地下结构的设计和施工。

■ 3.2 荷载-结构设计方法

荷载-结构设计方法是一种最基本的、传统的地下结构设计方法。实际上，其他地下结构设计方法一般应该与荷载-结构设计方法相结合才能更好地进行地下结构的设计。例如，经验类比法多数情况下是通过围岩分类来确定作用于地下结构上的荷载，衬砌结构的最终设计仍然采用荷载-结构设计方法。

地下结构按其在围岩中的条件分为土层中的地下结构和岩石中的地下结构。

土层中的地下结构，其周围土质较为软弱，对地下结构的约束能力小。按其埋置深度可以划分为浅埋式地下结构和深埋式地下结构两大类。所谓浅埋式地下结构，是指覆盖土层较薄，不满足压力拱成拱条件（$H<(2\sim2.5)h_0$，h_0 为压力拱高），或者软土层中覆盖层厚度小于结构尺寸的地下结构。地下结构决定采用浅埋式还是深埋式的影响因素很多，包括地下结构的使用要求、防护等级、地质条件、环境条件及施工能力等。

岩石地下结构是指，在岩体中人工开挖的地下洞室或利用溶洞所修建的地下工厂、电站、储油库、掩蔽部等工业与民用建筑结构。修建岩石地下结构时，首先应按照使用要求在地层中开挖洞室，然后沿洞室周边修建永久性结构——衬砌。为满足生产使用要求，在衬砌内部尚需修建必要的梁、板、柱、墙体等内部结构。因此，岩石地下结构包括衬砌部分和内部结构两部分。其中衬砌结构是岩石地下结构研究的对象，衬砌结构主要起承重和围护两方面的作用，而内部结构与地面结构基本相同。

显然，只要在施工过程中不能使支护结构与围岩保持紧密接触，有效地制止周围岩体变形松弛而产生松动压力，地下的支护结构就应该按荷载-结构方法进行验算。

荷载-结构方法虽然都是以承受岩体松动、崩塌而产生的竖向和侧向主动土压力为主要特征，但对围岩与支护结构相互作用的处理却又有几种不同的做法：

1）主动荷载模型（图 3-1a）。它不考虑围岩与支护结构的相互作用，因此，支护结构在主动荷载作用下自由变形，其计算原理和地面结构一样。这种模型主要适用于围岩与支护结构的"刚度比"较小的情况，软弱的围岩没有能力去约束刚性衬砌的变形。

2）主动荷载加围岩弹性约束模型（图 3-1b）。它认为围岩不仅对支护结构施加主动荷载，而且由于围岩与支护结构的相互作用，围岩还对支护结构施加被动的弹性抗力。因为，在非均匀分布的主动荷载作用下，支护结构的一部分将发生向着围岩方向的变形，只要围岩具有一定的刚度，就必然会对支护结构产生反作用力来约束它的变形，这种反作用力就称为弹性抗力，属于被动性质。而支护结构的另一部分则背离围岩向着隧道内变形，不会引起弹性抗力，形成所谓"脱离区"。支护结构就是在主动荷载和围岩的被动弹性抗力同时作用下进行工作的。这种模型几乎能适用于所有的围岩类型，只不过各类围岩所能产生的弹性抗力和范围不同而已。

3）实地测量模型（图 3-1c）。这是当前正在发展的一种以实地测量荷载代替主动荷载模型的亚型。实地测量的荷载值是围岩与支护结构相互作用的综合反映，它既包含围岩的主动压力，也含有弹性抗力。在支护结构与围岩牢固接触时，不仅能测量到径向荷载而且还能测量到切向荷载。但应该指出，实地测量的荷载值除与围岩特性有关外，还取决于支护结构的刚度以及支护结构背后回填的质量。因此，某一种实地测量的荷载，只能适用于和测量条件相同的情况。

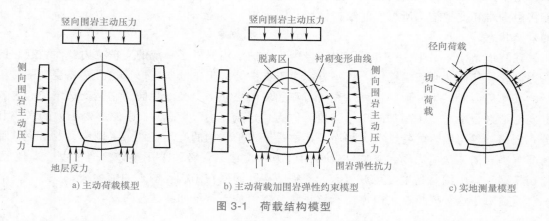

a) 主动荷载模型　　　b) 主动荷载加围岩弹性约束模型　　　c) 实地测量模型

图 3-1　荷载结构模型

对于 1）类模型，只要确定了作用在支护结构上的主动荷载，其余问题用结构力学的一般方法（如力法、位移法、有限元法等）即可解决。

对于 2）类模型，除了上述的主动荷载外，尚需解决围岩的弹性抗力问题。正如上面所述，所谓弹性抗力就是指由于支护结构发生向围岩方向的变形而引起的围岩的被动抵抗力。在围岩上引起的弹性抵抗力的大小，目前常用以"文克尔（Winkler）假定"为基础的局部变形理论来确定。该假定认为围岩的弹性抗力与围岩在该点的变形成正比，用公式表示为

$$\sigma_i = K\delta_i$$

式中　σ_i——围岩表面上任意一点所产生的弹性抗力（kPa）；

　　　δ_i——围岩在同一点 i 的压缩变形（m）；

K——围岩的弹性抗力系数（kN/m^3）。

弹性抗力的大小和分布形态取决于支护结构的变形，而支护结构的变形又和弹性抗力有关，所以按2）模型计算支护结构的内力是个非线性问题，必须采用迭代解法或某些线性化的假定。例如，假设弹性抗力的分布形状为已知，或采用弹性地基梁的理论，或采用弹性支承代替弹性抗力等。于是，支护结构内力分析的问题，就成了通常的超静定结构求解。

■ 3.3 地层-结构设计方法

地层-结构模型是把地下结构与地层作为一个受力变形的整体，按照连续介质力学原理来计算地下工程结构以及周围地层的变形。它不仅计算衬砌结构的内力及变形，而且计算周围土层的应力，充分体现周围地层与地下工程结构的相互作用。但是由于周围地层以及地层与结构相互作用模拟的复杂性，地层-结构模型目前尚处于发展阶段，在很多工程应用中仅作为一种辅助手段。由于地层-结构法相对荷载-结构法充分考虑了地下结构与周围地层的相互作用，结合具体的施工过程，可以充分模拟地下结构以及周围地层在每一个施工工况下的内力和变形，更符合工程实际，因此，在今后的研究和发展中有更好的前景。

地层-结构设计方法主要包括以下几部分内容：地层的合理化模拟，结构模拟，施工过程模拟以及施工过程中结构与周围地层的相互作用、地层与结构相互作用的模拟。

由于现代隧道施工技术的发展，可在隧道开挖后及时地给围岩以必要的约束，抑制其变形，阻止围岩松弛，不使其因变形过度而产生松动压力。此时，开挖隧道而释放的围岩应变能将由围岩和支护结构所组成的结构体系共同承担，隧道结构体系产生应力重分布而达到新的平衡状态。

在隧道结构体系中，一方面围岩本身由于支护结构提供了一定的支护抗力，而引起它的应力调整，从而达到新的稳定；另一方面由于支护结构阻止围岩变形，也必然要受到围岩给予的反作用力而发生变形。这种反作用力和围岩的松动压力极不相同，它是支护结构和围岩共同变形过程中对支护施加的压力，故可称为"形变压力"。显然，这种形变压力的大小和分布规律不仅与围岩的特性有关，而且还取决于支护结构的变形特性——刚度。要研究这种情况下围岩的三次应力场和支护结构中的内力和位移，就必须采用整体复合模型，即地层-结构模型，其中围岩是主要承载单元，支护结构是镶嵌在围岩孔洞上的加劲环。

目前对于这种模型，求解方法有解析法、数值法、特征曲线法三种。

3.3.1 解析法

解析法根据所给定的边界条件，对问题的平衡方程、几何方程和物理方程直接求解。这是一个弹塑性力学问题，求解时，假定围岩服从连续介质的各项假设，半无限空间内圆形（非圆形转换成等效圆形）开挖与支护，并假定支护结构与围岩密贴，即其外径与隧道的开挖半径相等，且与开挖同时瞬间完成。由于数学上的困难，现在还只能对少数几个问题（如均布应力场等）给出具体解答。

3.3.2 数值法

对于几何形状和围岩初始应力状态都比较复杂的隧道，一般需要采用数值法，尤其是需要考虑围岩的各种非线性特性时。该方法主要是有限单元法、边界元法等，它把围岩和支护结构都划分为有限单元，然后根据能量原理建立起整个系统的虚功方程，也称刚度方程，从而求出系统上各节点的位移以及单元的应力。

隧道结构体系有限元分析的一般步骤为：结构体系离散化（包括荷载的离散化），单元分析，形成单元刚度矩阵，求解刚度方程，得到节点位移，求单元应力。

3.3.3 特征曲线法

特征曲线法也称为收敛-限制法，是用围岩的支护需求曲线和支护结构的补给曲线以求达到稳定状态时支护结构的内力。

特征曲线法的基本原理是：隧道开挖后，如无支护，围岩必然产生向隧道内的变形（收敛）。施加支护以后，支护结构约束了围岩的变形，此时围岩与支护结构共同承受围岩挤向隧道的变形压力。对于围岩而言，它承受支护结构的约束力；对于支护结构而言，它承受围岩维持变形稳定而给以的压力。当两者处于平衡状态时，隧道就处于稳定状态。所以，特征曲线法就是通过支护结构与隧道围岩的相互作用，求解支护结构在荷载作用下的变形和围岩在支护结构约束下的变形之间的协调平衡，即利用围岩特征曲线与支护结构的特征曲线交会的办法来决定支护体系的最佳平衡条件（图3-2），从而求得为了维

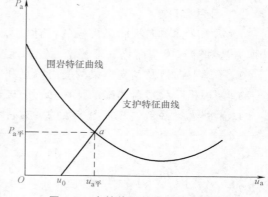

图 3-2   支护体系的最佳平衡条件

持隧道稳定所需的支护阻力，也就是作用在支护结构上的围岩的形变压力。之后，就可按普通结构力学方法计算支护结构内力和校核其强度。

围岩特征曲线是在连续弹塑性介质假定及已知力学变形参数下求解结果，由于实际围岩状态的复杂性，计算结果与实际中的差距需通过施工信息来不断调整。

【思考题】

1. 地下结构设计理论的发展过程，可分为哪几个阶段？
2. 简述荷载-结构设计方法的基本思路和荷载确定方法。
3. 简述地层-结构设计方法的主要内容。

第4章　梁板结构设计

【学习目标】

1. 熟练掌握单向板肋梁楼盖的设计计算方法，理解其中板、次梁、主梁的计算单元选取方法和计算模型简化，理解塑性铰和连续梁板内力重分布的概念；

2. 了解双向板及其支撑梁的受力特点和内力计算方法；

3. 掌握板肋梁楼盖的配筋计算和配筋构造要求；

4. 了解无梁楼盖、井字形楼盖的受力特点。

■ 4.1　梁板结构一般概念

梁板结构
一般概念

由梁和板组成共同承担外荷载作用的构件或结构称为梁板结构，梁板结构是土木工程中常见的结构形式，被广泛应用于建筑的楼盖与屋盖当中。此外，在桥梁的桥面结构，水池的顶盖、池壁，挡土墙以及筏形基础等结构中也有较多应用。在地下建筑当中，梁板结构普遍存在，如地下停车场的楼盖，地下结构外围墙体，军事与民防设施中的顶板，交通设施如共同管沟隧道中的顶板及侧墙，地下采矿巷道、基坑的挡土支护墙体结构等。相同形式的梁板结构，处于相同的支承条件时，其受力特点基本相同，因此，它们的设计原理基本相同。本章将重点介绍（地下）建筑中最为常用的梁板结构，即楼盖、屋盖（或顶板）的设计方法，它是建筑结构中重要的组成部分，对于保证建筑物的承载力、刚度、耐久性以及抗震性能具有重要的作用，它的设计是否正确、合理，对整个建筑的使用和技术经济指标至关重要。

4.1.1　梁板结构类型

建筑中最为常用的梁板结构即楼盖、屋盖（或顶板），按照结构形式划分，可分为肋梁楼盖、无梁楼盖、密肋楼盖、井式楼盖和扁梁楼盖等，如图4-1所示。

肋梁是指在板的下面有主梁或次梁作为板的肋，肋梁的布置可以单向，如图4-1a所示，也可以双向，如图4-1b所示，从而可以构成单向板受力或双向板受力。有时，钢筋混凝土板直接支承在柱上，而不设梁，如图4-1c所示，这种板称为无柱帽无梁楼盖，通常是在跨度、荷载均不特别大的情况下使用；有时为了减小柱对楼盖的冲切作用，在柱顶与楼板连接

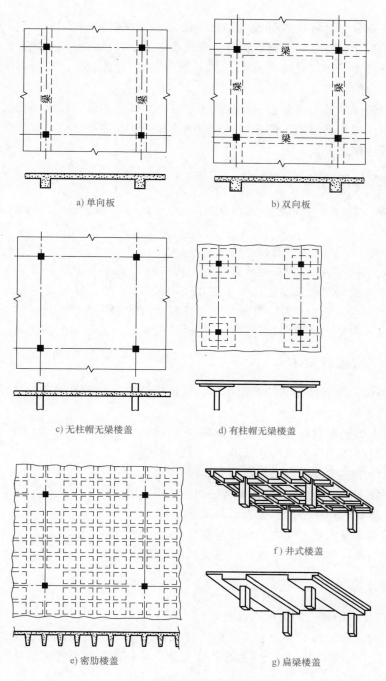

a) 单向板　　　　b) 双向板

c) 无柱帽无梁楼盖　　　　d) 有柱帽无梁楼盖

e) 密肋楼盖

f) 井式楼盖

g) 扁梁楼盖

图 4-1　常用楼盖形式

部位设置柱帽，即将柱顶扩大，如图 4-1d 所示。与无梁楼盖十分接近的是双向小梁板或密肋楼盖，如图 4-1e 所示。为了减小实心板的自重，用金属或玻璃纤维模板，做成带有许多矩形凹槽的楼板，就形成了双向密肋楼盖。通常，在柱的周围不做凹槽，而做成实心板，可以更有效地承担柱边的弯矩和剪力。此外还有井式楼盖，如图 4-1f 所示，以及扁梁楼盖等如图 4-1g 所示。

按施工方法划分，可将楼盖分成现浇、装配式和装配整体式三种。现浇楼盖整体刚度好，并能适用于房建平面形状、设备管道、荷载或施工条件比较特殊的情况，其缺点是费工费时。采用装配式楼盖可以克服现浇楼盖的缺点，但楼盖整体较差。装配整体式楼盖兼有现浇式和装配式楼盖的优点。

按预加应力情况划分，可分为钢筋混凝土楼盖和预应力钢筋混凝土楼盖。对于柱网尺寸较大的结构，预应力钢筋混凝土楼盖可以有效减小板厚从而降低结构高度，是目前大柱网工程中常见的处理方法之一。

4.1.2 单向板与双向板

我国《混凝土结构设计规范》（GB 50010—2010）对混凝土板的划分做如下规定：

单向板与双向板

1）两对边支承的板应按单向板计算。

2）四边支承的板应按下列规定计算：当长边与短边长度之比小于或等于 2.0 时，应按双向板计算；当长边与短边长度之比大于 2.0，但小于 3.0 时，宜按双向板计算；当长边与短边长度之比大于或等于 3.0 时，可按沿短边方向受力的单向板计算。

当按沿短边方向受力的单向板计算时，应沿长边方向布置足够数量的构造钢筋。

4.1.3 梁板结构设计要求

梁板结构的设计需要满足它的使用功能，以建筑结构中的楼盖为例进行说明。楼盖的主要使用功能有以下三种：

1）将楼盖上的竖向荷载传递给竖向构件。

2）将水平荷载传递给竖向构件或者分配给竖向构件。

3）作为竖向结构构件的水平联系和支撑。

因此，在对楼盖进行设计时，需要满足如下要求：

1）满足竖向荷载作用下的承载力以及刚度要求。

2）满足楼盖自身水平平面内的刚度与整体性要求。

3）满足与竖向构件之间可靠连接以保证传力可靠的要求。

4.1.4 荷载计算

一般作用在梁板结构上的荷载有两种：

1）永久荷载又称为恒荷载，它是在结构使用期间基本不变的荷载，如结构构件自重、构造做法各层重、土压力等。恒载一般是均布荷载，其标准值可根据梁板几何尺寸和材料重度求得。

2）可变荷载又称为活荷载，它是在结构使用期间，时有时无可变作用的荷载，如楼面活荷载、屋面活荷载、积灰荷载等。可变荷载的分布通常是不规则的，通常折算成等效均布荷载计算，其标准值可由《建筑结构荷载规范》（GB 50009—2012）查得。

此外，地下建筑结构中作用在梁板结构中的荷载，其计算方法可以参照第 2 章地下结构荷载中的规定。

■4.2　肋梁楼盖设计

4.2.1　肋梁楼盖的设计步骤

钢筋混凝土楼盖结构的设计大致分为以下几个步骤：

1）结构平面的布置，并初步确定板厚和主、次梁的截面尺寸。

2）统计作用于梁、板上的实际荷载情况。

3）根据支承条件确定梁、板的计算简图。

4）按弹性或塑性方法计算构件控制截面内力。

5）截面配筋及构造措施。

6）按正常使用极限状态要求验算构件的挠度和裂缝。通常在构件尺寸初定时，就考虑挠度和裂缝要求，因此一般不需要进行此项验算，在作用的荷载很大和构件跨度很大等情况下有必要验算此项。

7）绘制施工图。

4.2.2　肋梁楼盖的布置

肋梁楼盖由主梁、次梁和板组成。其中主梁宜布置在整个结构刚度较弱的方向，这样主梁与横向柱列形成多榀框架，以加强承受水平作用力的侧向刚度，而次梁垂直于主梁设置。因此，次梁的间距决定板的跨度，主梁间距决定次梁的跨度，柱网尺寸决定主梁的跨度。

梁格布置应综合考虑房屋的使用要求和梁的合理跨度，与柱网布置统一考虑。梁格及柱网布置应力求受力合理，传力路径简捷，梁格布置规整、统一，从而减少构件类型，且便于施工。工程实践表明，各构件跨度取下列值较为合理：单向板的跨度取 1.7~2.5m，不宜超过 3m；次梁的跨度取 4~6m；主梁的跨度通常在 5~8m 之间。

双向板的刚度较大，跨中弯矩较小，受力性能比单向板优越，其跨度可达 5m 左右。当梁格尺寸及使用荷载较大时，采用双向板肋梁楼盖比采用单向板肋梁楼盖更为经济。

图 4-2 为单向板肋梁楼盖平面布置的几个典型示例。图 4-2a 所示为主梁沿横向布置，其优点是主梁与柱形成横向框架，房屋的横向刚度大，而各榀横向框架间由纵向的次梁相连，房屋的纵向刚度亦较大，房屋整体性较好，另外，由于主梁与外纵墙垂直，有利

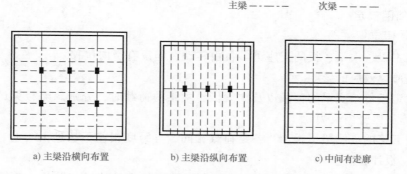

主梁 —·—·—　　　次梁 ————

a) 主梁沿横向布置　　　　b) 主梁沿纵向布置　　　　c) 中间有走廊

图 4-2　单向板肋梁楼盖平面布置

于外墙开窗。图 4-2b 所示为主梁沿纵向布置，这种布置常用于横向柱距较纵向柱距大的情况，其优点是可减小主梁的截面高度，从而增大房间的净高。图 4-2c 适用于中间有走廊的楼盖。

4.2.3 梁、板截面尺寸的确定

楼盖设计时，首先要初步确定梁、板截面尺寸，确定时通常应考虑施工条件、刚度要求和经济性等综合因素并结合工程经验选定。设计时可参考表 4-1 确定。若计算结果所得的截面尺寸与原估算的尺寸相差很大时，需重新确定，直至满足要求为止。

表 4-1　梁、板截面的常用尺寸

构件种类		高跨比(h/l)	备　　注
单向板	简支	≥1/35	最小板厚： 　屋面板　当 $l<1.5\mathrm{m}$　$h≥50\mathrm{mm}$ 　　　　　当 $l≥1.5\mathrm{m}$　$h≥60\mathrm{mm}$
	两端连续	≥1/40	民用建筑楼板　　　$h≥60\mathrm{mm}$ 工业建筑楼板　　　$h≥70\mathrm{mm}$ 行车道下的楼板　　$h≥80\mathrm{mm}$
双向板	单跨简支	≥1/45	板厚一般取　$80\mathrm{mm}≤h≤160\mathrm{mm}$
	多跨连续	≥1/50 （按短向跨度）	
密肋板	单跨简支	≥1/20	板厚：当肋间距≤700mm　　$h≥40\mathrm{mm}$ 　　　当肋间距>700mm　　$h≥50\mathrm{mm}$
	多跨连续	≥1/25	
悬臂板		≥1/12	板的悬臂长度≤500mm　　$h≥60\mathrm{mm}$ 板的悬臂长度>500mm　　$h≥80\mathrm{mm}$
无梁楼板	无柱帽	≥1/30	$h≥150\mathrm{mm}$
	有柱帽	≥1/35	柱帽宽度 $c=(0.2\sim0.3)l$
多跨连续次梁		1/18~1/12	最小梁高：次梁 $h≥l/25$
多跨连续主梁		1/14~1/8	主梁 $h≥l/15$
单跨简支梁		1/14~1/8	宽高比(b/h)一般为 1/3~1/2，并以 50mm 为模数

4.2.4 单向板肋梁楼盖设计

1. 计算简图确定

（1）基本假定

1）假定主梁、次梁、板的支座可以自由转动，但没有竖向位移。

2）忽略薄膜效应的影响。

3）在确定板传给次梁的荷载以及次梁传给主梁的荷载时，分别忽略板梁的连续性，按简支构件计算支座竖向反力。

4）超过五跨的连续梁、板，当各跨荷载相同，且跨度相差不超过 10%时，可按五跨的等跨连续梁、板计算。

（2）计算简图　为减小计算工作量，通常不是对整个结构进行分析，而是根据实际结

构受力情况，忽略一些对结构受力影响较小的次要因素，对实际结构加以简化，抽象出计算简图，以此进行内力计算。

单向板肋梁楼盖的板、次梁、主梁和柱均整浇在一起，形成一个复杂体系（图4-3a），但由于板的刚度很小，次梁的刚度又比主梁的刚度小很多，则整个楼盖体系可以分解为板、次梁、主梁几类构件单独进行计算。板面上的荷载传递路线为：荷载——板——次梁——主梁——墙或柱。

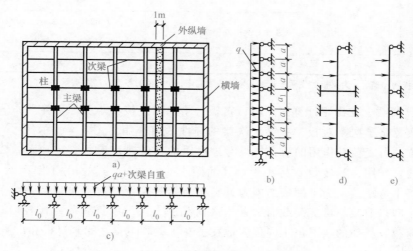

图4-3　单向板肋梁楼盖的计算简图

设计时，板的计算简图可取以次梁作为铰支座的"连续梁"（图4-3b）。通常取宽为1m的板带计算单元，此时板上单位面积荷载值q也就是计算板带上的线荷载值。次梁的计算简图可取以主梁作为铰支座的"连续梁"（图4-3c），其荷载包括楼板传来的荷载和次梁的自重，均按均布荷载考虑。当主梁与柱的混凝土为整体浇注时，梁与柱组成一个整体，其内力可按刚架计算（图4-3d）；如果梁与柱的抗弯线刚度比大于5时，可将主梁视为铰支于柱上的连续梁计算（图4-3e）。主梁承受次梁传来的集中力及主梁的自重，由于主梁自重通常较次梁传来的荷载小很多，为简化计算，可将其换算成集中荷载一并计算。主、次梁的截面形式都是带翼缘的T形截面，每侧翼缘板的计算宽度取与相邻梁的中心距的一半。各连续梁、板的计算跨度指在计算弯矩时所应取用的跨间长度，理论上应取该跨两端支座处转动点之间的距离，在设计中，当按弹性理论计算时，计算跨度一般取两支座反力之间的距离，计算跨度的取值按表4-2确定。

表4-2　梁板的计算跨度

按弹性理论计算	单跨	两端搁置	$l_0 = l_{n1} + a$ 且 $l_0 \leqslant l_{n1} + h$ $l_0 \leqslant 1.05 l_{n1}$
		一端搁置，一端与支承构件整浇	$l_0 = l_{n1} + a/2 + b/2$ 且 $l_0 \leqslant l_{n1} + b/2 + h/2$　（板） $l_0 \leqslant 1.025 l_{n1}$　（板）
		两端与支承构件整浇	$l_0 = l_2$

（续）

按弹性理论计算	多跨	边跨	$l_0 = l_{n1} + a/2 + b/2$ 且 $l_0 \leq l_{n1} + h/2 + b/2$ （板） $l_0 \leq 1.025 l_{n1} + b/2$ （梁）
		中间跨	$l_0 = l_2$
按塑性理论计算		两端搁置	$l_0 = l_{n1} + a$，且 $l_0 \leq 1.05 l_{n1}$ （梁） $l_0 = l_{n1} + h$ 且 $l_0 \leq l_{n1} + a$ （板）
		一端搁置，一端与支承构件整浇	$l_0 = 1.025 l_{n1}$，且 $l_0 = l_{n1} + a/2$ （梁） $l_0 = l_{n1} + h/2$，且 $l_0 \leq l_{n1} + a/2$ （板）
		两端与支承构件整浇	$l_0 = l_n$

注：l_{n1} 为梁板的净跨，a 为梁板的支承长度，b 为支承梁宽度，h 为板的厚度，l_2 为支承中心的距离。

（3）折算荷载　在确定计算简图时，将板、梁间的连接支承关系假定为铰接，这其实忽略了次梁对板、主梁对次梁的弹性约束作用。图 4-4 所示的承受间隔布置的可变荷载作用的板，如果考虑次梁的扭转刚度对板在支座截面处转动的约束作用，其转角 θ' 将小于计算简图中的转角 θ，其效果相当于降低了板的跨中弯矩值。为了使板的内力计算值更接近实际情况，可以适当地调整荷载，即采取减小可变荷载而加大永久荷载的方法，以折算荷载代替实际的计算荷载。类似的情况也不同程度地发生在次梁和主梁之间。对板和次梁，折算荷载取为

板和次梁的
折算荷载

$$板：g' = g + \frac{q}{2} \qquad q' = \frac{q}{2} \qquad\qquad (4\text{-}1a)$$

$$次梁：g' = g + \frac{q}{4} \qquad q' = \frac{3q}{4} \qquad\qquad (4\text{-}1b)$$

式中　g、q——实际作用的永久荷载和可变荷载（kN）；

g'、q'——折算永久荷载和折算可变荷载（kN）。

当板或梁支承在砖墙（或砖柱），不需要对荷载进行调整。

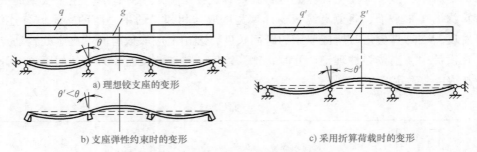

a) 理想铰支座的变形

$\theta' < \theta$

b) 支座弹性约束时的变形

c) 采用折算荷载时的变形

图 4-4　连续梁和单向连续板的折算荷载

2. 按弹性理论的计算方法

（1）活荷载的不利布置　活荷载的作用位置是变化的。对于单跨梁当全部永久荷载和可变荷载同时作用时将产生最大内力；但对于多跨连续梁的某一指定截面而言，当所有荷载同时布满梁上各跨时引起的内力未必为

梁板活荷载布置

最大。因此必须考虑可变荷载的最不利布置，这种荷载布置可以得到支座和跨中截面的最不利内力（绝对值最大内力）。

图4-5所示为五跨连续梁在不同跨间布置荷载时梁的弯矩图和剪力图，从中可以看出一些变化规律：

1）欲求某跨跨中最大正弯矩，应在该跨布置可变荷载，然后向两侧隔跨布置。

2）欲求某跨跨中最小弯矩时，其可变荷载布置与求跨中最大正弯矩时的布置完全相反。

3）欲求某支座截面最大负弯矩，应在该支座相邻两跨布置可变荷载，然后向两侧隔跨布置。

4）欲求某支座截面最大剪力时，其可变荷载布置与求该截面最大负弯矩时的布置相同。

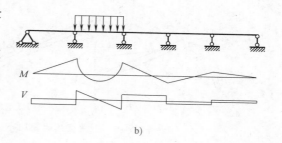

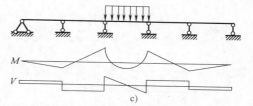

图4-5 活荷载不同分布作用下的内力图

有了计算简图，恒荷载满布在连续梁、板上，活荷载按照最不利的位置进行布置，之后查附录A，按照结构力学的方法即可计算出梁、板的内力。

（2）内力包络图 根据上述方法确定可变荷载作用下各跨梁的支座和跨中最大内力，将它们分别与永久荷载（满跨布置）组合在一起，就得到荷载的最不利组合。将同一结构在各种荷载组合作用下的内力图（弯矩图和剪力图）叠画在同一张图上，其外包线所形成的图形称为内力包络图，它反映出各截面可能产生的最大内力值，是设计时选择截面和布置钢筋的依据。图4-6所示为上述承受均布荷载的五跨连续梁的弯矩包络图和剪力包络图。

绘制弯矩包络图的方法：

1）列出各种可能的荷载布置。

2）求出每一种荷载布置下各支座弯矩。

3）在支座弯矩间连以直线，并以此为基线绘出各跨所受荷载作用下简支弯矩图。

4）各种荷载布置所得弯矩图叠加，其外包线即弯矩包络图。

同理可画出剪力包络图。

（3）支座截面内力调整 按弹性理论计算连续梁、板内力时，中间跨的计算跨度取支座中心线间的距离，这样求得的支座弯矩及剪力都是支座中心处的。当梁、板与支座整体连接时，支座边缘处的截面高度比支座中心处的小得多，为使设计更为合理，取支座边缘的内力作为设计依据。

$$弯矩设计值 \quad M = M_c - V_0 \frac{b}{2} \tag{4-2a}$$

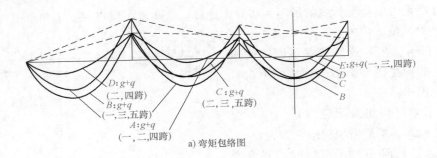

a) 弯矩包络图

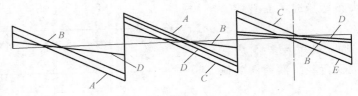

b) 剪力包络图

图 4-6 五跨连续梁在均布荷载作用下的内力包络图

$$剪力设计值 \qquad V = V_c - (g+q)\frac{b}{2} \ （均布荷载） \qquad (4\text{-}2b)$$

$$V = V_c（集中荷载） \qquad\qquad (4\text{-}2c)$$

式中 M_c、V_c——支座中心处的弯矩、剪力设计值（kN）；

V_0——按简支梁计算的支座剪力设计值（kN）；

b——连续梁（板）的各跨计算跨度（mm）。

3. 考虑塑性内力重分布的计算方法

研究表明，钢筋混凝土材料具有非弹性性质。梁在加载过程中，裂缝的出现与发展将使构件的刚度在各受力阶段不断地变化，而按弹性理论计算其内力，不能反映结构的刚度随荷载而改变的特点，同时与已考虑材料塑性的截面计算理论也不协调，所以在钢筋混凝土连续梁设计时应按塑性理论设计。

图 4-7 所示为跨中施加集中荷载的钢筋混凝土简支梁，在加载初期跨中截面的弯矩-曲率呈直线关系，随着裂缝出现，弯矩-曲率渐呈曲线关系，当受拉纵筋达到屈服（A 点）后，弯矩-曲率曲线的斜率急剧减小，这意味着在截面弯矩增加很少的情况下截面相对转角激增，构件中塑性变形较集中的区域（相应于图 4-7 的 $M > M_y$ 部分）表现得犹如一个能够转动的"铰"，称之为塑性铰。塑性铰区处于梁跨中截面（$M = M_y$）两侧 $l_y/2$ 范围内，l_y 称为塑性铰长度。塑性铰具有以下特点：只能沿弯矩作用方向作单向转动，而不像普通铰那样可沿任意方向转动；只能在一定范围内（$\varphi_u \sim \varphi_y$）转动，而不像普通铰那样可自由转动；在转动的同时能承担一定的弯矩（$M_y \leq M \leq M_u$）。

由结构力学知识可知，对于静定结构，构件的内力按静力平衡条件即可求得，与构件的刚度无关。但对于超静定结构，各截面的内力不仅与荷载有关，而且还与结构的计算简图以及各部分的抗弯刚度有关。由于存在多余约束，构件某一截面出现塑性铰，并不能使其立即成为可变体系，仍能继续承受增加的荷载，直到其他截面也出现塑性铰使结构成为几何可变体系为止。由于构件出现裂缝后引起的刚度变化以及塑性铰的出现引起结构的计算简图变

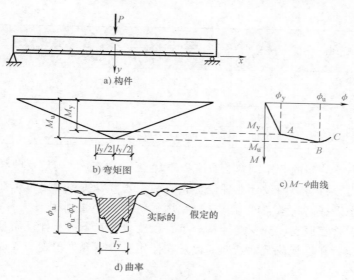

图 4-7　钢筋混凝土受弯构件的塑性铰

化，从而使得结构的内力不再服从弹性理论的内力分布规律的现象，称为塑性内力重分布。

目前工程中常用塑性理论方法是弯矩调幅法。所谓弯矩调幅法，即在按弹性方法算得的弯矩包络图基础上，将选定的某些首先出现塑性铰截面的弯矩值，按塑性内力重分布的原理加以调整，然后进行配筋计算。即引入调幅系数 β，则

$$M = (1-\beta)M_e \tag{4-3}$$

式中　M——调整后的弯矩设计值（kN·m）；

M_e——按弹性方法算得的弯矩设计值（kN·m）。

β 一般不宜大于 25%，而且连续梁、板的弯矩经过调整之后仍然满足静力平衡条件，梁、板的任意一跨调整后的两支座弯矩的平均值与跨中弯矩之和略大于该跨按简支梁计算的弯矩值，且不小于按弹性方法求得的考虑活荷载最不利布置的跨中最大弯矩。为了便于计算，对工程中常用的承受均布荷载的等跨连续梁或连续单向板，用调幅法推导得到的内力系数，设计时可直接查用表 4-3 $[M = \alpha_M(g+q)l_0^2]$ 和表 4-4 $[V = \alpha_V(g+q)l_n]$ 计算内力。

表 4-3　连续梁、板考虑塑性内力重分布的弯矩系数 α_M

边支座支承情况	截面				
	边支座	边跨跨中	第一内支座	中间跨	中间支座
搁置在墙上	0	1/11	−1/10（用于两跨连续梁、板）	1/16	−1/14
与梁整体连接	−1/16（板）	1/14	−1/11（用于多跨连续梁、板）	1/16	−1/14
	−1/24（梁）				

注：表中弯矩系数适用于荷载比 $q/g>0.3$ 的等跨连续梁、板。

表 4-4　连续梁、板考虑塑性内力重分布的剪力系数 α_V

荷载情况	边支座支承情况	截面				
		边支座右侧	第一内支座左侧	第一内支座右侧	中间支座左侧	中间支座右侧
均布荷载	搁置在墙上	0.45	0.60	0.55	0.55	0.55

（续）

荷载情况	边支座支承情况	截面				
		边支座右侧	第一内支座左侧	第一内支座右侧	中间支座左侧	中间支座右侧
均布荷载	梁与梁或梁与柱整体连接	0.50	0.55	0.55	0.55	0.55
集中荷载	搁置在墙上	0.42	0.65	0.60	0.55	0.55
	与梁整体连接	0.50	0.60			

考虑塑性内力重分布的弯矩调幅法具有以下优点：①能更准确地反映结构实际受力变形的性能。②使内力分析与截面设计在理论上相协调。③可以使超静定结构在破坏时有更多的截面达到极限状态以提高其承载能力，充分利用材料潜力。④利用塑性内力重分布的特性，合理调整钢筋布置，克服支座处钢筋拥挤现象，以改善施工条件，保证质量。但调幅法不适合用于直接承受动力和重复荷载的结构，以及在使用阶段不允许出现裂缝或对裂缝开展有较严格限制的结构。

4.2.5　双向板肋梁楼盖设计

1. 双向板试验研究

四边简支的钢筋混凝土双向板在均布荷载作用下的试验结果表明：当荷载逐渐增加时，在板底中央首先出现裂缝，矩形板的第一批裂缝出现在板底中央且平行长边方向；当荷载继续增加时，这些裂缝逐渐延伸，并沿45°方向向四角扩展，在接近破坏时，板的顶面四角附近出现了圆弧形裂缝，它促使板底对角线方向裂缝进一步扩展，最终由于跨中钢筋屈服导致板的破坏（图4-8）。双向板在荷载作用下，板的四周有翘起的趋势，板传给四边支承梁的压力，沿边长并非均匀分布，而是中部较大，两端较小。矩形板沿长跨最大正弯矩并不发生在跨中截面上，因为沿长跨的挠度曲线弯曲最大处不在跨中，而在距板边约1/2短跨长度处。试验结果还表明，板中钢筋的布置方向对破坏荷载影响不大，但平行于四边布置钢筋的板，其开裂荷载比平行于对角线方向配筋的板要大些，配置较细的钢筋对板的受力较为有利。

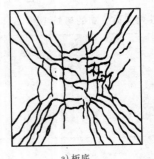 

a) 板底　　　　　　　　　　　b) 板顶

图4-8　四边简支双向板的裂缝分布图

2. 双向板的内力计算方法

根据板的试验研究和受力特点，双向板内力计算总的来说有两种方法，一种是弹性计算方法，一种是塑性计算方法。目前工程设计中主要采用的是弹性计算方法，该方法简单、实用又能满足工程精度要求。而塑性计算方法通常采用塑性铰线法进行计算，比较烦琐，但能较好地反映钢筋混凝土结构的塑性变形特点，避免内力计算与构件抗力计算理论上的矛盾。

双向板沿双向传力，与单向板不同，双向板传递给边梁的荷载通常采用如下方法来确定，如图4-9所示。从每一区格的四角作45°线与平行于长边的中线相交，将整块板分成四个板块，每个板块的荷载传至相邻的支承梁上。因此，作用在双向板支承梁上的荷载不是均匀分布的，长跨梁上荷载呈梯形分布，短跨梁上荷载呈三角形分布。

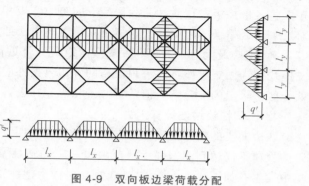

图4-9　双向板边梁荷载分配

3. 按弹性理论计算内力

（1）单跨双向板计算　双向板按弹性方法计算属于弹性薄板小挠度理论的弯曲问题，其内力分析复杂。单跨双向板在实际设计时，为了简化计算，通常是直接应用根据弹性薄板理论分析结果编制的计算用表（见本书附录B）进行内力计算。即根据板的边界条件查得在均布荷载作用下的跨内弯矩系数、支座弯矩系数，据此可算出有关弯矩。

（2）多跨连续双向板计算　精确地计算连续双向板内力是相当复杂的，为了满足实用要求，可通过对双向板上可变荷载的最不利布置以及支承情况等的合理简化，将多区格连续板转化为单区格板，并利用内力系数表进行计算。计算时假定支承梁的抗弯刚度很大，其竖向变形可忽略不计，同时假定抗扭刚度很小，可以转动。当同一方向的相邻最大跨度之差不大于20%时，一般均可按下述方法计算：

1）各区格板跨中最大弯矩的计算。为求某区格板跨中最大弯矩，应在该区格及其左右前后分别隔跨布置可变荷载，即所谓的棋盘形荷载布置（图4-10a）。为了能利用单区格双向板的内力计算系数表，将棋盘形布置的可变荷载分解成各跨满布的对称荷载$q/2$（图4-10b）和各跨向上向下相间作用的反对称荷载$\pm q/2$（图4-10c）。

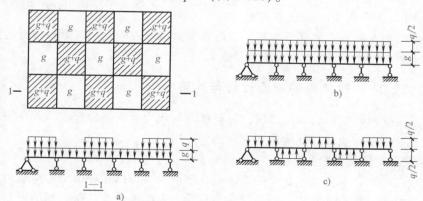

图4-10　连续双向板计算图示

多区格双向连续板在对称荷载$g'=g+q/2$作用下，所有中间支座处的转角较小，可以近似忽略转角，即将所有中间支座均视为固定支座，从而所有中间区格均可视为四边固定的双向板。

多区格双向连续板在反对称荷载$\pm q/2$作用下，所有中间支座可自由转动，视为铰支座，从而所有中间区格均可视为四边简支的双向板。

对上述两种情况，利用单区格双向板的内力系数表可以方便地求出各区格板的跨中弯矩。将各区格板在这两种荷载作用下的跨中弯矩相叠加，即得到各区格板的跨中最大弯矩。对边、角区格板，跨中最大弯矩仍采用上述方法计算，但外边界条件应按实际情况确定。

2）支座最大弯矩的计算。支座弯矩最大可近似地按可变荷载满布，即 $g+q$。这时中间支座均视为固定支座，边、角区格的外边界条件应按实际情况考虑。对中间支座，由于相邻两个区格求出的支座弯矩值常常并不相等，在进行配筋计算时可取绝对值较大者。

4. 按塑性铰线法计算内力

四边简支的钢筋混凝土双向板试验研究表明，钢筋混凝土双向板破坏时，最大裂缝开展处的受拉钢筋达到屈服强度，反映出一定的塑性，因此可以认为板的塑性变形（转动）是集中发生在如图 4-8a 所示的裂缝处（也称为塑性铰线或屈服线）上。

塑性铰线法基本思路是，首先假定板的破坏机构，即由一些塑性铰线把板分割成由若干个刚性板所构成的破坏机构，再利用虚功原理建立外荷载与作用在塑性铰线上的弯矩二者间的关系式，从而求出各塑性铰线上的弯矩值，以此作为各截面进行配筋计算的依据。从理论上讲塑性铰线法得到的是一个上限解，即板的承载力将小于或等于该解。实际上由于穹隆作用等有利因素，试验结果得到的板的破坏荷载，都超过按塑性铰线法算得的值。

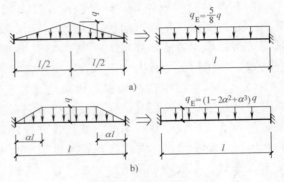

图 4-11 等效均布荷载换算

5. 双向板边梁设计

按弹性理论计算双向板的支承梁时，可先将梁上的梯形或三角形荷载，根据支座转角相等的条件换算为等效均布荷载 q_E（图4-11），再利用均布荷载下等跨连续梁的计

图中，q 为由板传给支承梁的荷载分布值，q 值大小为板的分布荷载乘以 $0.5l_{01}$，q_E 是将三角形或梯形荷载等效为均布荷载之后的荷载。$\alpha = 0.5l_{01}/l_{02}$，$l_{01}$ 为双向板短跨方向的计算跨度，l_{02} 为双向板长跨方向的计算跨度。

算表格求得等效均布荷载下的支座弯矩，然后再根据所求得的支座弯矩和每跨的实际荷载分布（三角形或梯形分布荷载），由平衡条件求得跨中弯矩和支座剪力。

4.2.6 整体现浇肋梁楼盖的截面设计与构造

肋梁楼盖中梁、板的内力确定以后，进行截面承载力及配筋计算。下面介绍整体式肋梁楼盖中连续梁、板的截面计算及构造要求。

1. 板的截面设计与构造

在求得板各跨跨中及各支座截面的弯矩设计值后，可根据正截面受弯承载力计算来确定配筋。对于单向板，按单筋矩形截面设计确定短跨方向的配筋，长跨方向的配筋按构造要求确定；对于双向板，两个方向的配筋都应经计算确定。板的斜截面抗剪承载力一般能够满足要求，可不对板进行斜截面抗剪承载力验算。

（1）板中受力钢筋 受力钢筋一般采用 HPB300、HRB335、HRB400 级钢筋，直径通常采用 8mm、10mm、12mm，支座负弯矩钢筋直径不宜太小。钢筋的直径种类不宜多于两种。板中受力钢筋的间距不应小于 70mm，当板厚 $h \leqslant 150mm$ 时，不宜大于 200mm；当板厚 $h > 150mm$ 时，不宜大于 $1.5h$，且不宜大于 250mm。

连续单向板或双向板的配筋可采用弯起式配筋方式和分离式配筋方式。

弯起式配筋（图 4-12a）是将一部分跨中正弯矩钢筋在适当位置向上弯起，并伸过支座后作负弯矩钢筋使用。其余跨中正弯矩钢筋伸入支座，间距不得大于 400mm，截面面积不应小于该方向跨中正弯矩钢筋截面面积的 1/3。弯起钢筋的弯起角度一般为 30°，当板厚大于 120mm 时可为 45°。弯起式配筋锚固好，节省钢筋，但施工稍复杂；分离式配筋（图 4-12b）锚固稍差，钢筋用量也略大，但设计、施工都较方便，所以经常采用。当板厚超过 120mm 且承受的动荷载较大时，不宜采用分离式配筋。

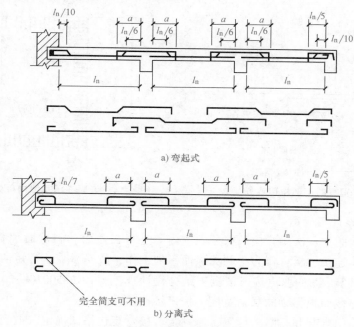

图 4-12 连续板的配筋方式

在对连续单向板或双向板进行配筋设计时，受力钢筋的弯起和截断位置一般可按照图 4-12 直接确定。

当相邻跨的跨度之差超过 20%，或各跨荷载相差悬殊时，受力钢筋的弯起和截断位置则应根据弯矩包络图来确定。图 4-12 中 a 的取值如下：当 $q/g \leqslant 3$ 时，$a = l_n/4$；当 $q/g > 3$ 时，$a = l_n/3$（g、q 为永久荷载及可变荷载；l_n 为板的净跨）。

简支板或连续板下部纵向受力钢筋伸入支座的锚固长度不应小于 $5d$，d 为下部纵向受力钢筋的直径。当连续板内温度、收缩应力较大时，伸入支座的锚固长度宜适当增加。

（2）板中构造钢筋 对于单向板，除沿着短边方向布置受力钢筋外，还应当沿着长边方向布置分布钢筋，对于四边支承的单向板，它会承担在长边方向上实际存在的一些弯矩。分布钢筋应布置在受力钢筋内侧，单位长度上分布钢筋的截面面积不宜小于单位宽度上受力钢筋截面面积的 15%，且不得小于该方向板截面面积的 0.15%，间距不宜大于 250mm。

此外，在主梁梁肋附近的板面存在一定的负弯矩，必须在主梁上部的板面配置附加短钢筋。当现浇板的受力钢筋与主梁平行时，应沿梁长度方向配置的钢筋数量不小于每米 5φ6，伸入板中的长度从主梁梁肋边算起不小于板的计算跨度 l_0 的 1/4（图 4-13）。

对于嵌固在承重墙内板上部的构造钢筋，计算简图是按简支考虑的，而实际上由墙的约束而产生负弯矩，因此对嵌固在承重砖墙内的现浇板，在板的上部应配置构造钢筋，其直径不应小于 6mm，钢筋间距不应大于 200mm，其伸出墙边的长度不宜小于短跨跨度 l_1 的 1/7（图 4-14）。对两边嵌固在墙内的板角部分，应在板的上部双向配置上述构造钢筋，其伸出墙边的长度不宜小于短跨跨度 l_1 的 1/4，在受力方向配置的上部构造钢筋（包括弯起钢筋）的截面面积不宜小于跨中受力钢筋截面面积的 1/2。

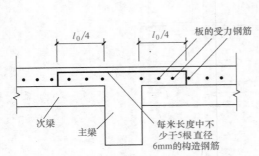

图 4-13　与主梁垂直的上部构造钢筋

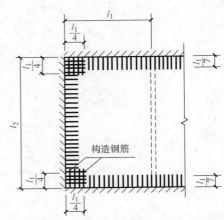

图 4-14　嵌固在承重墙内板的上部构造钢筋

2. 梁的截面设计与构造

对肋梁楼盖中的主、次梁，应根据所求的内力进行正截面和斜截面承载力及配筋计算。由于板和梁是整体连接，板可作为梁的翼缘而参加工作，故对承受正弯矩的跨中截面按宽度为 b_f' 的 T 形截面计算，b_f' 的取值按《混凝土结构设计规范》（GB 50010—2010）的规定。对承受负弯矩的支座截面根据梁的截面宽度，按矩形截面计算。

次梁受力钢筋的弯起和截断的位置，原则上应按弯矩包络图确定。但当各跨跨度相差不超过 20%，可变荷载与永久荷载的比值 $q/g<3$ 时，可不必画抵抗弯矩图，而按如图 4-15 所示的构造规定确定钢筋的截断和弯起的位置。

主梁受力钢筋的弯起和截断的位置，应通过在弯矩包络图上作抵抗弯矩图来确定。

次梁与主梁相交处，在负弯矩作用下次梁顶部将产生裂缝（4-16a）。次梁传来的集中荷载将通过其受压区的剪切传至主梁截面高度的中、下部，使其下部混凝土可能产生斜裂缝，为了防止斜裂缝的发生而引起局部破坏，应在次梁传来的集中力处设置附加横向钢筋。附加横向钢筋的形式有箍筋和吊筋，一般宜优先采用箍筋。附加横向钢筋所需的总截面面积计算公式为

$$F_1 \leqslant 2f_y A_{sb} \sin\alpha + mnf_{yv} A_{sv1} \tag{4-4}$$

式中　　F_1——次梁传给主梁的集中荷载设计值；

f_{yv}——箍筋的抗拉强度设计值；

f_y——吊筋的抗拉强度设计值；

A_{sb}——吊筋的截面积；

A_{sv1}——单肢箍筋的截面积；

m——附加箍筋的排数；

n——同一截面内附加箍筋的肢数；

α——吊筋与梁轴线间的夹角。

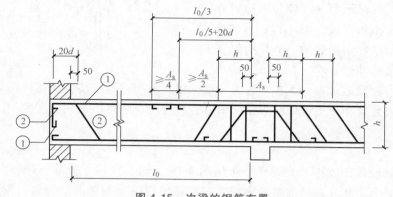

图 4-15 次梁的钢筋布置

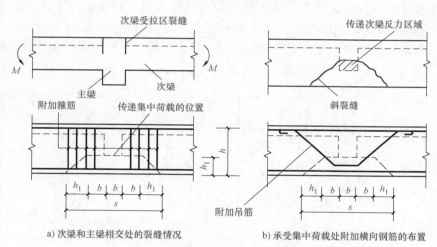

a) 次梁和主梁相交处的裂缝情况   b) 承受集中荷载处附加横向钢筋的布置

图 4-16 附加横向钢筋的布置和裂缝分布

计算所得的附加横向钢筋应布置在如图 4-16b 所示 $s=2h_1+3b$ 的范围内。

双向板支承梁的截面设计及构造要求与单向板肋梁楼盖的支承梁相同。

■ 4.3 无梁楼盖设计

4.3.1 概述

在楼盖中不设肋梁，直接将板支承在柱子上，即为无梁楼盖。无梁楼盖由于不设肋梁，因此结构高度较小、板底平整、构造简单、施工方便。根据工程经验，当楼面可变荷载标准值大于 $5kN/m^2$ 且柱网为 6m×6m 时，无梁楼盖比肋梁楼盖经济。因此，无梁楼盖常用于多层厂房、商场、库房，也较多应用于地下结构，如地下室或地下车库楼板。

无梁楼盖结构的主要缺点是由于取消了肋梁，无梁楼盖的抗弯刚度减小、挠度增大，必要时可以施加预应力以提高构件的抗弯刚度。此外，柱子周边的剪应力高度集中，可能会引起局部板的冲切破坏。通过在柱的上端设置柱帽和托板（图4-17）可以提高板柱连接处的抗冲切承载力，必要时设置剪切钢筋以满足抗冲切要求。

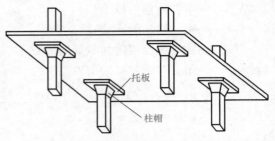

图 4-17　设置柱帽、托板的无梁楼盖

无梁楼盖的柱网通常布置成正方形或矩形，以正方形最为经济。楼盖的四周可支承在墙上或边梁上，或悬臂伸出边柱以外。楼盖可以是整浇的，也可以是预制装配的。

4.3.2　力学性能

有柱帽无梁楼盖在破坏时的裂缝分布如图4-18所示。在均布荷载作用下，第一批裂缝出现在柱帽顶面上，随着荷载的继续施加，在板顶出现沿柱列轴线的裂缝，继续增加荷载，板顶裂缝不断发展，在板底跨中约1/3跨度内成批地出现互相垂直且平行于柱列轴线的裂缝。当即将破坏时，在柱帽顶面上和柱列轴线的板顶以及跨中板底的裂缝中出现一些特别大的主裂缝，在这些裂缝处，受拉钢筋达到屈服，受压区混凝土被压碎，此时楼板即为破坏。

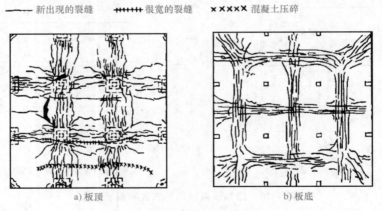

————新出现的裂缝　　+++++++很宽的裂缝　　××××× 混凝土压碎

a) 板顶　　　　　　　　　　　　b) 板底

图 4-18　无梁楼盖的破坏裂缝分布示意图

无梁板是四点支承的双向板，在均布荷载作用下其弹性变形如图4-19b所示。为了更清楚地了解无梁板的受力特点，可与前面介绍过的单向板进行比较。图4-19中的正方形无梁板和单向板在楼面均布荷载作用下，单向板跨中弯矩与柱支承平板的跨中弯矩一样，均等于$q l_y l_x^2/8$。因此可得到一个有趣的结论：无梁板虽然是双向受力，但其受力特点却更接近于单向板，只不过单向板是在一个方向上由板受弯，另一个方向上由梁受弯，而无梁板在两个方向都是由板受弯。与单向板不同的是，在无梁板计算跨度内的任一截面，内力与变形沿宽度方向处处不同。

在实际工程中，通常将无梁楼盖在纵、横两个方向划分为两种假想的板带如图4-20所示，一种是柱上板带，其宽度取柱中心线两侧各1/4的跨度范围；另一种是跨中板带，它是柱上板带之间的部分。考虑到钢筋混凝土板具有内力塑性重分布的能力，可以假定在同一种板带宽度内，内力的数值是均匀的，钢筋也可以均匀地布置。

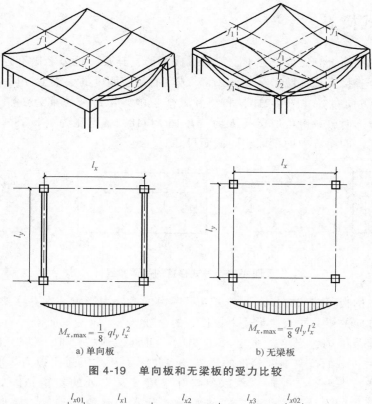

$$M_{x,\max} = \frac{1}{8} q l_y \, l_x^2$$

a) 单向板

$$M_{x,\max} = \frac{1}{8} q l_y \, l_x^2$$

b) 无梁板

图 4-19　单向板和无梁板的受力比较

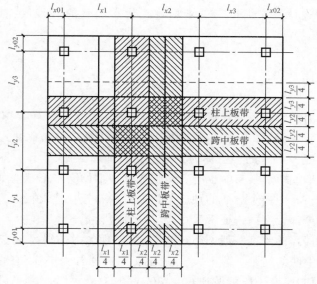

图 4-20　无梁楼盖板带的划分

4.3.3　无梁楼盖的设计要点

无梁楼盖的设计主要包括柱帽及板抗冲切承载力计算，无梁楼盖的内力计算，以及楼板截面设计与构造设计。内力计算时有精确计算方法、弯矩系数法和等代框架法等。

■ 4.4 井式楼盖

井式楼盖在平面上宜做成正方形，如果做成矩形，其长、短边之比不宜大于1.5。双向交叉的井字梁可直接支承在墙上（图4-21a）或具有足够刚度的大梁上（图4-21c）；井字梁亦可采用沿45°方向布置（图4-21b、d）。井式楼盖中梁格边长通常为2~3m。当平面为正方形或接近正方形时，一般可取梁高 h 为（1/16~1/18）l，梁宽为（1/3~1/4）h，l 为房间平面的短边长度。两个方向的梁取相同截面尺寸。

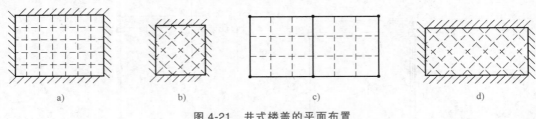

a)   b)   c)   d)

图4-21　井式楼盖的平面布置

井式楼盖中的板可按双向板设计，可以不考虑梁的挠度影响。在井字梁中很难区分主、次梁，由两个方向的梁共同直接承受由板传来的荷载。

在一个跨度范围内，当格数多于5×5格时，可近似地按"拟板法"进行计算。所谓"拟板法"，就是按截面抗弯刚度等价的原则，将井字梁及其板面比拟为等厚的板来进行计算的方法。当格数少于5×5格时，可以忽略井字梁交叉点处的扭矩，按交叉梁系进行计算。对于井式楼盖的设计，详细可参见李培林、吴学敏著的《混凝土密肋及井式楼盖设计手册》。

■ 4.5 密肋楼盖

在实际施工中采用模壳在板底形成规则的"挖空"部分，没有"挖空"的部分在两个方向形成高度相同的肋（梁），与井式楼盖相似，但肋（梁）分布比井式楼盖更加密集，且肋（梁）尺寸较小，这种形式的楼盖称为密肋楼盖，如图4-22所示。肋（梁）之间形成的网格形状大多为正方形或矩形，有时也有三角形或六边形的网格形状。如图4-22d所示为施加预应力的密肋楼盖，其中一个方向的预应力钢筋集中布置在柱上板带，而另一方向的预应力钢筋则分散布置在全部板宽内，通常采用无黏结预应力形式。

钢筋混凝土密肋楼盖的跨度一般不超过9m，施加预应力的混凝土密肋楼盖跨度一般不超过12m。密肋楼盖中肋的间距一般不大于1.5m，肋高通常为190~350mm，肋的平均宽度为120~160mm。板面的厚度一般可做到60~130mm。

与普通的肋梁楼盖或无梁楼盖相比，采用密肋楼盖可以在不增加结构自重的前提下，增加板的结构高度，从而增大结构跨度。同时，密肋楼盖的建筑效果也比较好。

对由无梁楼盖演变而来的各种形式的密肋楼盖，可以采用无梁楼盖的弯矩系数法和等代框架法计算内力。对有梁密肋楼盖的内力计算，目前有两种计算方法：一种是按肋梁楼盖进

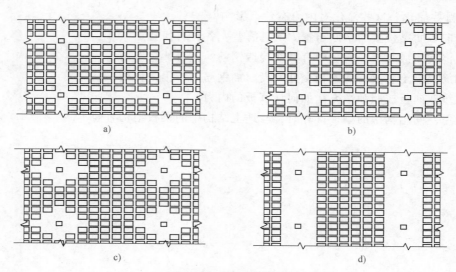

图 4-22　密肋楼盖形式

行计算，假定密肋板是完全支承在这些通过柱网轴线的梁上；另一种则仍按无梁楼盖进行计算，将梁视为柱上板带的组成部分，根据梁与板抗弯刚度比值计算内力。

■ 4.6　地下空间结构中的梁板计算

　　以上介绍了单向板与双向板肋梁楼盖、无梁楼盖、井式楼盖以及密肋楼盖等建筑结构中常用的梁板结构形式的基本概念、力学特性、内力计算以及设计方法。在进行地下空间结构设计时，如地下停车场的楼盖，军事与民防设施中的顶板，交通设施如公共隧道中的顶板，地下采矿巷道、基坑的挡土支承墙体结构等，一般采用的多为这些梁板结构形式或者近似演变体，处于相同的支承条件时，其受力特点基本相同，因此，它们的设计原理基本相同。

　　譬如，处于地下空间结构中的顶板，其内力计算与地上结构中的楼板基本相同，只是在考虑荷载工况时，由于地下结构受地震荷载影响较小，一般可以忽略地震荷载的影响。处于地下部分的外墙板（与周围土接触）除了承受竖向荷载外，还要兼顾挡土墙的作用，即承受土的侧压力，因此要按照偏心受压构件进行内力计算与配筋，但在实际工程中，如果不做剪力墙使用，地下部分挡土墙由竖向荷载产生的截面应力很小，为了计算方便，可以忽略，可仅按照墙板平面外受弯进行内力计算与配筋。此时，便又转化成了上述梁板的受力特性，根据所采用的梁板形式，以及边界条件，按上述梁板结构进行内力计算与配筋即可。在计算土压力时需要注意，在支座处可认为无侧向位移，按照静止土压力考虑，跨中部分随着侧向位移的增大，逐渐趋向于主动土压力。

【思考题】

1. 地下空间结构中有哪些结构属于梁板结构？
2. 钢筋混凝土梁板结构有哪些常用的类型？各自有何特点？
3. 钢筋混凝土单向板肋梁楼盖中的板、次梁、主梁的计算单元是如何选取的？计算模型进行了哪些简化？这些简化对内力有什么影响？

4. 单向板肋梁楼盖的平面布置方式有哪些？各自有何特点？

5. 现浇钢筋混凝土单向板中有哪些构造钢筋？各有什么作用？

6. 钢筋混凝土主梁与次梁相交处增设附加钢筋的作用是什么？

7. 连续双向板按照弹性方法如何计算板的内力？

8. 地下空间结构中的梁板计算时，与地上结构中的梁板结构有何不同？

第 5 章　框架结构设计

【学习目标】
1. 了解框架结构组成特点、结构布置和计算简图；
2. 熟练掌握现浇多层框架的近似计算方法——分层法、反弯点法和 D 值法，理解框架结构的受力特点；
3. 掌握框架梁、柱及节点的设计方法及配筋构造。

■ 5.1　框架结构的组成与布置

5.1.1　框架结构的组成

主要由梁、柱等杆件连接组成空间体系作为建筑物承重骨架的结构称为框架结构。现浇钢筋混凝土框架的梁柱交接处的节点通常为刚性连接，框架柱与基础一般设计成刚性连接，相应的支座为固定支座。框架可以是等跨或不等跨的，也可以是层高相同或不相同的，从有利于受力角度考虑，宜将框架梁拉通并对直，框架柱宜纵横对齐、上下贯通并对中。但有时由于使用功能和工艺的要求，也可能在某层抽柱或某跨抽梁，形成缺柱、缺梁的框架。

框架结构按施工方法的不同分为现浇式、装配式和装配整体式三种。现浇框架，它由现场支模、绑扎钢筋，然后一次浇筑混凝土成型，因此这种结构整体性强，抗震性能好。缺点是现场施工需要大量模板，工作量大、工期长。装配式框架的梁、柱等构件均为预制，然后通过焊接拼装或机械连接形成整体框架结构。由于所有构件均为预制，可实现标准化、工厂化、机械化生产，现场施工速度快。但需要大量的运输和吊装工作，且结构整体性差，抗震能力弱，不宜用于抗震设防区。装配整体式框架兼有现浇式和装配式框架的优点，预制构件现场吊装就位后，通过在预制梁上浇注叠合层等措施使框架连成整体，其缺点是现场浇筑混凝土的施工较为复杂。工程中应用较多的是全现浇式和装配整体式框架，除了在上部建筑结构中应用较多，在地下空间结构中，如高层或超高层建筑下部的多层地下室、地下车库、地下商场等结构中也有应用。

5.1.2 框架结构的布置

框架结构布置主要进行结构的平面布置与竖向布置，即柱网的布置和层高的选用。

1. 平面布置

（1）柱网的布置　柱网的布置既要满足生产工艺和建筑功能的要求，又要使结构受力合理，施工方便。工厂车间一般采用内廊式、等跨式和不等跨式，如图5-1所示。民用建筑柱网和层高变化大，但一般以300mm为模数，常用柱距为4.5~7.8m，梁跨为4.5~7.8m，层高为2.8~4.2m。这里强调一点，即多层框架主要承受竖向荷载，因此柱网布置时，应考虑结构在竖向荷载作用下内力分布均匀合理，各构件材料强度均能充分利用。如图5-2所示的两种框架结构，很显然，在竖向荷载作用下框架A的梁跨中最大弯矩、梁支座最大负弯矩及柱端弯矩均比框架B的大。

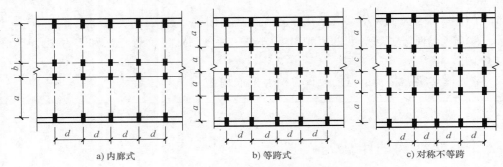

a) 内廊式　　　　　b) 等跨式　　　　　c) 对称不等跨

图 5-1　多层厂房柱网布置

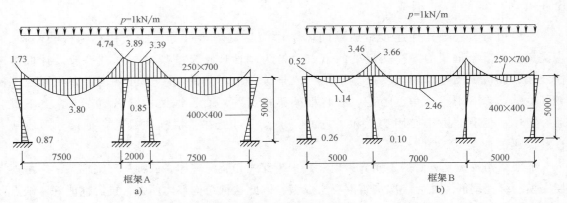

图 5-2　框架弯矩图（单位：kN·m）

（2）承重框架的布置　柱网布置完成后，用梁把柱连起来即形成框架结构。结构平面的长边方向称为纵向，短边方向称为横向。一般情况下，柱在纵、横两个方向均应有梁拉结。这样就构成沿纵向的纵向框架和沿横向的横向框架，二者共同构成空间受力体系。通常根据竖向荷载的主要承重方向，框架的布置方案可分为横向框架承重，纵向框架承重和纵、横向框架混合承重等几种类型。

1）横向框架承重方案。在横向布置主梁，在纵向布置次梁或连系梁就构成横向框架承重方案，如图5-3a所示。横向框架往往跨数少，主梁沿横向布置有利于提高结构的横向抗侧刚度。而纵向框架往往跨数较多，即使布置次梁或连系梁，其纵向抗侧刚度一般也是足够的。主梁沿横向布置还有利于室内的采光与通风。

2）纵向框架承重方案。在纵向布置主梁，在横向布置次梁或连系梁就构成纵向框架承重方案，如图5-3b所示。因为楼面荷载由纵向梁传至柱子，所以横向梁的高度较小，有利于设备管线穿行。当在房屋纵向需要较大空间时，纵向框架承重方案可获得较高的室内净高。利用纵向框架的刚度还可调整该方向的不均匀沉降。纵向框架承重方案的缺点是房屋的横向刚度较小，并且进深尺寸受预制板长度的限制。

3）纵、横向框架混合承重方案。在纵、横两个方向上均布置主梁以承受楼面荷载就构成纵、横向框架混合承重方案，如图5-3c（采用预制板楼盖）和图5-3d（采用现浇楼盖）所示。当楼面上作用有较大荷载，或楼面有较大开洞，或当柱网布置为正方形或接近正方形时，常采用这种承重方案。纵、横向框架混合承重方案具有较好的整体工作性能。

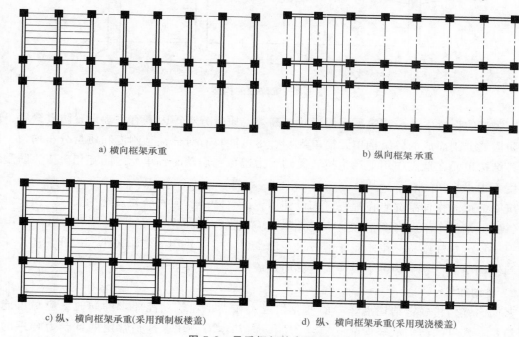

a) 横向框架承重　　　　　　　　　　　　b) 纵向框架承重

c) 纵、横向框架承重(采用预制板楼盖)　　　d) 纵、横向框架承重(采用现浇楼盖)

图 5-3　承重框架的布置方案

（3）变形缝的设置　变形缝包括伸缩缝、沉降缝、防震缝三种。平面面积较大的框架结构或形状不规则的结构，应根据有关规定适当设缝。但应尽量少设缝或不设缝，这可简化构造、方便施工、降低造价、增强结构的整体性和空间刚度。在建筑设计时，应通过调整平面形状、尺寸、体形等措施；在结构设计时，应通过选择节点连接方式、配置构造钢筋、设置刚性层等措施；在施工方面，应通过分阶段施工、设置后浇带、做好保温隔热层等措施，来防止由于温度变化、不均匀沉降、地震作用等因素引起的结构或非结构的损坏。

上部结构受温度变化而伸缩，但基础却基本不受温度变化的影响，当建筑物较长时，就会在上部结构中产生较大的温度应力，因此，在设计时应按相关规定设置伸缩缝从而消除温度应力对结构的影响。

当结构不同部位的上部荷载差异较大或地基土的物理力学指标相差较大时，会产生地基基础的不均匀沉降，对结构造成不利影响，此时应设沉降缝。沉降缝由于在基础部分要断开，结构处理比较复杂，通常可用挑梁、搁置预制板或预制梁等方法来处理，如图 5-4 所示。

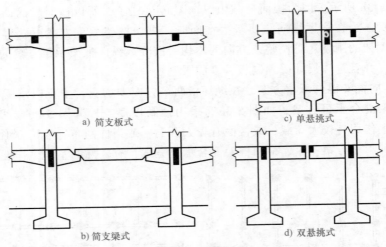

图 5-4　沉降缝的构造

防震缝的设置主要与建筑平面的形状、高差、质量分布等因素有关。设置防震缝后，应使被防震缝分割而成的各结构单元简单规则、尽可能具有对称性且刚度和质量分布均匀，以避免各结构单元在地震作用下产生扭转震动。为避免在震动时各单元之间互相碰撞，防震缝的宽度不得小于 70mm。

沉降缝可兼作伸缩缝。在地震区如设伸缩缝或沉降缝，应符合防震缝的要求。当仅需设防震缝时，基础可不分开，但在防震缝处基础应加强构造和连接。

对于地下空间结构，由于置于地下，受温度以及地震作用的影响较小，因此，应用于地下空间结构中的框架结构可不设伸缩缝和防震缝。

2. 竖向布置

竖向布置是指确定结构沿竖向的变化情况。在满足建筑功能要求的同时，应尽可能规则、简单。常见的结构沿竖向变化有：①沿竖向基本不变化，这是常用的且受力合理的形式。②底层大空间，如底层为商场等。③顶层大空间，如顶层为观光室、会议室等。④其他情况，例如上部（逐层）收进、上部（逐层）挑出等。

对竖向较规则的结构，结构布置主要是平面布置。当结构在竖向很不规则时，就应对各不同平面的层分别进行平面布置。这时，平面和竖向往往要综合加以考虑。

总之，从有利于结构受力角度，平面布置应使框架梁拉通且对直；在竖向，框架柱宜上下对中，梁柱轴线宜在同一竖向平面内。应用于地下空间结构中的框架结构选型通常较为规则，平面与竖向布置较为简单。

■ 5.2　框架结构内力近似计算方法

框架结构是一个空间受力体系，是高次超静定结构，结构分析时按空间结构分析或简化成平面结构分析。在计算机没有普及的年代以及初步设计阶段，常将空间工作的框架简化成平面结构，以便于采用手算的方法进行分析。内力计算可采用结构力学中的力法、位移法等精确计算方法，但这些方法计算需耗费大量的时间，因此人们常采用分层法、反弯点法、D 值法等近似的分析方法计算结构内力。随着计算机技术的飞速发展与广泛应用，框架结构分析时更多的是根据结构力学位移法的基本原理编制计算机程序，由计算机直接求出结构的变形和内力的精确解。手算近似计算方法虽然计算精度相对较差，但概念明确，能够直观地反映结构的受力特点，因此仍常被应用在工程设计中，例如，可利用手算结果来定性地校核和判断计算机分析结果的合理性。本书将重点介绍框架结构的近似手算方法，包括竖向荷载作用下的分层法，水平荷载作用下的反弯点法和 D 值法。

5.2.1 计算简图的确定

1. 计算单元的选取

框架结构内
力计算思路

框架结构是一个空间受力体系，如图 5-5a 所示，应采用空间框架的分析方法进行结构计算。当框架较规则时（每层楼盖在其平面内刚度很大，并且结构的扭转效应很小），为便于计算，常忽略结构纵向和横向之间的空间联系，忽略各构件的抗扭作用，将纵向框架和横向框架分别按平面框架进行分析计算，如图 5-5c、d 所示。取出的平面框架承受图 5-5b 阴影范围内的水平荷载，竖向荷载则须按楼盖结构的布置方案确定。

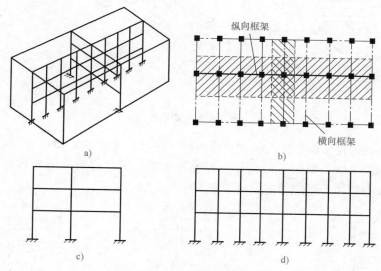

图 5-5 框架计算单元的选取

2. 节点模型的简化

框架节点通常总是三向受力，当按平面框架进行结构分析时，节点也相应地简化。根据节点的构造情况可简化为刚接节点、铰接节点和半刚性节点。在现浇钢筋混凝土结构中，梁和柱内的纵向受力钢筋都将穿过节点或锚入节点区，如图 5-6a 所示，显然这时应简化为刚接节点。

装配式框架结构则是在梁和柱子的某些部位预埋钢板，安装就位再焊接起来，由于钢板在其自身平面外的刚度很小，同时焊接质量随机性很大，难以保证结构受力后梁柱间没有相对转动，因此常把这类节点简化成铰接节点或半刚性节点，如图5-6b、c所示。

装配整体式框架结构梁柱节点在节点处或为焊接或为搭接，如图5-6d、e所示，并在现场浇筑部分混凝土使节点成为整体，节点左右梁端均可有效地传递弯矩，因此可认为是刚接节点。当然这种节点的刚性不如现浇式框架好，节点处梁端的实际负弯矩要小于按刚接节点所得到的计算值。

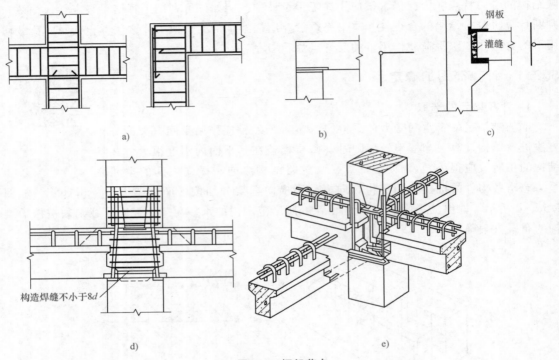

图5-6　框架节点

框架柱与基础的连接有刚性连接和铰接两种。现浇框架柱与基础一般设计成刚性连接，相应的支座为固定支座，如图5-7a所示。预制柱与基础的连接可为刚性连接或铰接，应视构造措施不同分别简化为固定支座或铰支座，如图5-7b、c所示。

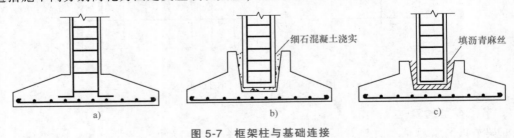

图5-7　框架柱与基础连接

3. 跨度与层高的确定

在结构计算简图中，杆件用其轴线来表示。框架梁的跨度即取柱子轴线之间的距离，当上下层柱截面尺寸变化时，一般以最小截面的形心线来确定。框架的层高为每层柱的高度，底层层高取从基础顶面算起至二层楼板顶面的距离，其余各层的层高取相邻楼板顶面之间的距离。

对于倾斜的或折线形横梁，当其坡度小于 1/8 时，可简化为水平直杆。对于不等跨框架，当各跨跨度相差不大于 10% 时，在手算时可简化为等跨框架，跨度取原框架各跨跨度的平均值，以减少计算工作量。

4. 构件截面抗弯刚度的计算

计算框架梁截面惯性矩 I 时应考虑到楼板的影响。框架梁两端节点附近由于梁受负弯矩作用，顶部的楼板受拉，楼板对梁的截面抗弯刚度影响较小；而在框架梁的跨中由于梁受正弯矩作用，楼板处于受压区形成 T 形截面梁，楼板对梁的截面抗弯刚度影响较大。在工程设计中应考虑楼板对梁的跨中部分刚度的影响，为计算简便起见，仍假定梁的截面惯性矩 I 沿轴线不变，对现浇楼盖，中框架取 $I = 2I_0$，边框架取 $I = 1.5I_0$；对装配整体式楼盖，中框架取 $I = 1.5I_0$，边框架 $I = 1.2I_0$；对装配式楼盖则取 $I = I_0$，这里 I_0 为矩形截面梁的截面惯性矩。

5. 荷载计算

当框架结构用于上部结构时，作用在结构上的荷载有竖向荷载和水平荷载两种。水平荷载（风和地震作用）一般简化成作用在节点的水平集中力；竖向荷载的计算与梁板结构基本相同，考虑到作用于结构上的楼面活荷载很小，可以按楼面活荷载满布在所有楼面上考虑。当框架结构用于地下空间结构中时，水平荷载主要考虑土压力，有时考虑地震作用，风荷载不再考虑，同样，此时的水平荷载也可简化为作用在节点上的水平集中力。

5.2.2　竖向荷载作用下的内力计算——分层法

1. 计算假定

框架结构在竖向荷载作用下的内力计算

通常在竖向荷载作用下，规则、多层、多跨框架的侧移是很小的，可近似认为侧移为零，尤其在地下空间结构中，可按无侧移框架进行分析。另外当某层梁上作用有竖向荷载时，在该层梁及与其相连的上、下柱中产生较大内力，而在其他楼层的梁、柱所产生的内力很小。为简化计算，对竖向荷载作用下的内力分析时，可作以下假定：

1）竖向荷载作用下，框架侧移忽略不计，即不考虑框架侧移对内力的影响。

2）忽略梁、柱轴向变形和剪切变形。

3）作用在某一层框架梁上的竖向荷载只对本楼层梁及与本层梁相连的框架柱产生弯矩和剪力，对其他楼层梁、柱产生的弯矩和剪力忽略不计。

2. 计算要点

按照上述假定，多层多跨框架在竖向荷载作用下的内力计算时，可以将多层框架沿高度分成若干个单层开口框架，框架梁上作用的荷载、柱高度及梁跨均与原结构相同。计算时将各层梁及其上、下柱所组成的框架作为一个独立计算单元，如图 5-8 所示，用弯矩分配法分层计算各榀开口框架的杆端弯矩，由此求得的梁端弯矩即为最后弯矩。由于每层柱属于上、下两个开口框架，所以每层柱的最终弯矩需由上、下两层计算所得的弯矩值叠加，作为原框架结构中柱的内力。上、下层柱的弯矩叠加后，节点弯矩一般不会平衡，可对不平衡弯矩再作一次弯矩分配，但不传递。

为便于计算，分层法假定开口框架上、下柱的远端是固定端，而实际上，除底层柱子的

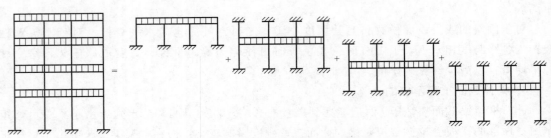

图 5-8　分层法计算框架内力示意图

下端以外，其他各层柱端均有转角产生，应视为弹性支承。为了减少由此所引起的误差，按分层法计算时，应作以下修正：

1）除底层以外其他各层柱的线刚度均乘以 0.9 的折减系数，由此计算节点周围杆件的弯矩分配系数。

2）柱端分配的弯矩向远端传递时，底层柱和各层梁的传递系数仍按远端为固定支承，取为 1/2，其他各层柱的弯矩传递系数考虑远端为弹性支承取为 1/3。

逐层叠加开口框架的弯矩图即得到原框架的弯矩图。杆端弯矩求出后，再由静力平衡条件可计算出梁跨中弯矩、两端剪力及柱的轴力。

5.2.3　水平荷载作用下的内力计算（一）——反弯点法

1. 计算原理

框架结构在风荷载或水平地震的作用下，一般都可简化为作用于框架节点上的水平力。由精确计算方法分析可知，框架结构在节点水平力作用下的典型弯矩图如图 5-9 所示，各杆的弯矩图都呈直线形，其中弯矩为零的点为反弯点。显然，只要确定柱的剪力和反弯点的位置，便可求得各柱的柱端弯矩，进而求得梁端弯矩及整个框架结构的其他内力。

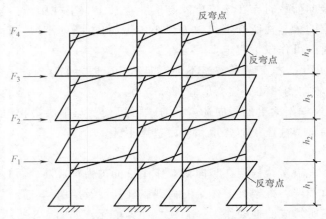

图 5-9　框架结构在水平荷载作用下的典型弯矩图

但对于地下空间结构中的框架结构，情况会有所不同，此时不再考虑风荷载与地震作用的影响，水平荷载来自土压力，包括来自框架左侧的土压力与右侧的土压力。由于土压力的状态（包括主动土压力、静止土压力和被动土压力）不同，作用于框架上的水平荷载的方向也有所不同，如果两侧均为被动土压力，那么水平荷载方向相反，如果恰好又完全相同，那么此时框架结构中将不再出现反弯点，也就不会产生弯矩，框架结构梁、柱中只存在轴力。计算时，可同样采取反弯点法，分别单独计算一个方向水平荷载作用下框架的内力后，然后再进行叠加。

2. 基本假定

为了便于计算各柱间剪力和反弯点位置，根据框架结构的变形特点作以下假定：

1）在计算各柱的剪力时，假定各柱上下端均不发生角位移，即认为梁的线刚度与柱的线刚度之比为无限大。

2）在确定柱的反弯点位置时，假定除底层以外的其余各层柱的上下端节点转角均相同。即假定除底层外，各层框架柱的反弯点位于层高的中点；对于底层柱，则假定其反弯点位于距下部支座 2/3 层高处。

3）不考虑框架梁的轴向变形，同一层各节点水平位移相等。

对于层数较少，楼面荷载较大的框架结构，柱的刚度较小而梁的刚度较大，假定 1）与实际情况较为符合。一般认为，当梁的线刚度与柱的线刚度之比超过 3 时，由上述假定所引起的误差能够满足工程设计的精度要求。

3. 同层各柱抗侧刚度与剪力分配

设框架结构共有 n 层，每层内有 m 个柱子，如图 5-10 所示，将图中框架沿第 j 层各柱的反弯点处切开，令 V_j 为框架第 j 层的层间剪力，它等于 j 层以上所有水平力之和。V_{ji} 为框架第 j 层第 i 根柱分配到的剪力，则由水平力的平衡条件得下式，即

$$\sum_{k=j}^{n} F_k = V_j = \sum_{i=1}^{m} V_{ji} \tag{5-1}$$

式中　V_j——外荷载 F 在第 j 层所产生的层间总剪力；

　　　V_{ji}——第 j 层第 i 根柱所承受的剪力；

　　　n——结构总楼层数；

　　　m——第 j 层内的柱子数。

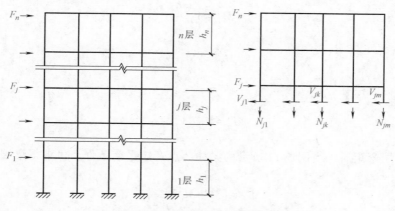

图 5-10　反弯点法推导简图

由假定 1）可确定柱的抗侧刚度，柱的抗侧刚度表示要使柱上下端产生单位相对水平位移时，需要在柱顶施加的水平力，它与柱两端约束条件有关。若假定横梁为刚性梁，在水平荷载作用下，柱端转角为零（图 5-11），则由结构力学可知，框架柱内的剪力为

$$V_{ji} = \frac{12i_{ji}}{h_j^2}\Delta u_j = d_{ji}\Delta u_j \qquad (5\text{-}2)$$

式中　V_{ji}——第 j 层第 i 根柱所承受的剪力；

　　　h_j——结构第 j 层的层高；

　　　i_{ji}——第 j 层第 i 根柱的线刚度；

　　　Δu_j——第 j 层柱上下端相对水平位移。

则第 j 层第 i 根柱的抗侧刚度 d_{ji} 为

$$d_{ji} = \frac{V_{ji}}{\Delta u_j} = \frac{12i_{ji}}{h_j^2} \qquad (5\text{-}3)$$

将式（5-2）代入式（5-1），并利用假定 3）得

$$V_j = \sum_{i=1}^{m} d_{ji}\Delta u_j \quad 则 \quad \Delta u_j = \frac{V_j}{\sum\limits_{i=1}^{m} d_{ji}} \qquad (5\text{-}4)$$

再将式（5-4）代入式（5-2）得

$$V_{ji} = \frac{d_{ji}}{\sum\limits_{i=1}^{m} d_{ji}} V_j \qquad (5\text{-}5)$$

由式（5-5）可见，各层的层间总剪力按各柱抗侧刚度在该层总抗侧刚度所占比例分配到各柱。

4. 计算梁柱内力

求得各柱所承受的剪力 V_{ji} 后，由假定 2）便可求得各柱子的杆端弯矩，对于底层柱有

$$M_{1i}^{u} = V_{1i}\frac{h_1}{3} \qquad (5\text{-}6a)$$

$$M_{1i}^{d} = V_{1i}\frac{2h_1}{3} \qquad (5\text{-}6b)$$

对于上部各层柱有

$$M_{ji}^{u} = M_{ji}^{d} = V_{ji}\frac{h_j}{2} \qquad (5\text{-}7)$$

在求得柱端弯矩后，由图 5-12 所示的梁柱节点弯矩平衡条件，可求得梁端弯矩为

$$M_{b}^{l} = (M_{c}^{u} + M_{c}^{d})\frac{i_{b}^{l}}{i_{b}^{l} + i_{b}^{r}} \qquad (5\text{-}8a)$$

$$M_{b}^{r} = (M_{c}^{u} + M_{c}^{d})\frac{i_{b}^{r}}{i_{b}^{l} + i_{b}^{r}} \qquad (5\text{-}8b)$$

式中　M_{c}^{u}、M_{c}^{d}——节点上下的柱端弯矩；

M_b^l、M_b^r——节点左右的梁端弯矩；

　　i_b^l、i_b^r——节点左右的梁的线刚度。

　　以各根梁为隔离体，将梁的左右端弯矩之和除以该梁的跨长，便得出梁端剪力，进而得到柱内轴向力。

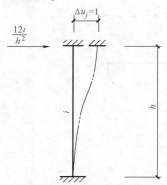

图 5-11　柱两端固定时的侧移刚度

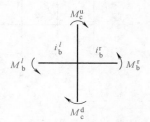

图 5-12　节点弯矩平衡

5.2.4　水平荷载作用下的内力计算（二）——D 值法

1. D 值法的提出

　　反弯点法假定梁柱之间的线刚度之比为无穷大，认为节点转角为零从而使结构在水平荷载作用下的内力计算大为简化。但在层数较多的框架结构中，由于柱轴力增大，柱截面往往较大，梁柱线刚度较为接近，甚至出现梁的线刚度小于柱的线刚度，在荷载作用下各节点均有转角，即框架节点对柱的约束为弹性约束，柱的抗侧刚度有所降低。此时，柱的抗侧刚度不但与柱的线刚度和层高有关，而且还与梁的线刚度等因素有关。另外，反弯点法在计算反弯点高度时假定柱的反弯点高度为一定值，实际上当梁柱线刚度比、上下层横梁的线刚度比、上下层层高变化时，柱的反弯点高度也在变化。1963 年日本武藤清教授在分析了上述影响因素的基础上，对反弯点法中柱的抗侧刚度和反弯点高度进行了修正。修正后，柱的抗侧刚度以 D 表示，故此法又称为 "D 值法"。

2. 柱抗侧刚度的修正

　　柱的抗侧移刚度是当柱上下端产生单位相对侧向位移时，柱子所承受的剪力，在考虑柱上下端节点的弹性约束作用后，柱的抗侧刚度 D 值为

$$D = \alpha \frac{12i_c}{h_j^2} \tag{5-9}$$

式中　α——柱抗侧刚度修正系数，它反映柱上下端节点弹性约束对抗侧刚度的影响。

　　现以某多层多跨框架结构中第 j 层的 k 柱 AB 为例（图 5-13a），导出 D 的计算公式。为了简化，作以下假定：

　　1）柱 AB 及与其上下相邻的柱子的线刚度均为 i_c。

　　2）柱 AB 及与其上下相邻柱的层间水平位移均为 $\Delta\mu_j$。

　　3）柱 AB 两端节点及与其上下左右相邻的各个节点的转角均为 θ。

4）与柱 AB 相交的横梁的线刚度分别为 i_1、i_2、i_3、i_4。

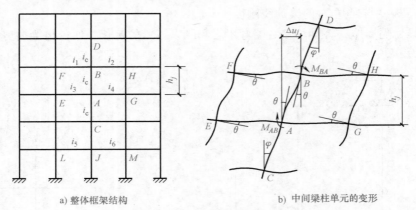

a) 整体框架结构   b) 中间梁柱单元的变形

图 5-13 D 值推导简图

在框架结构受力后，柱 AB 及相邻各构件的变形如图 5-13b 所示。图 5-13b 中，θ 为节点转角，φ 为框架高度方向的剪切角，$\varphi = \dfrac{\Delta u_j}{h_j}$。由节点 A 和节点 B 的力矩平衡条件，分别可得

A 节点 $4(i_3+i_4+2i_c)\theta+2(i_3+i_4+2i_c)\theta-6(i_c\varphi+i_c\varphi)=0$ (5-10)

B 节点 $4(i_1+i_2+2i_c)\theta+2(i_1+i_2+2i_c)\theta-6(i_c\varphi+i_c\varphi)=0$ (5-11)

两式相加整理得到

$$\theta=\frac{2}{2+\dfrac{\sum i}{2i_c}}\varphi=\frac{2}{2+K}\varphi \tag{5-12}$$

式中 K——$K=\dfrac{i_1+i_2+i_3+i_4}{2i_c}$。

则柱 AB 的剪力为

$$V_{jk}=\frac{12i_c}{h_j}(\varphi-\theta) \tag{5-13}$$

将式（5-12）代入式（5-13）得

$$V_{jk}=\frac{12i_c}{h_j^2}\cdot\frac{K}{2+K}\Delta u_j=\alpha\frac{12i_c}{h_j^2}\Delta u_j$$

式中 α——$\alpha=\dfrac{K}{2+K}$。

则柱 AB 的抗侧刚度为

$$D=\frac{V_{jk}}{\Delta u_j}=\alpha\frac{12i_c}{h_j^2}$$

上式中 α 值反映了梁柱线刚度比值对柱抗侧刚度的影响系数，底层柱的抗侧刚度修正系数可同理导得。表 5-1 给出了各种情况下的 α 值及相应的 K 值的计算公式。

表 5-1　柱抗侧刚度修正系数

楼层	简　图	K	α
一般层	i_2　i_1 i_2 i_c　i_c i_4　i_3 i_4	$K = \dfrac{i_1 + i_2 + i_3 + i_4}{2i_c}$	$\alpha = \dfrac{K}{2+K}$
底　层	i_2　i_1 i_2 i_c　i_c	$K = \dfrac{i_1 + i_2}{i_c}$	$\alpha = \dfrac{0.5+K}{2+K}$

求得修正后的柱抗侧刚度 D 值以后，根据同层各柱层间侧移相等假定，可把层间剪力分配给该层的各根柱，计算公式为

$$V_{jk} = \frac{D_{jk}}{\sum\limits_{k=1}^{m} D_{jk}} V_j \qquad (5\text{-}14)$$

式中　V_{jk}——第 j 层第 k 柱所分配到的剪力；

　　　D_{jk}——第 j 层 k 柱的抗侧刚度 D 值；

　　　m——第 j 层框架柱子数；

　　　V_j——外荷载在框架第 j 层所产生的总剪力。

3. 柱反弯点位置的修正

各个柱的反弯点位置取决于该柱上下端转角的比值。影响柱两端转角大小的因素有：侧向外荷载的形式、梁柱线刚度比、结构总层数及该柱所在的层次、柱上下横梁线刚度比、上下层层高的变化等因素。为分析上述因素对反弯点高度的影响，可假定框架在节点水平力作用下，同层各节点的转角相等，即假定同层各横梁的反弯点均在各横梁跨度的中央而该点又无竖向位移。这样，一个多层多跨的框架可简化成如图 5-14a 所示的计算简图。当上述影响因素逐一发生变化时，可分别求出柱底端至柱反弯点的距离（反弯点高度），并制成相应的表格，以供查用。

（1）梁柱线刚度比、层数、层次对反弯点高度的影响　假定框架各层横梁的线刚度、框架柱的线刚度和层高沿框架高度保持不变，则按图 5-14a 可求出各层柱的反弯点高度 $y_0 h$，y_0 称为标准反弯点高度比，其值与结构总层数 m、该柱所在的层次 j、框架梁柱线刚度比 K 及侧向荷载的形式等因素有关。

（2）上下横梁线刚度比对反弯点高度的影响　考虑上下横梁线刚度对反弯点影响计算简图如图 5-14b 所示，若某层柱的上下横梁线刚度不同，则该层柱的反弯点位置将向横梁刚度较小的一侧偏移，因而必须对标准反弯点进行修正，这个修正值就是反弯点高度的上移增量 $y_1 h$。y_1 可根据上下横梁的线刚度比 I 和 K 查结构计算手册相关表格。当 $(i_1 + i_2) < (i_3 + i_4)$ 时，反弯点上移，由 $I = (i_1 + i_2)/(i_3 + i_4)$ 查表得到 y_1 值；当 $(i_1 + i_2) > (i_3 + i_4)$ 时，反弯点下移，由 $I = (i_3 + i_4)/(i_1 + i_2)$ 查表得 y_1 值应冠以负号。对于底层柱，不考虑修正值 y_1。

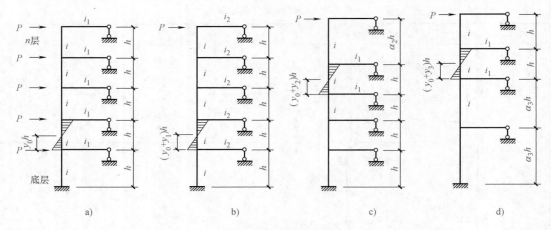

图 5-14　柱的反弯点高度

（3）层高变化对反弯点的影响　若相邻上下层的层高与某柱所在层的层高不同时，则该柱的反弯点位置就不同于标准反弯点位置而需要修正。当上层层高发生变化时，反弯点高度的上移增量为 y_2h，如图 5-14c 所示；当下层层高发生变化时，反弯点高度的上移增量 y_3h，如图 5-14d 所示。对于顶层柱，不考虑修正值 y_2；对于底层柱，不考虑修正值 y_3。

y_0、y_1、y_2、y_3 具体数值见附录3。也可查阅《实用建筑结构静力计算手册》。

综上所述，经过各项修正后，柱底至反弯点的高度 yh 计算公式为

$$yh = (y_0+y_1+y_2+y_3)h \qquad (5-15)$$

这样框架各个柱的抗侧刚度 D 和反弯点高度确定后，与反弯点法一样，便可求得各柱的剪力和杆端弯矩，再根据节点平衡条件求得梁端弯矩，并进而求出梁柱的其他内力。

【例题 1】　竖向荷载作用下的内力计算（分层法）。

二层框架如图 5-15 所示，其中杆旁括号内的数字为相应杆的线刚度（单位为×10^{-4}kN·m）。要求用分层法计算该框架的弯矩并绘制弯矩图。

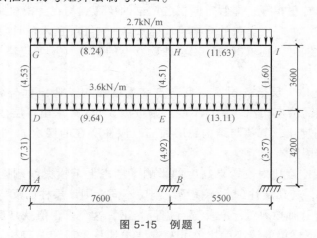

图 5-15　例题 1

【解】　该框架可分成两层计算，从上到下分别记为Ⅰ层、Ⅱ层。

（1）第Ⅰ层的计算

计算简图如图 5-16 所示，由于假定无侧移，故可用力矩分配法计算。

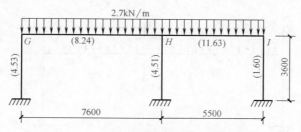

图 5-16　第Ⅰ层按分层法计算简图

节点 G 各杆的弯矩分配系数为

$$\mu_{GH} = \frac{8.24 \times 4}{8.24 \times 4 + 4.53 \times 4 \times 0.9} = 0.6690$$

$$\mu_{GD} = \frac{4.53 \times 4 \times 0.9}{8.24 \times 4 + 4.53 \times 4 \times 0.9} = 0.3310$$

其余的分配系数可类似计算得到。整个计算过程列于表 5-2。

表 5-2　第Ⅰ层的力矩分配法计算

节点	G		H			I	
杆端	GD	GH	HG	HE	HI	IH	IF
分配系数	0.3310	0.6690	0.3444	0.1696	0.4860	0.8898	0.1102
传递系数	1/3	1/2	1/2	1/3	1/2	1/2	1/3
固端弯矩/kN·m	0	−12.996	12.996	0	−6.806	6.806	0
放松 G、I 时弯矩/kN·m	4.302	8.694	4.347	—	−3.028	−6.056	−0.075
放松 H 时弯矩/kN·m	—	−1.293	−2.586	−1.274	−3.649	−1.825	—
放松 G、I 时弯矩/kN·m	0.428	0.865	0.433	—	0.812	1.624	0.201
放松 H 时弯矩/kN·m	—	−0.215	−0.429	−0.211	−0.605	−0.303	—
放松 G、I 时弯矩/kN·m	0.071	0.144	—	—	—	0.270	0.033
最终弯矩/kN·m	4.801	−4.801	14.761	−1.485	−13.276	0.516	−0.516

从表 5-2 得传给杆端 DG、EH 和 FI 的弯矩分别为 1.600kN·m、−0.495kN·m 和 −0.172kN·m。

（2）第Ⅱ层的计算

计算简图如图 5-17 所示。

D 节点的各分配系数为

$$\mu_{DA} = \frac{7.31 \times 4}{(4.53 \times 0.9 + 9.64 + 7.31) \times 4} = 0.3476$$

$$\mu_{DE} = \frac{9.64 \times 4}{(4.53 \times 0.9 + 9.64 + 7.31) \times 4} = 0.4585$$

$$\mu_{DG} = \frac{4.53 \times 4 \times 0.9}{(4.53 \times 0.9 + 9.64 + 7.31) \times 4} = 0.1939$$

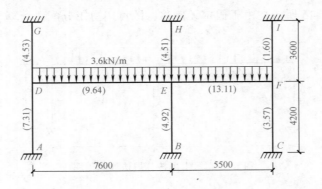

图 5-17 第Ⅱ层按分层法计算简图

其余各分配系数可类似算出。整个计算过程列于表 5-3。

表 5-3 第Ⅱ层的力矩分配法计算

节点	*D*			*E*				*F*		
杆端	*DA*	*DG*	*DE*	*ED*	*EB*	*EH*	*EF*	*FE*	*FC*	*FI*
分配系数	0.3476	0.1939	0.4585	0.3038	0.1551	0.1279	0.4132	0.7235	0.1970	0.0795
传递系数	1/2	1/3	1/2	1/2	1/2	1/3	1/2	1/2	1/2	1/3
固端弯矩/kN·m	0	0	−17.328	17.328	0	0	−9.075	9.075	0	0
放松 *D*、*F* 时弯矩/kN·m	6.032	3.360	7.945	3.973	—	—	−3.283	−6.566	−1.788	−0.721
放松 *E* 时弯矩/kN·m	—	—	−1.359	−2.717	−1.387	−1.144	−3.700	−1.850	—	—
放松 *D*、*F* 时弯矩/kN·m	0.472	0.264	0.623	0.312	—	—	0.669	1.338	0.364	0.147
放松 *E* 时弯矩/kN·m	—	—	—	−0.298	−0.152	−0.125	−0.405	—	—	—
最终弯矩/kN·m	6.495	3.624	−10.119	18.598	−1.539	−1.269	−15.794	1.997	−1.424	−0.574

由表 5-3 得 *AD*、*BE*、*CF*、*GD*、*HE* 和 *IF* 的弯矩分别为 3.248kN·m、−0.770kN·m、−0.712kN·m、1.208kN·m、−0.423kN·m 和 −0.191kN·m。

（3）框架的弯矩图

把以上的计算结果相叠加，即得该框架的弯矩图如图 5-18 所示。为提高精度，可把节点的不平衡弯矩再分配一次，这一步在此省略。

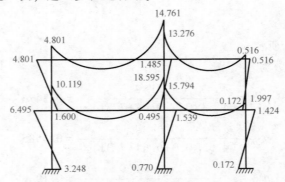

图 5-18 例题 1 弯矩图（单位：kN·m）

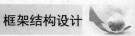

【例题2】 框架结构在水平荷载作用下内力计算（D值法）。

框架结构及所受的风荷载如图5-19所示，图中杆件旁所标数字为相应杆的线刚度 i（单位为 $\times 10^{-4}\,\mathrm{kN \cdot m}$）。试用 D 值法求解该框架的弯矩图。

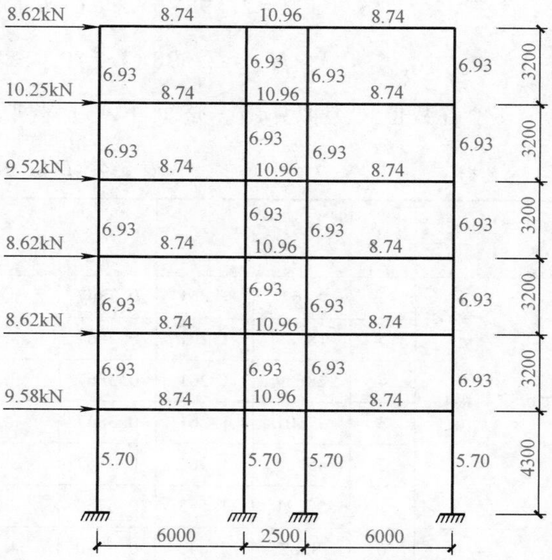

【解】 求解过程见表5-4。各柱的上下层横梁线刚度之比对反弯点高度的修正值 y_1 均为零，并且上、下层高度变化对反弯点高度的修正值 y_2 和 y_3 也均为零。从而由附录3查的标准反弯点高度 y_0 即为反弯点高度 y。

表5-4中的数据以顶层为例计算如下：

左1柱： $K=\dfrac{8.74+8.74}{2\times6.93}=1.261$

$$\alpha=\dfrac{1.261}{2+1.261}=0.3867$$

$$D=0.3867\times\dfrac{12\times6.93\times10^{-4}}{3.2^2}\mathrm{m}=3.140\times10^{-4}\mathrm{m}$$

左2柱： $K=\dfrac{8.74+8.74+10.96+10.96}{2\times6.93}=2.843$

$$\alpha=\dfrac{2.843}{2+2.843}=0.5870$$

$$D=0.5870\times\dfrac{12\times6.93\times10^{-4}}{3.2^2}\mathrm{m}=4.767\times10^{-4}\mathrm{m}$$

顶层： $\sum D=2\times(3.140+4.767)\times10^{-4}\mathrm{m}=15.814\times10^{-4}\mathrm{m}$

左1柱： $\dfrac{D}{\sum D}=\dfrac{3.140}{15.814}=0.1986$

$$V=0.1986\times8.62\mathrm{kN}=1.712\mathrm{kN}$$

由附录3查得 $y_0=0.361$，从而算得：

$$M_{上}=1.712\times3.2\times(1-0.361)\mathrm{kN \cdot m}=3.501\mathrm{kN \cdot m}$$

$$M_{下}=1.712\times3.2\times0.361\mathrm{kN \cdot m}=1.978\mathrm{kN \cdot m}$$

左2柱： $\dfrac{D}{\sum D}=\dfrac{4.767}{15.814}=0.3014$

$$V=0.3014\times8.62\mathrm{kN}=2.598\mathrm{kN}$$

查得 $y_0=0.4359$，从而算得

图5-19 例题2的框架结构和荷载

$$M_{上} = 2.598 \times 3.2 \times (1 - 0.4359) \text{kN} \cdot \text{m} = 4.690 \text{kN} \cdot \text{m}$$

$$M_{下} = 2.598 \times 3.2 \times 0.4359 \text{kN} \cdot \text{m} = 3.624 \text{kN} \cdot \text{m}$$

其余各数值可类似算出。整个计算过程列于表5-4。

表5-4　D值法柱端弯矩计算

柱	楼层	楼层剪力 /kN	K	α	D /($\times 10^{-4}$ m)	$D/\sum D$	V/kN	y_0	$M_{上}$ /kN·m	$M_{下}$ /kN·m
左边第一根柱	6	8.62	1.261	0.3867	3.140	0.1986	1.712	0.3630	3.419	1.989
	5	18.87	1.261	0.3867	3.140	0.1986	3.749	0.4108	7.068	4.928
	4	28.39	1.261	0.3867	3.140	0.1986	5.640	0.4500	9.927	8.122
	3	37.01	1.261	0.3867	3.140	0.1986	7.353	0.4631	12.633	10.896
	2	45.63	1.261	0.3867	3.140	0.1986	9.065	0.5000	14.505	14.505
	1	55.21	1.533	0.5754	2.129	0.2242	12.378	0.5967	15.975	23.635
左边第二根柱	6	8.62	2.843	0.5870	4.767	0.3014	2.598	0.4422	4.689	3.675
	5	18.87	2.843	0.5870	4.767	0.3014	5.686	0.4500	10.007	8.188
	4	28.39	2.843	0.5870	4.767	0.3014	8.555	0.4922	14.073	13.474
	3	37.01	2.843	0.5870	4.767	0.3014	11.152	0.5000	17.843	17.843
	2	45.63	2.843	0.5870	4.767	0.3014	13.750	0.5000	21.999	21.999
	1	55.21	3.139	0.7081	2.619	0.2758	15.2269	0.5500	21.927	26.799

框架及杆端弯矩如图5-20和图5-21所示。

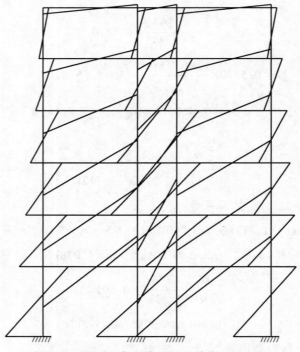

图5-20　例题2框架弯矩图（单位：kN·m）

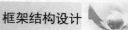

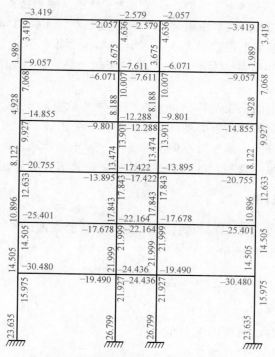

图 5-21　例题 2 杆端弯矩图（单位：kN·m）

5.3　框架结构水平位移近似计算

框架结构在水平荷载作用下的变形由总体剪切变形和总体弯曲变形两部分组成，如图 5-22 所示。其中总体剪切变形是由梁、柱弯曲变形所引起的框架变形，它的侧位移曲线与悬臂梁剪切变形曲线相似，故称为剪切型，如图 5-22a 所示，这种变形是底部层间相对侧位移大，而上部逐渐减小；总体弯曲变形是由框架柱轴向变形所引起的，它的侧位移曲线与悬

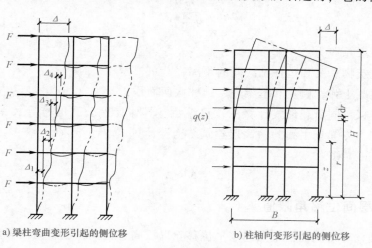

a) 梁柱弯曲变形引起的侧位移　　　　b) 柱轴向变形引起的侧位移

图 5-22　框架的侧移

臂梁弯曲变形形状相似，故称为弯曲型，如图 5-22b 所示，变形特点与剪切型相反。对一般的多层框架结构，框架柱轴向变形所引起的侧位移量很小，可以忽略不计，只考虑框架梁、柱弯曲变形所引起的框架变形足以满足工程设计的精度要求。对于较高的框架（总高度大于 50m）或较柔的框架（高宽比大于 4），由于柱子轴力较大，柱轴向变形所引起的侧位移量不能忽略。

对于地下空间结构中的框架结构，由于四周土体的约束和土压力作用（为对称分布），通常呈现出的是在竖向荷载作用下的轴压变形，侧位移一般较小，可以忽略不计。如果土体的作用并不是完全对称分布，那么要根据实际情况分别单独计算各处的侧向土压力的作用下框架结构的侧位移，再最终求和，得到最终的结构侧位移值，求解方法介绍如下。

5.3.1　侧位移近似计算

（1）由梁、柱弯曲变形所引起的侧位移　由 D 值法的原理计算可知，第 j 层框架层间位移 Δu_j 与层间剪力 V_j 之间的关系为

$$\Delta u_j = \frac{V_j}{\sum_{k=1}^{m} D_{jk}} \tag{5-16}$$

式中　D_{jk}——第 j 层 k 柱的抗侧刚度 D 值；

m——框架第 j 层的总柱数。

则框架在水平荷载作用下由梁、柱弯曲变形所引起的顶点总位移 u 应为各层间位移之和，即

$$u = \sum_{j=1}^{n} \Delta u_j \tag{5-17}$$

式中　n——框架结构的总层数。

（2）由柱轴向变形所引起的侧位移　通常边柱轴力大，中柱轴力小，为简化计算可以假定在水平荷载作用下仅在边柱中有轴力和轴向变形，并假定柱截面由底到顶线性变化，则各楼层处由柱轴向变形产生的侧位移计算公式为

$$\Delta_i^N = \frac{V_0 H^3}{E A_1 B^2} F_n \tag{5-18}$$

式中　V_0——底层总剪力；

H、B——建筑物总高和边柱轴线间的距离；

E、A_1——混凝土弹性模量和框架底层边柱截面面积；

F_n——根据不同荷载形式计算的位移系数，具体计算公式的推导及系数可参见包世华、方鄂华主编的《高层建筑结构设计》。

则第 i 层层间位移为

$$\delta_i^N = \Delta_i^N - \Delta_{i-1}^N \tag{5-19}$$

5.3.2　弹性层间位移角限值

按弹性方法计算得到的框架层间水平位移除以层高，得到弹性层间位移角的正切值，框架的层间位移角如果过大将导致框架中的隔墙等非承重构件的破坏，从而造成一些次生灾

害，因此规范规定了框架的最大弹性层间位移角的限值，以满足正常使用极限状态要求，框架任意层层间水平位移 Δu_j 除以该层层高 h_j 满足下式要求，即

$$\frac{\Delta u_j}{h_j} \leqslant \left[\frac{\Delta u}{h}\right] \tag{5-20}$$

式中　Δu_j——按弹性方法计算的第 j 层层间水平位移；

　　　h_j——第 j 层层高；

　　　$\left[\dfrac{\Delta u}{h}\right]$——楼层层间最大位移与层高之比的限值。规范规定框架结构为 $1/550$。

■ 5.4　框架结构的内力组合

内力组合就是求出梁、柱控制截面的最不利内力，并以此作为梁、柱截面配筋的依据。

5.4.1　控制截面和最不利内力

框架结构的承载力设计是按梁、柱、节点分别进行的，各构件内力往往沿杆件长度发生变化，设计时应根据构件内力分布特点和截面尺寸变化情况，选取内力较大的截面作为控制截面，组合控制截面的内力进行配筋计算。

对于梁一般取梁端和跨中作为梁承载力设计的控制截面。在竖向荷载作用下，梁端可能产生最大负弯矩和最大剪力，跨中截面一般产生最大正弯矩。因此梁的最不利组合内力有以下两种：

1）梁端截面：$-M_{\max}$ 和 $V_{\max}$。

2）梁跨中截面：$+M_{\max}$。

考虑到梁端最危险截面应在梁端柱边，而不是在结构计算简图中的柱轴线处，如图 5-23 所示，因此，梁端控制截面的组合用内力计算公式为

$$\begin{cases} V' = V - (g+q)\dfrac{b}{2} \\ M' = M - V'\dfrac{b}{2} \end{cases} \tag{5-21}$$

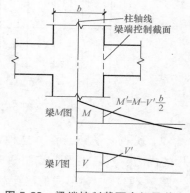

图 5-23　梁端控制截面弯矩及剪力

式中　V'、M'——梁端柱边截面的剪力和弯矩；

　　　V、M——计算得到的柱轴线处的梁端剪力和弯矩；

　　　g、q——作用在梁上的竖向分布恒荷载和活荷载。

当计算水平荷载或竖向集中荷载产生的内力时，则 $V' = V$。

框架柱的弯矩、轴力和剪力通常沿柱高是线性变化的，因此可取各层柱的上下端截面作为控制截面。考虑到柱内一般采用对称配筋，柱子控制截面的最不利组合内力一般有：$|M|_{\max}$ 及相应的 N、V；$N_{\max}$ 及相应的 M；$N_{\min}$ 及相应的 M。

5.4.2　竖向活荷载最不利布置

作用于框架结构上的竖向荷载有恒荷载和活荷载两种，恒荷载长期作用在结构上，它作

用于结构的位置和大小是不变的，结构分析时一般是将所有恒荷载按实际分布情况全部作用在结构上，一次性计算出结构的内力。而竖向活荷载的作用位置和大小是可变的，不同的活荷载布置方式会在结构内产生不同的内力，因此，应根据不同的截面位置及最不利内力种类分别确定。考虑竖向活荷载最不利布置的方法，常用的有最不利荷载位置法、分跨计算组合法、满布荷载法等。

（1）最不利荷载位置法　为求某一截面的最不利内力，可以根据影响线方法，直接确定最不利组合对应的活载位置，然后进行内力计算。以如图 5-24 所示的框架为例，欲求某跨梁 AB 的跨中 C 截面最大正弯矩 M_C 的活荷载最不利布置，可先作 M_C 的影响线如图 5-24b 所示，根据虚位移原理，为求梁 AB 跨中最大正弯矩则须在图 5-24b 中，凡产生正向虚位移的跨间均布置活荷载，形成如图 5-24c 所示的棋盘形间隔布置。同理亦可得到梁端最大负弯矩或柱端最大弯矩的活荷载最不利布置。一般来说，对应于一个控制截面的一种内力就有一种最不利活荷载布置，相应需要进行一次结构内力计算，对于多层多跨框架的所有控制截面，则需要进行几十种甚至上百种活荷载最不利布置下的内力计算，计算工作量相当大。但这种方法概念明确，可直接求出最不利布置，因此常用于计算复核。

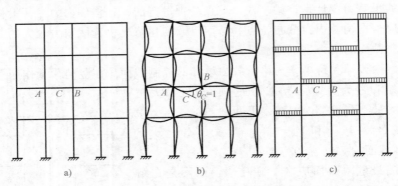

图 5-24　用影响线法确定最不利荷载布置

（2）分跨计算组合法　这种方法是将活荷载逐层逐跨单独地作用在结构上，分别求出结构的内力，然后根据各控制截面的内力种类进行组合。因此，对于一个多层多跨框架，共有（跨数×层数）种不同的活荷载布置方式，需要计算（跨数×层数）次结构内力，其计算工作量非常大。但求得这些内力后，即可求得任意截面上的最大内力，其过程较为简单，因此计算机电算时常采用此方法。

（3）满布荷载法　对于高层建筑上述两种方法计算量均较大。考虑到作为一般民用及公共建筑的高层结构，竖向活荷载产生的内力远小于恒荷载及水平荷载产生的内力，可以不考虑活荷载最不利布置，而按满布活荷载一次性计算出结构的内力。这样求得的框架内力在支座处于按活荷载最不利布置所得结果接近，但跨中弯矩值偏小，为安全起见，对跨中计算结果再乘以 1.1~1.2 的放大系数。计算表明对于楼面活荷载标准值不大于 5kN/m^2 的一般工业与民用多层框架结构，满布荷载法的计算精度可以满足工程设计要求，因此常用于手算。

5.4.3　竖向荷载作用下梁端弯矩调整

对于框架结构，在梁端出现塑性铰是允许的，即结构的水平构件先于竖向构件屈服，形成梁铰破坏机制，这种破坏形式是合理的。同时，为了避免梁柱节点处负弯矩钢筋拥挤现象，一般对梁端弯矩进行调幅，即人为减小梁端负弯矩，从而减少节点附近梁顶面的配筋量。

设某框架 AB 在竖向荷载作用下，梁端最大负弯矩分别为 M_{A0}、M_{B0}，梁跨中最大正弯矩为 M_{C0}，则调幅后梁端弯矩为

$$\begin{cases} M_A = \beta M_{A0} \\ M_B = \beta M_{B0} \end{cases} \tag{5-22}$$

式中　β——弯矩调幅系数。对于现浇框架结构，可取 $\beta = 0.8 \sim 0.9$；对于装配整体式框架，由于接头焊接不牢或由于节点区混凝土灌注不密实等原因，节点容易产生变形而达不到绝对刚性，框架梁端的实际弯矩比弹性计算值要小，因此，弯矩调幅系数允许取得低一些，一般取 $\beta = 0.7 \sim 0.8$。

梁端弯矩调幅后，在相应荷载作用下的跨中弯矩必将增加，这时应校核梁的静力平衡条件（图5-25），即调幅后梁端弯矩 M_A、M_B 的平均值与跨中最大正弯矩 M_{C0} 之和应大于按简支梁计算的跨中弯矩值 M_0。

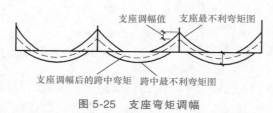

图 5-25　支座弯矩调幅

■ 5.5　框架结构的抗震设计

地下结构一般受地震作用影响较小，但在进行截面设计（如配筋计算）时，依然需要按照《建筑抗震设计规范》（GB 50011—2010）中的相关规定进行。规范一般规定，当地下结构的顶层作为上部结构的嵌固端时，地下一层的抗震等级应按上部结构采用，地下一层以下抗震构造措施的抗震等级可逐层降低一级，但不应低于四级。地下结构柱截面每侧的纵向钢筋面积除应符合计算要求外，不应少于地上一层对应柱每侧纵向钢筋面积的1.1倍；地下室中无上部结构的部分，抗震构造措施的等级可根据具体情况采用三级或四级。

5.5.1　框架结构抗震设计的一般概念

目前抗震设计的指导思想主要是小震不坏、中震可修、大震不倒，即小震（多遇地震）时结构必须具有足够的强度，当结构遭遇大震（罕遇地震）时必须具有足够的延性，结构应设计成延性结构。

如果结构在承载能力基本保持不变的情形下，仍能具有较大的塑性变形能力，具有这种特点的结构称为延性结构。可用延性比来衡量结构的延性，常用顶点位移延性比为

$$\mu = \frac{\Delta_u}{\Delta_y} \tag{5-23}$$

式中　Δ_u——结构极限状态时的顶点位移；

Δ_y——结构屈服时的顶点位移。

延性比是结构抗震性能的重要指标。对于延性比大的结构，结构延性越好，在地震作用下结构进入弹塑性状态时，能吸收、耗散大量的地震能量，此时结构虽然变形较大，但不会出现超出抗震要求的建筑物严重破坏或倒塌。相反，若结构延性较差，在地震作用下容易发生脆性破坏，甚至倒塌。

为提高框架结构的延性，除保证各梁柱控制截面处的延性外，还必须遵守"强柱弱梁、强剪弱弯、强节点，强锚固"的设计原则。

1）"强柱弱梁"设计原则。控制梁、柱的相对强度，使塑性铰首先在梁端出现，尽量避免或减少柱子的塑性铰。在框架结构中，塑性铰出现在梁上较为有利，如图5-26a所示。在梁端出现的塑性铰数量可以很多而结构不致形成机构。每一个塑性铰都能吸收和释放一部分地震能量，因此对每一个塑性铰的要求可以较低，比较容易实现。此外，梁是受弯构件，而受弯构件都具有较好的延性。当塑性铰出现在柱上，很容易形成破坏机构，如图5-26b所示。如果在同一层柱上、下部出现塑性

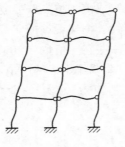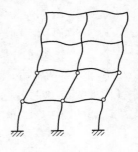

a) 梁端塑性铰　　　　　　　b) 柱端塑性铰

图 5-26　框架的破坏形式

铰，该层结构变形将迅速加大，成为不稳定结构而倒塌，在抗震结构中应绝对避免出现这种被称为软弱层的情况。柱是有很大轴力的压弯构件，这种受力状态决定了柱的延性较小。此外，作为结构的主要承载部分，柱子破坏将引起严重后果，不易修复甚至引起结构倒塌。因此，柱子中出现塑性铰是不利的。塑性铰出现的位置及顺序不同，将使框架结构产生不同的破坏形式，较合理的框架破坏机制应该是，梁比柱的塑性屈服尽可能早发生和多发生，底层柱柱根的塑性铰较晚形成，各层柱子的屈服顺序应错开，不要集中在某一层，这种破坏机制的框架，才能使整个框架较充分发挥抗震作用，并具有良好的变形能力。

2）"强剪弱弯"设计原则。框架结构的延性由构件截面设计得以保证，要使框架结构具有一定的延性，就必须保证梁、柱构件具有足够的延性，钢筋混凝土梁、柱的破坏形态有弯曲型破坏和剪切型破坏，其中剪切型破坏延性较差。因此，不能过早出现剪切破坏，应使构件弯曲破坏先于剪切破坏，即构件抗剪承载力应大于塑性铰抗弯承载力，为此要提高构件的抗剪承载力。

3）"强节点，强锚固"设计原则。要保证节点区和钢筋锚固不过早破坏，不在塑性铰充分发挥作用前破坏。节点区的破坏是脆性的，造成的后果也是严重的，一旦节点发生破坏，与之相连的梁柱构件的性能也就不能充分发挥。因此，要设计延性框架，除了梁、柱构件必须具有延性外，还必须保证各构件的连接部分——节点区不出现脆性剪切破坏，同时还要保证支座连接和锚固不发生破坏，使节点区的承载能力相对于构件较强些。

我国《建筑抗震设计规范》（GB 50011—2010）规定：用常遇烈度地震作用下的内力与其他使用荷载的内力组合，对构件截面进行极限状态设计，就保证了在小震下结构处于弹性状态；采用在弹性计算内力基础上调整配筋数量，设置抗震所需的钢筋，加强锚固连接等一系列构造措施，以实现延性结构在中等及强烈地震作用下的设计目标——中震可修，大震

不倒。

　　抗震构造措施分为四个等级，在截面设计前，钢筋混凝土房屋应根据设防类别、烈度、结构类型和房屋高度采用不同的抗震等级，并应符合相应的计算和构造措施要求。由于本书重点介绍地下空间结构的设计，有关上部结构抗震等级确定的内容可详见《建筑抗震设计规范》中相关规定。地下结构的抗震等级按照本小节开始所述进行确定。

5.5.2　框架梁抗震设计

1. 材料

　　框架结构中的混凝土强度等级，梁、柱、节点均不应低于 C30，其他各类结构构件，不应低于 C20。普通钢筋宜优先采用延性、韧性和焊接性较好的钢筋。普通钢筋的强度等级，纵向受力钢筋宜选用符合抗震性能指标的不低于 HRB400 级热轧钢筋，也可以采用符合抗震性能指标的 HRB335 级热轧钢筋，箍筋宜选用符合抗震性能指标的不低于 HRB335 级热轧钢筋，也可以采用 HPB300 级热轧钢筋。

　　抗震等级为一、二、三级的框架和斜撑构件（含梯段），其纵向受力钢筋采用普通钢筋时，钢筋的抗拉强度实测值与屈服强度实测值的比值不应小于 1.25，钢筋的屈服强度实测值与屈服强度标准值的比值不应大于 1.3，且钢筋在最大拉力下的总伸长率实测值不应小于 9%。

2. 梁正截面抗弯承载力

　　考虑地震作用组合的框架梁，其正截面受弯承载力可按非抗震设计的承载力计算公式计算，但应考虑抗震承载力调整系数，梁正截面抗弯时取 $\gamma_{RE} = 0.75$。同时框架梁的塑性铰出现在端部，为保证梁端塑性铰具有足够的转动能力，对梁端截面的名义压区高度应当加以限制。延性要求越高，限制应越严。考虑受压钢筋作用的梁端混凝土受压区高度应符合如下要求：

一级抗震等级时　　　　　　　　　　　$x \leqslant 0.25 h_0$　　　　　　　　　　（5-24a）

二、三级抗震等级时　　　　　　　　　$x \leqslant 0.35 h_0$　　　　　　　　　　（5-24b）

同时框架梁纵向受拉钢筋的配筋率均不应大于 2.5%。

3. 梁斜截面抗剪承载力

　　（1）梁端剪力设计值调整　为了保证"强剪弱弯"的设计原则，应根据结构的抗震等级调整梁端剪力设计值。抗震等级为四级的框架不调整。一、二、三级抗震的框架梁，其梁端截面组合的剪力设计值应调整，计算公式为

$$V_b = \frac{\eta_{vb}(M_b^l + M_b^r)}{l_n} + V_{Gb}$$　　　　　　　　（5-25a）

　　一级的框架结构和设防烈度为 9 度的一级框架梁可不按上式调整，但应符合下式要求，即

$$V_b = \frac{1.1(M_{bua}^l + M_{bua}^r)}{l_n} + V_{Gb}$$　　　　　　　　（5-25b）

式中　　M_b^l、M_b^r——梁左右端逆时针或顺时针方向截面组合的弯矩设计值，当抗震等级为一级且梁两端弯矩均为负弯矩时，绝对值较小一端的弯矩应取零；

　　　　M_{bua}^l、M_{bua}^r——梁左右端逆时针或顺时针方向实配的正截面受弯承载力所对应的弯矩值，

可根据实配钢筋面积（计入受压钢筋）和材料强度标准值并考虑承载力抗震调整系数计算；

l_n——梁的净跨；

V_{Gb}——考虑地震作用组合的重力荷载代表值（9度时还应包括竖向地震作用标准值）作用下按简支梁分析的梁端截面剪力设计值；

η_{vb}——梁端剪力增大系数，一、二、三级分别取1.3、1.2、1.1。

（2）截面尺寸限制　当梁端截面尺寸较小而剪力较大时可能在梁腹部产生过大的主压应力使混凝土过早开裂，即使多配腹筋对梁的抗剪承载力提高也不大，因此应限制梁端截面剪压比。考虑反复荷载作用的不利影响，梁端受剪截面应符合：

跨高比不小于2.5的框架梁为

$$V_b \leq \frac{0.2\beta_c f_c b h_0}{\gamma_{RE}} \tag{5-26a}$$

跨高比小于2.5的框架梁为

$$V_b \leq \frac{0.15\beta_c f_c b h_0}{\gamma_{RE}} \tag{5-26b}$$

式中　γ_{RE}——抗剪承载力抗震调整系数取为0.85；

β_c——混凝土强度影响系数，当混凝土强度等级不大于C50时取1.0，当混凝土强度等级为C80时取0.8，当混凝土强度等级在C50~C80之间时按线性内插取用；

b——矩形截面的宽度，T形截面、工字形截面的腹板宽度；

h_0——梁、柱截面计算方向的有效高度；

f_c——混凝土抗压强度设计值。

（3）斜截面抗剪承载力验算　试验表明，在反复荷载作用下梁的斜截面抗剪承载力降低。抗剪承载力降低的主要原因是混凝土剪压区剪切强度降低，以及斜裂缝间混凝土咬合力减弱。考虑到上述不利因素的影响，将非抗震设计梁的斜截面抗剪承载力计算公式第一项乘以0.6的折减系数。

矩形、T形和工字形的一般框架梁为

$$V_b \leq \frac{1}{\gamma_{RE}}\left(0.42 f_t b h_0 + 1.25 f_{yv}\frac{A_{sv}}{S}h_0\right) \tag{5-27a}$$

集中荷载作用下的框架梁（包括多种荷载，且其中集中荷载对节点边缘产生的剪力值占总剪力值的75%以上的情况）为

$$V_b \leq \frac{1}{\gamma_{RE}}\left(\frac{1.05 f_t b h_0}{\lambda+1} + f_{yv}\frac{A_{sv}}{S}h_0\right) \tag{5-27b}$$

（4）框架梁抗震构造要求

1）框架梁截面宽度不宜小于200mm；截面高度与宽度的比值不宜大于4；净跨与截面高度的比值不宜小于4。

2）框架梁的钢筋配置应符合下列规定：

①框架梁梁端截面的底部和顶部纵向受力钢筋截面面积的比值，除按计算确定外，一级抗震等级不应小于0.5；二、三级抗震等级不应小于0.3；纵向受拉钢筋最小配筋率应满

足表 5-5 所示要求。

② 梁端箍筋的加密区长度、箍筋最大间距和箍筋最小直径，应按表 5-6 采用；当梁端纵向受拉钢筋配筋率大于 2% 时，表中箍筋最小直径应增大 2mm。

表 5-5　框架梁纵向受拉钢筋的最小配筋率（%）

抗震等级	梁中位置	
	支座	跨中
一级	0.4 和 $80f_t/f_y$ 中的较大值	0.3 和 $65f_t/f_y$ 中的较大值
二级	0.3 和 $65f_t/f_y$ 中的较大值	0.25 和 $55f_t/f_y$ 中的较大值
三、四级	0.25 和 $55f_t/f_y$ 中的较大值	0.2 和 $45f_t/f_y$ 中的较大值

表 5-6　框架梁梁端箍筋加密区的构造要求

抗震等级	加密区长度/mm	箍筋最大间距/mm	箍筋最小直径/mm
一级	$2h$ 和 500 中的较大值	纵向钢筋直径的 6 倍，1/4 梁高和 100 中的最小值	10
二级		纵向钢筋直径的 8 倍，1/4 梁高和 100 中的最小值	8
三级	$1.5h$ 和 500 中的较大值	纵向钢筋直径的 8 倍，1/4 梁高和 150 中的最小值	8
四级		纵向钢筋直径的 8 倍，1/4 梁高和 150 中的最小值	6

注：表中 h 为截面高度。箍筋直径大于 12mm、数量不少于 4 肢且肢距不大于 150mm 时，一、二级的最大间距应允许适当放宽，但不得大于 150mm。

3）沿梁全长顶面和底面至少应各配置两根通长的纵向钢筋，对一、二级抗震等级，钢筋直径不应小于 14mm，且分别不应少于梁两端顶面和底面纵向受力钢筋中较大截面面积的 1/4；对三、四级抗震等级，钢筋直径不应小于 12mm。

4）梁箍筋加密区长度内的箍筋肢距：一级抗震等级，不宜大于 200mm 和 20 倍箍筋直径的较大值；二、三级抗震等级，不宜大于 250mm 和 20 倍箍筋直径的较大值；四级抗震等级，不宜大于 300mm。

5）梁端设置的第一个箍筋应距框架节点边缘不大于 50mm。非加密区的箍筋间距不宜大于加密区箍筋间距的 2 倍。沿梁全长箍筋的配筋率 ρ_{sv} 应符合下列规定：

一级抗震等级

$$\rho_{sv} \geq 0.30f_t/f_{yv} \tag{5-28a}$$

二级抗震等级

$$\rho_{sv} \geq 0.28f_t/f_{yv} \tag{5-28b}$$

三、四级抗震等级

$$\rho_{sv} \geq 0.26f_t/f_{yv} \tag{5-28c}$$

5.5.3　框架柱抗震设计

框架柱设计时应遵循"强柱弱梁"的原则，避免或推迟柱端出现塑性铰，同时还应满足"强剪弱弯"要求，以防止柱过早发生剪切破坏，另外为提高柱的延性，尚应对柱的轴压比加以限制。轴压比的定义和计算见本节：4. 轴压比限值。

1. 柱正截面抗弯承载力

考虑地震作用组合的框架柱，其正截面受弯承载力可按非抗震设计的承载力计算公式计

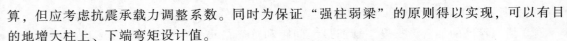

算，但应考虑抗震承载力调整系数。同时为保证"强柱弱梁"的原则得以实现，可以有目的地增大柱上、下端弯矩设计值。

1）抗震设计时，一、二、三、四级抗震等级框架的梁、柱节点处，除顶层和柱轴压比小于 0.15 者外，柱端考虑地震作用组合的弯矩设计值应予以调整，计算公式为

$$\sum M_c = \eta_c \sum M_b \tag{5-29a}$$

9 度设防烈度抗震设计的结构和一级框架结构尚应符合下式

$$\sum M_c = 1.2 \sum M_{bua} \tag{5-29b}$$

式中　$\sum M_c$——节点上、下柱端截面逆时针或顺时针方向组合弯矩设计值之和，上、下柱端的弯矩设计值，可按弹性分析的弯矩比例进行分配；

　　　　$\sum M_b$——同一节点左、右梁端截面逆时针或顺时针方向组合弯矩设计值之和的较大值，当抗震等级为一级且节点左、右梁端均为负弯矩时，绝对值较小的弯矩应取零；

　　　　$\sum M_{bua}$——同一节点左、右梁端截面逆时针或顺时针方向采用实配钢筋截面面积和材料强度标准值并考虑承载力抗震调整系数计算的正截面受弯承载力所对应的弯矩设计值之和的较大值；

　　　　η_c——柱端弯矩增大系数，一、二、三、四级抗震等级分别取 1.7、1.5、1.3、1.2。

2）抗震设计时，框架底层柱柱底截面抗弯承载力也应适当提高。一、二、三、四级抗震等级框架结构的底层柱底截面的弯矩设计值，应分别采用考虑地震作用组合的弯矩值与增大系数 1.7、1.5、1.3 和 1.2 的乘积。

2. 柱斜截面抗剪承载力

（1）柱端剪力设计值调整　为了防止柱在压弯破坏前发生剪切破坏，保证"强剪弱弯"设计原则的实现，应根据结构的抗震等级对柱端剪力设计值进行调整。

设防烈度为 9 度、抗震等级为一级的框架结构为

$$V_c = \frac{1.2(M^b_{cua} + M^t_{cua})}{H_n} \tag{5-30a}$$

且不小于按式（5-30b）所求得的值。

其他情况

$$V_c = \frac{\eta_{vc}(M^b_c + M^t_c)}{H_n} \tag{5-30b}$$

式中　M^t_c、M^b_c——考虑地震作用组合，且经调整后的框架柱上、下端顺时针或逆时针方向截面组合弯矩设计值；

　　　　M^t_{cua}、M^b_{cua}——框架柱上、下端顺时针或逆时针方向，按实配钢筋面积和材料强度标准值，并考虑承载力抗震调整系数，计算的正截面受弯承载力所对应的弯矩值；

　　　　H_n——柱的净高；

　　　　η_{vc}——柱端剪力增大系数，一、二、三、四级抗震等级分别取 1.5、1.3、1.2、1.1。

考虑到角柱由地震作用引起的内力较大，且受力复杂，在抗震设计时应增大其弯矩和剪

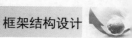

力的设计值。框架角柱应按双向偏心受力构件进行正截面承载力设计。一、二、三、四级抗震等级框架角柱在调整后的弯矩、剪力设计值基础上，应再乘以不小于1.1的增大系数。

（2）截面尺寸限制　与梁端截面设计一样，为避免因平均剪应力过高而降低箍筋的抗剪效果，应限制柱端截面剪压比。考虑反复荷载作用的不利影响，柱端受剪截面应符合：

剪跨比 $\lambda>2$ 的框架柱

$$V_c \leqslant \frac{0.2\beta_c f_c b h_0}{\gamma_{RE}} \qquad (5-31a)$$

剪跨比 $\lambda \leqslant 2$ 的框架柱

$$V_c \leqslant \frac{0.15\beta_c f_c b h_0}{\gamma_{RE}} \qquad (5-31b)$$

（3）斜截面抗剪承载力验算　试验表明，在反复荷载作用下柱的斜截面抗剪破坏机理及影响因素与单调加载时相似，但其承载能力有所降低。考虑到反复荷载作用下混凝土抗剪承载力降低这一不利因素的影响，框架柱的斜截面抗震受剪承载力应符合下列规定，即

$$V_c \leqslant \frac{1}{\gamma_{RE}}\left(\frac{1.05f_t b h_0}{\lambda+1}+f_{yv}\frac{A_{sv}}{S}h_0+0.056N\right) \qquad (5-32)$$

式中　λ——框架柱的计算剪跨比，取 $\lambda=M/(Vh_0)$；此处，M 宜取柱上、下端考虑地震作用组合的弯矩设计值的较大值，V 取与 M 对应的剪力设计值，h_0 为柱截面有效高度；当框架结构中的框架柱的反弯点在柱层高范围内时，可取 $\lambda=H_n/(2h_0)$，此处，H_n 为柱净高；当 $\lambda<1.0$ 时，取 $\lambda=1.0$；当 $\lambda>3.0$ 时，取 $\lambda=3.0$；

N——考虑地震作用组合的框架柱轴向压力设计值，当 $N>0.3f_cA$ 时，取 $N=0.3f_cA$。

当考虑地震作用组合的框架柱出现拉力时，其斜截面抗震受剪承载力应符合下列规定，即

$$V_c \leqslant \frac{1}{\gamma_{RE}}\left(\frac{1.05f_t b h_0}{\lambda+1}+f_{yv}\frac{A_{sv}}{S}h_0-0.2N\right) \qquad (5-33)$$

当上式右边括号内的计算值小于 $\dfrac{f_{yv}A_{sv}h_0}{s}$ 时，取等于 $\dfrac{f_{yv}A_{sv}h_0}{s}$，且 $\dfrac{f_{yv}A_{sv}h_0}{s}$ 值不应小于 $0.36f_t b h_0$。

3. 剪跨比限值

剪跨比是影响钢筋混凝土柱破坏形态的重要因素，对承受轴向压力的框架柱，由于柱两端受到约束，当反弯点在层高范围内时，其计算截面剪跨比可近似取 $\lambda=H_n/(2h_0)$，而对其他各类结构的框架柱宜取 $\lambda=M/(Vh_0)$。剪跨比较小的柱子会出现斜裂缝而导致剪切破坏。由试验研究有以下规律：

1）剪跨比 $\lambda>2.0$ 时，称为长柱，多数发生弯曲破坏，但仍然需要配置足够的抗剪箍筋。

2）剪跨比 $1.5 \leqslant \lambda \leqslant 2.0$ 时，称为短柱，多数会出现剪切破坏，但当提高混凝土强度等级并配有足够的抗剪箍筋后，可能出现稍有延性的剪切受压破坏。

3）剪跨比 $\lambda<1.5$ 时，称为极端柱，一般都会发生剪切斜拉破坏，几乎没有延性。

《建筑抗震设计规范》（GB 50011—2010）中规定，框架柱的净高与截面高度比宜大于4。所以，抗震结构中，在确定方案和结构布置时，就应避免短柱，特别是应避免在同一层

中同时存在长柱和短柱的情况，否则需要采取特殊措施，慎重设计。

4．轴压比限值

抗震设计中的轴压比是指柱组合轴压力设计值与柱全截面面积和混凝土的轴心抗压强度设计值乘积的比值，即 $n = N/(f_c A)$。柱的轴压比是影响柱破坏形态和变形能力的重要因素，试验表明，轴压比越大，柱的变形能力越小，在高轴压比条件下，即使多配置箍筋也不能有效地改善柱的延性，而且轴压比对短柱的影响更大，因此应限制轴压比。一、二、三、四级抗震等级的框架柱，其轴压比不宜大于表 5-7 规定的限值。

表 5-7 框架柱轴压比限值

结构体系	抗震等级			
	一级	二级	三级	四级
框架结构	0.65	0.75	0.85	0.9

注：1．表内限值适用于剪跨比大于 2、混凝土强度等级不高于 C60 的柱；剪跨比不大于 2 的柱，轴压比限值应降低 0.05；剪跨比 $\lambda < 1.5$ 的柱，轴压比限值应专门研究并采取特殊构造措施。

2．沿柱全高采用井字复合箍，且箍筋间距不大于 100mm、肢距不大于 200mm、直径不小于 12mm，或沿柱全高采用复合螺旋箍，且螺距不大于 100mm、肢距不大于 200mm、直径不小于 12mm，或沿柱全高采用连续复合矩形螺旋筋，且螺旋净距不大于 80mm、肢距不大于 200mm、直径不小于 10mm 时，轴压比限值均可按表中数值增加 0.10。

3．柱轴压比限值不应大于 1.05。

4．调整后的柱轴压比限值不应大于 1.05。

5．框架柱抗震构造要求

1）框架柱的截面宽度和高度均不宜小于 300mm；圆柱的截面直径不宜小于 350mm；柱的剪跨比宜大于 2；柱截面高度与宽度的比值不宜大于 3。

2）框架柱的钢筋配置，应符合下列要求：

①框架柱中全部纵向受力钢筋的配筋率不应小于表 5-8 规定的数值，同时，每一侧的配筋率不应小于 0.2。

表 5-8 柱全部纵向受力钢筋最小配筋率（%）

柱类型	抗震等级			
	一级	二级	三级	四级
框架中柱、边柱	1.0	0.8	0.7	0.6
框架角柱、框支柱	1.1	0.9	0.8	0.7

注：1．柱全部纵向受力钢筋最小配筋率，当钢筋强度标准值小于 400MPa 级时，表中数值应增加 0.1，钢筋强度标准值为 400MPa 级时，表中数值应增加 0.05。

2．当混凝土强度等级为 C60 及以上时，应按表中数值增加 0.1。

②框架柱上、下两端箍筋应加密，加密区的箍筋最大间距和箍筋最小直径应符合表 5-9 的规定。

③剪跨比 $\lambda \leqslant 2$ 的框架柱应在柱全高范围内加密箍筋，且箍筋间距不应大于 100mm。

④二级抗震等级的框架柱，当箍筋直径不小于 10mm、肢距不大于 200mm 时，除柱根外，箍筋间距应允许采用 150mm；三级抗震等级框架柱的截面尺寸不大于 400mm 时，箍筋最小直径应允许采用 6mm；四级抗震等级框架柱剪跨比不大于 2 时，箍筋直径不应小于 8mm。

表 5-9　柱端箍筋加密区的构造要求

抗震等级	箍筋最大间距/mm	箍筋最小直径/mm
一级	纵向钢筋直径的 6 倍和 100 中的较小值	10
二级	纵向钢筋直径的 8 倍和 100 中的较小值	8
三级	纵向钢筋直径的 8 倍和 150(柱根 100)中的较小值	8
四级	纵向钢筋直径的 8 倍和 150(柱根 100)中的较小值	6(柱根 8)

注：底层柱的柱根系指地下室的顶面或无地下室情况的基础顶面；柱根加密区长度应取不小于该层柱净高的 1/3；当有刚性地面时，除柱端箍筋加密区外尚应在刚性地面上、下各 500mm 的高度范围内加密箍筋。

⑤ 框架柱中全部纵向受力钢筋配筋率不应大于 5%。柱的纵向钢筋宜对称配置。截面尺寸大于 400mm 的柱，纵向钢筋的间距不宜大于 200mm。当按一级抗震等级设计，且柱的剪跨比 $\lambda \leqslant 2$ 时，柱每侧纵向钢筋的配筋率不宜大于 1.2%。

⑥ 框架柱的箍筋加密区长度，应取柱截面长边尺寸（或圆形截面直径）、柱净高的 1/6 和 500mm 中的最大值。一、二级抗震等级的角柱应沿柱全高加密箍筋。

⑦ 柱箍筋加密区内的箍筋肢距：一级抗震等级不宜大于 200mm；二、三级抗震等级不宜大于 250mm 和 20 倍箍筋直径中的较大值；四级抗震等级不宜大于 300mm。此外，每隔一根纵向钢筋宜在两个方向有箍筋或拉筋约束；当采用拉筋时，拉筋宜紧靠纵向钢筋并勾住封闭箍筋。

⑧ 柱箍筋加密区箍筋的体积配筋率应符合下列规定，即

$$\rho_v > \lambda_v f_c / f_{yv} \tag{5-34}$$

式中　ρ_v——柱箍筋加密区的体积配筋率；

　　　f_c——混凝土轴心抗压强度设计值，当强度等级低于 C35 时，按 C35 取值；

　　　f_{yv}——箍筋及拉筋抗拉强度设计值；

　　　λ_v——最小配箍特征值，按表 5-10 采用。

表 5-10　柱箍筋加密区的箍筋最小配箍特征值 λ_v

抗震等级	箍筋形式	轴压比								
		≤0.3	0.4	0.5	0.6	0.7	0.8	0.9	1.0	1.05
一级	普通箍、复合箍	0.10	0.11	0.13	0.15	0.17	0.20	0.23	—	—
	螺旋箍、复合或连续复合矩形螺旋箍	0.08	0.09	0.11	0.13	0.15	0.18	0.21	—	—
二级	普通箍、复合箍	0.08	0.09	0.11	0.13	0.15	0.17	0.19	0.22	0.24
	螺旋箍、复合或连续复合矩形螺旋箍	0.06	0.07	0.09	0.11	0.13	0.15	0.17	0.20	0.22
三级	普通箍、复合箍	0.06	0.07	0.09	0.11	0.13	0.15	0.17	0.20	0.22
	螺旋箍、复合或连续复合矩形螺旋箍	0.05	0.06	0.07	0.09	0.11	0.13	0.15	0.18	0.20

注：1. 普通箍指单个矩形箍筋或单个圆形箍筋；螺旋箍指单个螺旋箍筋；复合箍指由矩形、多边形、圆形箍筋或拉筋组成的箍筋；复合螺旋箍指由螺旋箍与矩形、多边形、圆形箍筋或拉筋组成的箍筋；连续复合矩形螺旋箍指全部螺旋箍为同一根钢筋加工成的箍筋。

2. 在计算复合螺旋箍的体积配筋率时，其中非螺旋箍筋的体积应乘以换算系数 0.8。

3. 对一、二、三、四级抗震等级的柱，其箍筋加密区的箍筋体积配筋率分别不应小于 0.8%、0.6%、0.4% 和 0.4%。

4. 混凝土强度等级高于 C60 时，箍筋宜采用复合箍、复合螺旋箍或连续复合矩形螺旋箍；当轴压比不大于 0.6 时，其加密区的最小配箍特征值宜按表中数值增加 0.02；当轴压比大于 0.6 时，宜按表中数值增加 0.03。

当剪跨比 $\lambda \leqslant 2.0$ 时，宜采用复合螺旋箍或井字复合箍，其箍筋体积配筋率不应小于 1.2%；9 度设防烈度时，不应小于 1.5%。

在柱箍筋加密区外，箍筋的体积配筋率不宜小于加密区配筋率的一半；对一、二级抗震等级，箍筋间距不应大于 $10d$；对三、四级抗震等级，箍筋间距不应大于 $15d$。此处，d 为纵向钢筋直径。

5.5.4　框架节点设计

在竖向荷载和地震作用下，框架梁柱节点区主要承受柱子传来的轴向力、弯矩、剪力和梁传来的弯矩、剪力的作用，受力比较复杂，如图 5-27 所示。在轴向压力和剪力的共同作用下，节点区将发生由于剪切及主拉应力所造成的脆性破坏。震害表明，梁柱节点的破坏，大都是由于梁柱节点区未设箍筋或箍筋过少，抗剪能力不足，导致节点区出现多条交叉斜裂缝，斜裂缝间混凝土被压酥，柱内纵向钢筋压屈。此外，由于节点区钢筋过密，难以振捣密实，从而影响混凝土浇捣质量，节点强度难以得到保证。有时也可能出现由于梁、柱内纵筋伸入节点的锚固长度不足纵筋被拔出现象，以致梁柱端部塑性铰难以充分发挥作用。

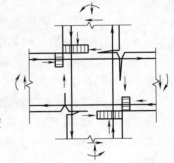

图 5-27　节点区裂缝及破坏

影响框架节点承载力及延性的因素主要有以下几个方面：

（1）直交梁对节点核心区的约束作用　垂直于框架平面与节点相交的梁，称为直交梁。试验表明，直交梁对节点核心区具有约束作用，从而提高了节点核心区混凝土的抗剪强度，对于三边有梁的边柱节点和两边有梁的角柱节点，直交梁的约束作用并不明显。

（2）轴压力对节点核心区混凝土抗剪强度及节点延性的影响　当轴力较小时，节点核心区混凝土抗剪强度随着轴向压力的增加而增加，但当轴压力增加到一定程度，如轴压比大于 0.6 时，则节点混凝土抗剪强度将随轴压力的增加而下降。同时，轴压力虽能提高节点核心区混凝土的抗剪强度，但却使节点核心区的延性降低。

（3）剪压比和配箍率对节点受剪承载力的影响　当配箍率较低时，节点的抗剪承载力随着配箍率的提高而提高，这时节点破坏时的特征是混凝土被压碎，箍筋屈服。但如果节点水平截面太小、配箍率较高时，节点区混凝土的破坏将先于箍筋的屈服，使箍筋强度不能充分发挥，且这种破坏的延性很差，所以应对节点的最小截面尺寸加以限制。在设计中可采用限制节点水平截面上的剪压比来实现这一要求。

（4）梁纵筋滑移对结构延性影响　框架梁纵筋在中柱节点核心区通常是连续贯通的。在水平地震作用下，梁中纵筋在节点一边受拉屈服，而在另一边受压屈服。如此循环往复，将使纵筋的黏结迅速破坏，导致梁纵筋在节点核心区贯通滑移。梁纵筋贯通滑移破坏了节点核心区剪力的正常传递，使核心区受剪承载力降低，亦使梁截面后期受弯承载力及延性降低，节点的刚度和耗能能力也明显下降。

一、二、三级抗震等级的框架应进行节点核心区抗震抗剪承载力计算。

【思考题】

1. 承重框架有哪些布置方案？各自有何特点？

2. 多层框架结构分层法有哪些基本假定？其内力计算步骤有哪几步？

3. 多层框架结构反弯点法有哪些基本假定？其内力计算步骤有哪几步？

4. D 值法在反弯点的基础上做了哪些修正？基于的原理是什么？

5. 阐述延性框架的概念？如何实现框架结构的延性设计？

6. 框架结构抗震设计包括哪些内容？

7. 采用反弯点法和 D 值法完成框架（图 5-28）的 M、N、V 图，括号内为线刚度相对值。

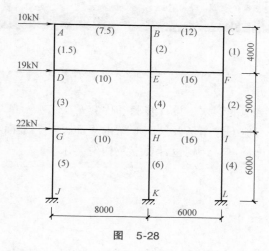

图 5-28

第 6 章　浅埋式地下结构设计

■ 6.1　概述

按照建筑物在土层中埋设的深浅可将其划分为深埋式地下结构和浅埋式地下结构。本章主要介绍浅埋式地下结构的形式及不同功能地下建筑的建筑设计原理及结构设计要求。

一个建筑采用深埋式和浅埋式的决定因素包括：建筑物的使用要求、环境条件、地质条件、防护等级以及施工能力等。

6.1.1　浅埋式地下结构的形式

浅埋式结构的形式有很多，按照结构截面的形式可归纳为以下几种：直墙拱形结构、矩形闭合结构、梁板式结构及框架结构，或者是上述形式的组合。

1. 直墙拱形结构

浅埋式直墙拱形结构在小型地下通道以及早期的人防工程中比较普遍，一般多用在跨度 1.5~4m 的结构中。墙体部分通常用砖或块石砌筑，拱体部分根据其跨度大小，采用砖砌拱、预制钢筋混凝土拱或现浇钢筋混凝土拱。砖砌拱及预制混凝土拱常用于跨度较小的人防工程通道部分，现浇钢筋混凝土拱用于跨度较大的工程。

从结构受力分析看，拱形结构主要承受轴向压力，弯矩和剪力都较小。砖、石和混凝土等材料抗压性能好，抗拉性能较差，适合采用拱形结构，能够发挥材料的特性和优点。

拱顶部分按照其轴线形状又可分为：半圆拱、割圆拱、抛物线拱等多种形式。几种常见的直墙拱形结构如图 6-1 所示。

2. 矩形闭合结构

矩形闭合结构的顶、底板为水平构件，承受的弯矩比拱形结构大，一般为钢筋混凝土结构。浅埋式矩形闭合结构具有空间利用率高，挖掘断面经济且易于施工的优点。随着地下结

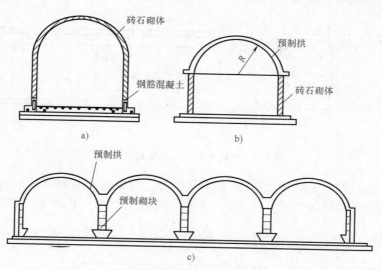

图 6-1　直墙拱形结构

构跨度、复杂性的增加，以及对结构整体性、防水等方面的要求越来越高，混凝土矩形闭合结构在地下建筑中的应用变得更为广泛。在车行立交地道、地铁通道、车站等最为适用，其形式有单跨、多跨以及多层多跨等。

（1）单跨矩形闭合框架　当跨度较小时（一般小于 6m），可采用单跨矩形闭合框架。图 6-2 为单跨矩形闭合框架在地下通道或大型人防工程中的应用。

（2）双跨和多跨的矩形闭合框架　当结构跨度增大或由于使用和工艺的要求，结构可设计成双跨或多跨的矩形闭合框架。图 6-3 为双孔（跨）通道。为了改善通风，中间隔墙可开设孔洞，也使得结构轻巧、美观、节约材料，如图 6-4 所示；也可采用梁、柱，形成大空间，方便使用，如图 6-5 所示。

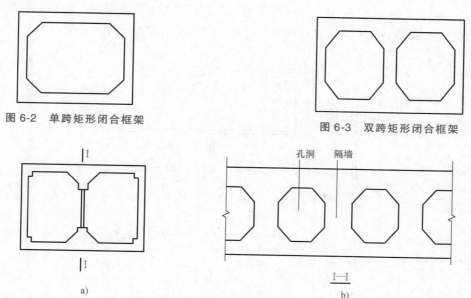

图 6-2　单跨矩形闭合框架

图 6-3　双跨矩形闭合框架

图 6-4　双跨开孔矩形闭合框架

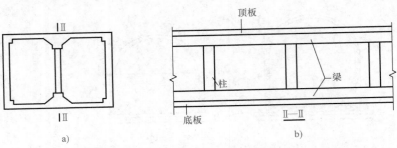

图6-5 双跨开孔梁柱矩形闭合框架

（3）多层多跨的矩形闭合结构 地铁车站部分，为了满足不同线路的换乘，局部多做成双层多跨结构，如图6-6所示。一些地下厂房（如地下热电站）由于工艺要求必须做成多层多跨结构。

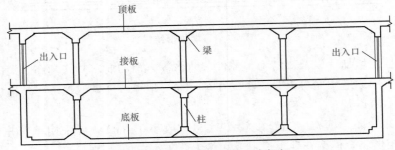

图6-6 双层多跨的矩形闭合框架

3. 梁板式结构

一些地下的建筑如地下医院、教室、指挥所等，可以采用梁板式结构。若工程位于地下水位较低的地区或要求防护等级较低，结构的顶、底板为现浇钢筋混凝土梁板式结构，围墙和隔墙为砖墙。若工程位于地下水位较高的地区或防护等级要求较高时，除内部隔墙外，做成箱形闭合框架钢筋混凝土结构。如图6-7所示为梁板式结构地下办公室平面图。

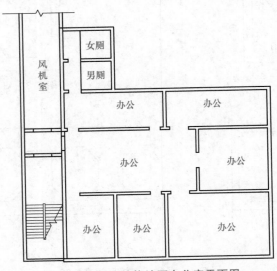

图6-7 梁板式结构地下办公室平面图

4. 框架结构

一些建筑如地下商场、地下停车场等，可采用框架结构。与地上框架不同的是，地下建筑的框架结构设计荷载要考虑地面覆土的影响，框架结构的外围护结构多采用钢筋混凝土墙体，以承受侧向土压力的作用。

6.1.2 浅埋式地下结构设计步骤和内容

浅埋式地下结构设计步骤主要包括构造设计和结构计算两部分。

其中结构计算的内容包括：①荷载计算；②内力计算；③截面设计。

构造部分主要是对配筋形式、混凝土保护层、横向受力钢筋、分布钢筋、箍筋、刚性节点构造及变形缝的设置及构造要求进行了规定。

如图6-8所示为两跨闭合框架的地铁通道，本节将以此为例，说明单层矩形闭合框架的计算过程。

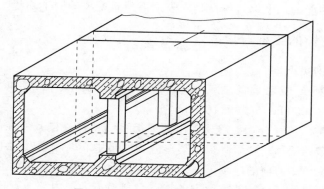

图6-8 两跨闭合框架的地铁通道

1. 荷载计算

地下结构所承受的作用，分为永久荷载、可变荷载、特殊荷载，地下结构还受到地震作用等的作用。对于地下建筑结构，永久荷载主要有结构及构造层自重、土压力及地下水压力等；可变荷载主要有人群、车辆、设备以及施工期间堆放的材料、机器等荷载；特殊荷载指常规武器（炮、炸弹）作用或核武器爆炸形成的荷载。处于地震区的地下结构，还需考虑地震作用的影响。对于特殊荷载，其大小是按照不同的防护等级采用，在人防工程的有关规范中有明确的规定。

在荷载计算中，作用于顶板上的荷载包括顶板以上的覆土压力、水压力、顶板自重、路面活荷载以及特殊荷载。作用在底板上的荷载为地基反力，为直线分布。侧墙上所受的荷载有土层的侧向压力、水压力及特殊荷载。

2. 内力计算

计算内力时，首先选择合理的计算简图，初步假设截面的尺寸，采用简化方法计算设计构件的弯矩、剪力及轴力。

3. 截面设计

地下结构的截面选择和强度计算，除特殊要求外，一般按《混凝土结构设计规范》（GB 50010—2010）进行构件的截面设计。

4. 构造要求

构造要求主要包括配筋形式、混凝土保护层厚度、横向受力钢筋、分布钢筋、箍筋的要求，以及框架转角处的刚节点构造要求。另外，还有变形缝的设置及构造要求。

■ 6.2 地下商业街

地下商业街是建设在城市地表以下，能为人们提供商业活动、公共活动和工作的场所，并具备相应综合配套设施的地下空间建筑。随着商业经济发展以及城市土地资源紧缺，合理开发地下空间，提高土地资源的利用效率，地下商业街应运而生。地下商业街是城市建设发展到一定阶段的产物，也是在城市发展过程中所产生系列固有矛盾状况下，城市可持续发展的一条有效途径。同时，地下商业街也承担了城市所赋予的多种功能，是城市的重要组成部分。随着地下建设规模的不断扩大，将地下商业街与城市地铁站、地下停车场、地下人行道等，形成具有城市功能的地下综合体，是未来地下建筑发展的一个趋势。

6.2.1 地下商业街的类型与功能

1. 地下商业街的类型

（1）按规模分类　按地下商业街的规模，可分为小型、中型和大型，面积分别为 $3000\mathrm{m}^2$ 以下、$3000 \sim 10000\mathrm{m}^2$、大于 $10000\mathrm{m}^2$。

（2）按形态分类　这种分类能够反映出地下街不同特点，按其所在的位置和平面形状，可以分为街道型、广场型和复合型。街道型多处在城市中心区较宽阔的主干道下，平面为狭长形。广场型一般位于车站前的广场下，与车站或在地下连通，或出站后再进入地下街。复合型即街道型与广场型的复合，兼有两类的特点，规模庞大，内部布置比较复杂。

2. 地下商业街的功能

地下街的城市功能主要表现在以下四个方面，其中改善城市交通是主要功能。

（1）地下街的城市交通功能　建造地下街的主要出发点是所在地区交通的治理与改善，停车场占有相当大的比重，公共通道所占比重大于商店，两项交通内容的面积占到总面积的60%以上，可以看出地下街的主要功能和作用在于改善交通。

地下街中的公共步行通道一般可以起到 40% ~ 50% 的分流作用，同时又具备停车和购物等条件，利用效率很高，对改善地面交通起着重要的作用。地下街在治理城市交通中的作用，还表现在对静态交通的改善上。新建地下街的指导方针中就已经把是否有兴建地下停车场的需要作为批准建设地下街的一个前提条件。

（2）地下街对城市商业的补充作用　从地下街的组成情况看，商业在地下街面积中一般占 1/4 左右，面积并不很大，但却是地下街中经济效益最高的部分，社会效益也很显著，因而在地下街中是不可缺少的。

地下街中的商业，是中小型零售商店和中低档餐饮业的一种集合体，采用商业街的布置形式，不同于大型百货商店的地下商场，经营方式以分散租赁为主。总体上看，地下街中的商业在整个城市商业中所占比重是很小的，因为相对于全市，地下街的数量和规模毕竟是有限的。地下街对于广大消费者具有很强的吸引力，因为那里方便、舒适，特别是不受气候条件对购物的影响，雨天或雪天顾客就更多。

（3）地下街在改善城市环境上的作用　城市是一个大环境，空气、阳光、绿地、水面、气候、空间、交通状况、人口密度、建筑密度等都对城市环境质量的高低产生影响。

地下街的建设虽然并不涉及以上所有因素，但是城市再开发和地下街的建设，使城市面貌有很大的改观：地面上的人、车分流，路边停车的减少，开敞空间的扩大，绿地的增加，小气候的改善，容积率的控制等，对改善城市环境的综合影响是相当明显的。

（4）地下街的防灾功能　从地下空间的防灾特性看，与地面空间相比，具有对多种城市灾害的防护能力强的优势；在相连通的地下空间，机动性较强，有利于长时间的抗灾救灾。

地下空间在城市综合防灾中的主要作用是抗御在地面上难以防护的灾害，在地面上受到严重破坏后保存部分城市功能和灾后恢复能力，同时与地面上的防灾空间相配合，为居民提供安全的避难场所。

3. 地下商业街的功能分析

从规模上划分地下街的功能组成有很大差别，小型地下街功能较单一，仅有步行道和商场及辅助管理用房，而大型地下街则包含公路及停车设施、相应防灾及附属用房。小型、中型及大型地下街的功能分析图，如图6-9所示。

由功能分析图可以看出，超大型地下街是一个人流、车流、购物、存车的综合系统，且人流可由地下公交、地铁换乘，这种地下街就是目前所称的地下综合体。

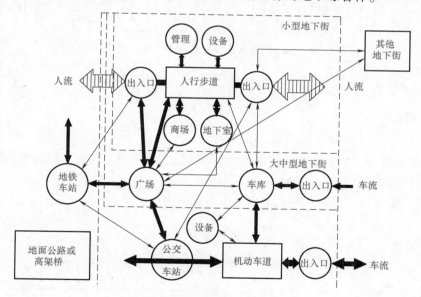

图6-9　地下商业街的功能分析图

4. 地下商业街的组成

地下街的组成可具体分为以下5个部分：

1）地下步行交通部分：包括商业街内除商店以外的通道和广场、地下过街人行横道、地下车站间连接通道、地下建筑之间的连接通道、出入口的地面建筑、楼梯和自动扶梯等内部垂直交通设施等。

2）地下公用停车场及其辅助设施。

3）商店，饮食店，文娱设施，办公、展览、银行、邮局等业务设施。

4）市政公用设施的主干管、线。

5）地下街本身使用的通风、空调、变配电、供水排水等设备用房和中央控制室、防灾中心、办公室、仓库、卫生间等辅助用房，以及备用的电源、水源。

地下街各组成部分之间在面积上应保持合理的比例，反映出地下街各功能的主次关系。

地下街中的商业部分又可分为营业部分、交通部分和辅助部分，各部分的具体内容和相互关系如图 6-10 所示。营业部分、交通部分和辅助部分，应当保持一个合理的比例关系，任何一个部分过大或过小，都会给使用、效益和安全带来不利影响。

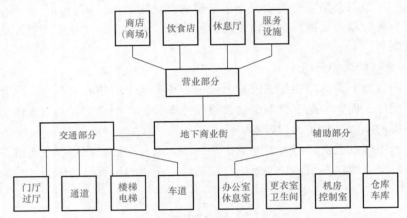

图 6-10 地下商业街各部分的具体内容和相互关系

6.2.2 组合形式

1. 平面组合形式

地下街的平面组合方式主要有以下几种：

（1）步道式组合 在步行道的两侧组织房间，通常为三跨结构，中间为步行道，两边跨为组合房间，如图 6-11 所示。其特点有：

1）步行人流畅通，且与其他人流交叉少，方便使用。

2）方向单一，不易迷路。

3）购物集中，与通行人流不相互干扰。

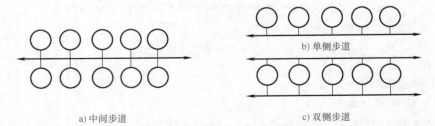

图 6-11 步道式的三种组合形式

（2）厅式组合 没有特别明确的步行道，结构为多跨框架，如图 6-12 所示。其特点有：

1）组合灵活，通过内部划分来组织出人流空间。

2）内部空间较大，较易迷失方向，类似超级商场。

3）应加强人流交通组织，避免交叉干扰，在应急状态下做到疏散安全。

（3）混合式组合　将厅式与步道式结合起来。适于大、中型地下商业街，如图 6-13 所示。其特点是：

1）可以结合地面街道与广场布置。

2）规模大，能有效解决繁华地段的人、车流拥挤问题，利用充分地下空间。

3）彻底解决人、车流立交问题。

4）功能多且复杂，大多同地铁站、地下停车设施相联系，竖向设计可考虑不同功能。

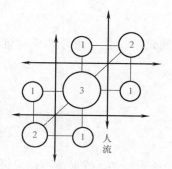

图 6-12　厅式组合示意图

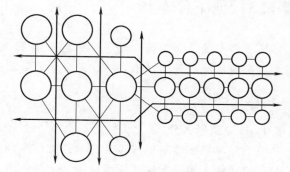

图 6-13　混合式组合示意图

2. 竖向组合形式

由于地下商业街要解决人流、车流混杂与市政设施缺乏的矛盾，其竖向组合比平面组合功能复杂，主要包括：分流及营业功能（或其他经营）、出入口及过街立交、地下交通设施、市政管线、出入口楼梯电梯等。

地下商业街的组合主要有以下几种：

1）单一功能的竖向组合。单一功能指地下商业街无论几层均为统一功能，如上下两层均可为地下商业街。

2）两种功能的竖向组合。主要为步行商业街和停车场的组合或步行商业街和其他性质功能（如地铁站）的组合。

3）多种功能的竖向组合。主要为步行街、地下高速路、地铁线路与车站、停车库及路面高架桥等共同组合在一起，通常是机动车及地铁设在最底层，中层为地铁站台层，顶层为步行道、商场等。

6.2.3　平面柱网及剖面

地下街平面柱网主要由使用功能确定。如仅为商业功能，柱网选择自由度较大；如同一建筑内上下层布置不同使用功能，则柱网布置灵活性差，要满足对柱网要求高的使用条件。

布置时主要有以下几种平面：

1. 矩形平面

这种形式多用于大中跨度的地下空间。它往往位于城市干道一侧，起商业街的作用。设计时要注意长、宽、高的比例，避免过高或过低而造成空间浪费或给人以压抑感。

2. 带形平面

这种形式跨度较大，为坑道式的，设计时应根据功能要求及货柜布置的特点综合考虑，单面货柜的宽度以 6~8m 为宜，双面货柜则以 10~16m 为宜，长度不限。

3. 圆形和环形平面

这种形式多用于大型商场（或商业中心），四周设置商业街，中间为商场，其特点是充分体现商场的功能作用，管理方便，其周长和跨度视工程地质和水文地质条件而定。

4. 横盘式平面

这种形式用于综合型的地下商业街，适应现代商业的发展，能把购物与休息、购物与游乐、购物与社交融合在一起，使地下街成为广大群众的活动中心之一。

6.3 地下停车场

地下停车场是指建筑在地下用来停放各种大小机动车辆的建筑物，主要由停车间、通道、坡道或机械提升间、出入口、调车场地等组成。

6.3.1 分类

1. 按建筑形式分类

地下停车场按建筑形式可分为单建式停车场和附建式停车场。

单建式停车场一般建于城市广场、公园、道路、绿地或空地之下，主要特点是不论规模大小，对地面上的城市空间和建筑物基本没有影响，除少量出入口和通风口外，顶部覆土后可以为城市保留开敞空间。

附建式停车场是利用地面高层建筑及其裙房的地下室布置的地下专用停车场。这种类型的地下停车场，使用方便，节省用地，规模适中，但设计中要选择合适的柱网，以满足地下停车和地面建筑使用功能的要求。

2. 按使用性质分类

地下停车场按使用性质可分为公共停车场和专用停车场。

公共停车场是供车辆暂时停放的场所，具有公共使用性质的一种市政服务设施。

专用停车场以停放载货汽车为主，还包括其他特殊用途的车辆，如消防车、急救车等。

3. 按照车辆在车场内的运输方式

地下停车场按照车辆在车场内的运输方式可分为坡道式（又称自走式）停车场和机械式停车场。

坡道式停车场是利用坡道出入车辆，优点就是造价低，运行成本也低，可以保证必要的进出车速度，且不受机电设备运行状态影响。如今所建的地下停车场多为这种类型。其缺点是用于交通运输使用面积与整个停车场面积之比接近于 0.9∶1，使用面积的有效利用率大大低于机械式停车场，并增加了通风量和相关管理人员。

机械式停车场是利用机械设备对汽车的出入进行垂直自动运输，取消了坡道，使停车场使用效率增加，通风和消防也变得容易和安全，还减少了相应的管理人员。其缺点就是一次性投资很大，运营费高，进出车的时间也比较长。

4. 按所处地质条件分类

地下停车场按所处地质条件分为土层地下停车场和岩层地下停车场。

在城市下土层很厚、土质很好、地下水位不高或浅埋工程与原有的浅层地下设施有较大矛盾时，可以考虑用暗挖在土层中建造深埋地下汽车库，而且最好与城市地下交通系统一起建设，否则在结构、施工、垂直运输等方面将需付出很高代价，使用也不如浅层工程方便。

岩层地下停车场布置比较灵活，一般不需要垂直运输，地形、地质条件有利时，规模几乎不受限制，对地面及地下其他工程几乎没有影响，节省用地效果明显。但岩石洞室作为停车间多是单跨，而由多个单跨洞室组成的大规模停车场，行车正道面积所占比重较高。

6.3.2 平面柱网及剖面

1. 总平面设计

由于地下汽车库在地面上的基地一般较小，有的几乎没有，故总平面设计的内容比较简单，重点应放在库内外交通的组织上。地下汽车库出入口的允许进、出车方向如图 6-14 所示。

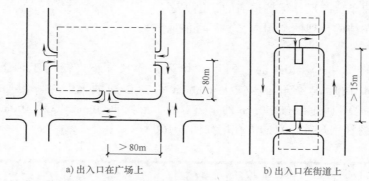

a) 出入口在广场上   b) 出入口在街道上

图 6-14　地下车库出入口的方向

2. 柱网选择的基本要求

柱网选择有以下基本要求：

1）适应一定车型的停车方式、停放方式和行车通道布置的各种技术要求，同时保留一定的灵活性。

2）保证足够的安全距离，使车辆行驶通畅，避免遮挡和碰撞。

3）尽可能缩小停车位所需面积以外的不能充分利用的面积。

4）结构合理、经济，施工简便。

5）尽可能减少柱网类，统一柱网尺寸，并保持与其他部分柱网的协调一致。

3. 柱网单元的合理尺寸

在停车间柱网单元中，跨度包括停车位所在跨度（简称车位跨）和行车通道所在跨度（简称通道跨）。停车间柱距的最小尺寸如图 6-15 所示。

4. 决定车位跨尺寸的因素

1）需要停放的标准车型长度。

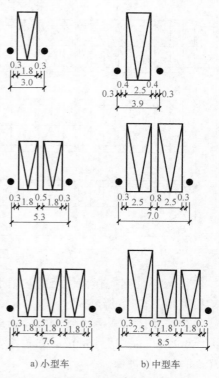

a) 小型车   b) 中型车

图 6-15　停车间柱距的最小尺寸（单位：m）

2）车辆的停放方式。

3）一定车型所要求的车后端（或前端）至墙（或柱）的安全距离和防火间距。

4）柱的横截面尺寸或直径（对中间跨），或墙轴线至墙内皮的尺寸（对边跨）。

5）与柱距尺寸保持适当的比例关系。

6）总尺寸在结构合理的范围内，并尽可能取整数。

5. 决定通道跨尺寸的因素

1）车辆的停车方式和停放方式，即在一定的柱距和车位跨尺寸条件下，进、出车位所需要的行车通道最小宽度。

2）行车线路的数量。

3）柱的横截面尺寸或直径。

4）与柱距和车位跨尺寸保持适当的比例关系。

5）总尺寸在结构合理的范围内，并尽可能取整数。

6. 柱网形式

（1）大柱网　7.8m×8.0m 的柱网尺寸作为常规尺寸，广泛用于地下停车场。三个 2400mm×5300mm 的标准停车位，加上 600mm 结构柱的截面尺寸，其柱距为 7800mm。5500mm 的车道净宽和梁侧各 1250mm 的车道退线，形成 8000mm 以及 8100mm（＝5300mm× 2-1250mm×2）的柱网尺寸。双向大柱网如图 6-16 所示。

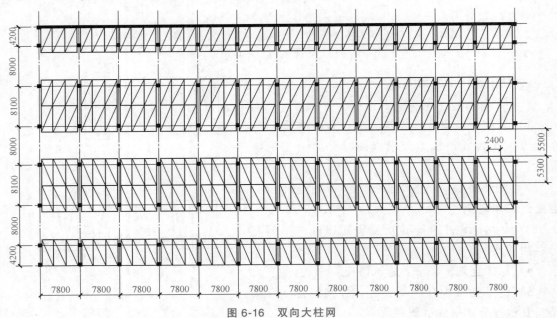

图 6-16　双向大柱网

（2）大小柱网　在大柱网的基础上，合理减小柱网尺寸能够有效减小结构构件截面尺寸，提高地下车库的经济性。

大小柱网是在满足三个 2400mm×5300mm 的标准停车位的前提下，保持 7800mm 的柱距（净距为 7200mm）及 5500mm 车道净宽不变，将原柱网进深更改为 6000mm 的车道进深和 5050mm 的车身进深。

（3）小柱网　在大小柱网的基础上我们进一步改变双侧柱网尺寸，得出满足两个

2400mm×5300mm 的标准停车位的小柱网形式。小柱网采用 5200mm 的柱距（净距为 4800mm），将原柱网进深更改为 5900mm 的车道进深和 5100mm 的车身进深。

（4）改进型小柱网　小柱网形式对停车提出较高要求，转弯半径受限，为了改善这一现实情况，在小柱网形式的基础上衍生出改进型小柱网形式，柱距保持 5200mm 不变，将车道进深加大至 6900mm（每侧各推进 500mm），车身进深缩减至 4600mm（每侧各缩进 500mm）。

6.3.3　结构形式

地下停车场结构形式主要有两种：矩形结构和拱形结构。

1. 矩形结构

矩形结构又分为梁板结构、无梁楼盖、幕式楼盖。侧墙通常为钢筋混凝土墙，大多为浅埋，适合地下连续墙、放坡明挖建筑等施工方法，如图 6-17 所示。

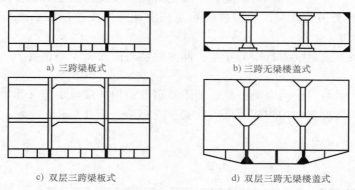

a) 三跨梁板式　　b) 三跨无梁楼盖式
c) 双层三跨梁板式　　d) 双层三跨无梁楼盖式

图 6-17　矩形结构

2. 拱形结构

拱形结构有单跨、多跨、幕式及抛物线拱、预制拱板等多种类型，如图 6-18 所示。其特点是占用空间大、受力好、节省材料、施工开挖土方量大，有些适合深埋，相对来说，不如矩形结构采用得广泛。

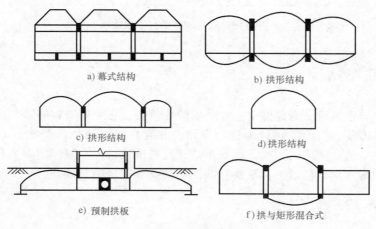

a) 幕式结构　　b) 拱形结构
c) 拱形结构　　d) 拱形结构
e) 预制拱板　　f) 拱与矩形混合式

图 6-18　拱形结构

柱网选择与结构形式的选择一般是同时进行的，使两者协调一致。

6.3.4 坡道设计

坡道的坡度直接关系到车辆进出和上下的方便程度及安全程度，对坡道的长度和面积也有一定影响。坡道的纵向坡度应综合反映车辆的爬坡能力、行车安全、废气发生量、场地大小等多种因素。

坡道坡度一般选 13%~16%。地下汽车库坡道的纵向坡度（%），见表 6-1。

表 6-1　地下汽车库坡道的纵向坡度

车 型	直线坡道(%)	曲线坡道(%)	备 注
小型车	10~15	8~12	高质量汽车可取上限值
中型车	8~13	6~10	

坡道的长度取决于坡道升降的高度和所确定的纵向坡度。坡道的长度应由几段组成，如图 6-19 所示。在计算坡道面积时，应按实际总长度计算；在进行总平面和平面布置时，可按水平投影长度考虑。

坡道的宽度一方面影响到行车的安全，同时对坡道的面积大小也有影响，因此过窄或过宽都是不合理的。

坡道的净高一般与停车间净高一致，如果坡道的结构高度较小，又无后补管线占用空间需求，则可取车辆高度到结构构件最低点的安全距离不小于 0.2m。

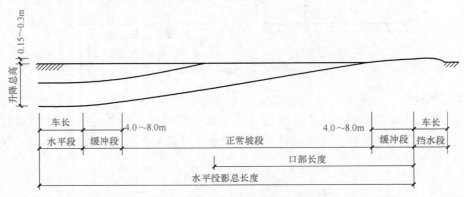

图 6-19　直线坡道的分段组成

■ 6.4　地铁车站

地铁车站是城市轨道交通路网中一种重要的建筑物，它是供旅客乘降、换乘和候车的场所，应保证旅客方便、安全、迅速地进出车站，并有良好的通风、照明、卫生、防火设备等，给旅客提供舒适、清洁的环境。地铁车站又是城市建筑艺术整体的一个有机部分，一条线上各车站在结构和建筑艺术上，既要有共性，又要有各自的个性。

6.4.1 地铁车站分类

地铁车站按所处位置、埋深、运营性质、站台形式、换乘方式的不同进行分类。

1. 按所处位置分类

车站与地面相对位置分类，为地下车站、地面车站和高架车站，如图 6-20 所示。

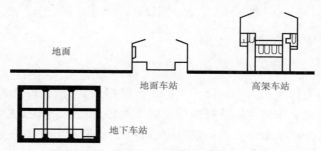

图 6-20　按车站与地面相对位置分类

2. 按埋深分类

按埋深分为浅埋车站和深埋车站。

3. 按运营性质分类

按运营性质分为中间站、区域站、换乘站及终点站：

1) 中间站：只提供乘客上下，大多数地铁车站都属于此类。

2) 区域站（折返站）：设有折返线路设备，较大客流区间的末端设立。

3) 换乘站：既用于乘客上下又提供换乘的车站。

4) 终点站：地铁线路两端的车站，除了供乘客上下外，通常还供列车停留、折返、临修及检修使用。

4. 按车站站台形式分类

按车站站台形式分为岛式站台，侧式站台，岛、侧混合式站台，如图 6-21 所示。

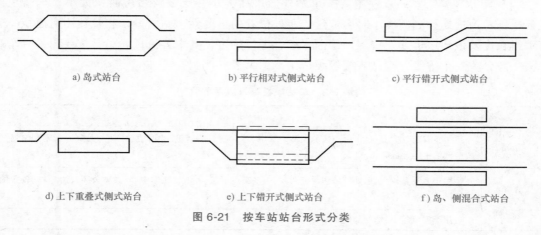

图 6-21　按车站站台形式分类

1) 岛式站台：站台位于上、下行行车线路之间。岛式站台特点是，岛式车站站台具有站台面积利用率高、能灵活调剂客流、乘客使用方便等优点，因此，一般常用于客流量较大的车站。有喇叭口（常用作车站设备用房）的岛式车站在改建扩建时，延长车站是很困难的。

2) 侧式站台：站台位于上、下行行车线路的两侧。侧式站台特点是，侧式车站站台面积利用率、调剂客流、站台之间联系等方面不及岛式车站，因此，侧式车站多用于客流量不大的车站及高架车站。当车站和区间都采用明挖法施工时，车站与区间的线间距相同，故无须喇叭口，减少土方工程量，改建扩建时，延长车站比较容易。

3）混合式站台：将岛式站台及侧式站台同设在一个车站内。

6.4.2　地铁车站平面设计

1. 地铁车站的组成

地铁车站由车站主体（站台，站厅，生产、生活用房），出入口及通道，通风道及地面通风亭等三大部分组成。车站主体是列车在线路上的停车点，其作用是供乘客集散、候车、换车及上下车，它又是地铁运营设备设置的中心和办理运营业务的地方。出入口及通道是供乘客进、出车站的建筑设施。通风道及地面通风亭的作用是保证地下车站具有一个舒适的地下环境。地下车站必须具备以上这三部分。高架车站一般由车站、出入口及通道组成。地面车站一般仅设车站和出入口。

2. 地铁车站建筑平面布局

在车站中心位置及方向确定后，根据车站所在地周围的环境条件、城市有关部门对车站布局的要求、选定的车站类型，合理地布设车站出入口、通道、通风道等设施，使乘客能够安全、迅速、方便地进出车站。同时还要处理地铁车站、出入口及通道、通风道及地面通风亭与城市建筑物、道路交通、地下过街道或天桥、绿地等的关系，使之相互协调统一。

6.4.3　地铁车站建筑设计

1. 车站

（1）车站规模　车站规模主要指车站外形尺寸大小、层数及站房面积大小。车站规模主要根据本站远期预测高峰小时客流量、所处位置的重要性、站内设备和管理用房面积、列车编组长度及该地区远期发展规划等因素综合考虑确定，其中客流量大小是重要因素。车站规模一般分为三个等级，车站规模等级适用范围见表6-2。

表6-2　车站规模等级适用范围

规模等级	适　用　范　围
一级站	适用于客流量大,地处市中心区的大型商贸中心、大型交通枢纽、大型集会广场,大型工业区及位置重要的政治中心地区各站
二级站	适用于客流量较大,地处较繁华的商业区、中型交通枢纽、大中型文体中心、大型公园及游乐场、较大的居住区及工业区各站
三级站	适用于客流量小,地处郊区各站

注：客流量特别大，有特殊要求的车站，其规模等级可列为特级站。

（2）车站功能分析　车站的建筑布置，应能满足乘客在乘车时对其活动区域内的各部位使用上的需要。

在进行车站建筑布置时，应合理组织人流路线，划分功能分区。其设计原则为：①乘客与站内人员路线分开；②进、出站客流要尽量避免交叉和相互干扰；③乘客购票、问讯及使用公用设施时，均不应妨碍客流通行；④换乘客流与进、出站客流路线分开；⑤当地铁与城市建筑物合建时，地铁客流应自成体系。

2. 站厅

站厅的作用是将出入口进入的乘客迅速、安全、方便地引导到站台乘车，或将下车的乘客同样引导至出入口出站。站厅层是上、下车的过渡空间，乘客在站厅内需要办理上、下车的手续。因此，站厅内需要设置售票、检票、问讯等为乘客服务的各种设施。站厅层内设有地铁运营设备用房、管理用房，具有组织和分配人流的作用。

站厅的位置：站厅的位置与人流集散情况、所处环境条件、车站类型、站台形式等因素有关。站厅的布置方式有以下 4 种：

1）站厅位于车站一端：常用于终点站，且车站一端靠近城市主要道路的地面车站。

2）站厅位于车站两侧：常用于侧式车站，客流量不大时采用此种布置方式。

3）站厅位于车站两端的上层或下层：常用于地下岛式车站及侧式车站站台的上层，高架车站站台的下层，客流量较大时采用此种布置方式。

4）站厅位于车站上层：常用于地下岛式车站和侧式车站，适用于客流量很大的车站。

6.4.4 地铁车站的结构形式

地铁车站的结构形式主要有明挖法施工的车站结构、盖挖法施工的车站结构、矿山法施工的车站结构、盾构法施工的车站结构。本章主要介绍明挖地铁车站的结构形式。

1. 地铁车站结构选形的原则和特点

1）地铁车站应根据车站规模、运行要求、地面环境、地质、技术经济指标等条件选用合理的结构形式和施工方法。

2）结构净空尺寸应满足建筑、设备、使用以及施工工艺等要求，还要考虑施工误差、结构变形和后期沉降的影响。

2. 明挖法施工的车站结构形式

明挖车站可采用矩形框架结构或拱形结构。车站结构形式的选择应在满足运营和管理功能要求的前提下，兼顾经济和美观，力图与城市建筑相协调。施工方法有整体式结构与装配式结构，在设计时要注意抗浮设计。

（1）矩形框架结构 矩形框架结构是明挖车站中采用最多的一种形式，根据功能要求有单层、双层、单跨、双跨、双层多跨等形式。在道路狭窄的地段，地铁车站也可以采用上、下线重叠结构。典型矩形框架车站的横断面如图 6-22 所示。

（2）拱形结构 明挖车站拱形结构一般用于站台宽度较窄的单跨单层或单跨双层车站，具有良好的艺术效果。白俄罗斯首都明克斯地铁东站采用了单拱车站，顶盖为变截面的无铰拱，地下连续墙作为主体结构的侧墙，变截面的底板与墙体铰接（图 6-23a）。图 6-23b 的莫斯科地铁车站是在拱形覆土较薄的车站采用的一种断面形式。结构由具有拱形顶板的变截面单跨斜腿刚架和平底板组成，墙脚与底板之间采用铰接，并在其外侧设有与底板整体浇筑的挡墙，用以抵抗刚架的水平推力。

3. 整体式结构与装配式结构

明挖车站根据其结构构件成形方法的不同可分为整体现浇结构、与围护墙组合的现浇结构、装配式结构和部分装配式结构，见表 6-3。

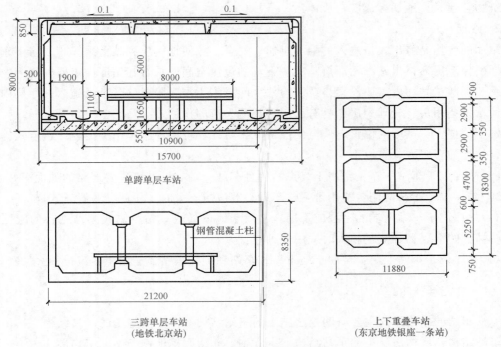

单跨单层车站

三跨单层车站
(地铁北京站)

上下重叠车站
(东京地铁银座一条线站)

图 6-22　明挖矩形框架车站

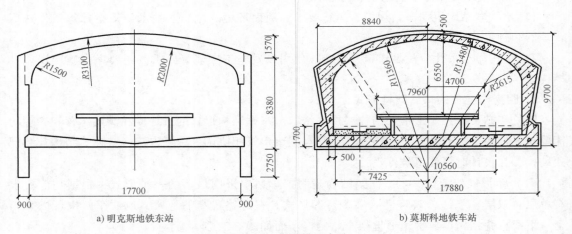

a) 明克斯地铁东站

b) 莫斯科地铁车站

图 6-23　明挖拱形车站

表 6-3　明挖地铁车站的成形方法

结构成形方法		使用的施工方法
整体现浇结构	1、2	1—放坡开挖
与围护墙组合的现浇结构	3	2—以钢板桩、工字钢、灌注桩、搅拌桩等作为基坑开挖的临时支护
装配式结构	1、2	3—以连续墙或灌注桩作为主体结构侧墙或侧墙的一部分
部分装配式结构	1、2、3	

　　现浇混凝土结构具有防水性和抗震性能好，能适应结构体系的变化，不需要大型起吊和运输设备的优点，在我国地铁工程中获得了广泛的应用；但也存在施工效率低，工程进度慢

等缺点。装配式结构施工速度快，但接头防水较薄弱，后来发展出一种底板和侧墙采用现浇构件，顶板和内部梁、板、柱等采用装配式构件的部分装配式结构。如图 6-24 所示为单拱全装配式车站，如图 6-25 所示为现浇与装配式结合的车站。

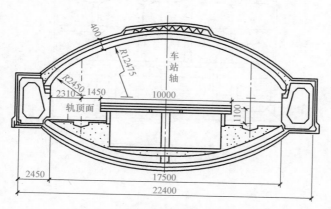

图 6-24 单拱全装配式车站

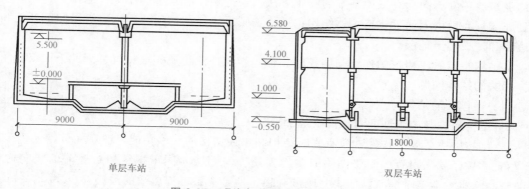

单层车站   双层车站

图 6-25 现浇与装配式结合的车站

4. 抗浮设计

明挖车站一般是高而宽的结构，当埋置于饱和含水的地层中，且顶板上覆土较薄时，浮力的作用不可忽视，主要表现在以下两个方面：

1）当浮力超过结构自重与上覆土重力之和时，结构整体失稳上浮。

2）导致结构底板等构件的应力增大。

明挖车站的结构设计，应就施工和使用的不同阶段进行抗浮稳定性检算，并按水反力的最不利荷载组合计算结构构件的应力。当不能满足要求时，可采取下列抗浮措施：

1）施工阶段。通常在施工阶段由于结构自重小且无覆土，难以满足抗浮稳定性要求，一般可采取以下措施：降低地下水位，减小浮力；在地层结构内临时充水或填砂，增加压重；在底板中设临时泄水孔，消除浮力；在地板下设置拉锚。当采用降低地下水位减压时，应避免引起周围地层下沉。

2）使用阶段。为了提高车站结构使用阶段的抗浮稳定性，可采取以下措施：增加结构厚度，在结构内部局部用混凝土填充，增加压重；在地板下设置拉锚；在地板下设置倒滤层。抗浮稳定安全系数，应结合各城市类似工程的实践经验，一般在 1.05～1.20 选用。

车站抗浮措施实例如图 6-26 所示。

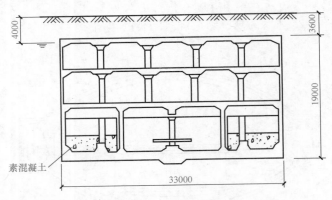

图 6-26　车站抗浮措施实例

5. 盖挖车站结构

盖挖法是在先开挖修建的顶盖和边墙保护下开挖修建，盖挖法施工的车站按基坑开挖与结构浇筑顺序的不同，有三种基本的施工方法：盖挖顺作法、半逆作法和逆作法。顺作法是挖到底部标高后由上而下建造主体结构；逆作法则是施作结构顶板后依次逐层向下开挖和修筑边墙和楼板直至地层。

从结构特点看，盖挖顺作法与明挖法相似，半逆作法与逆作法相近，因此下面仅介绍逆作法相关的结构问题。

（1）逆作法的结构特点

1）结构形式与施工期间对地面交通的要求关系密切。

2）结构的主要受力构件常兼有临时结构和永久结构的双重功能。

3）多跨结构需设置中间竖向临时支撑系统，与侧墙共同承担结构封底前的竖向荷载。中间竖向临时支撑系统的承载能力、刚度和稳定性是关系工程成败的关键。

4）大多数交汇于同一节点的各构件不同步施工，必须考虑它们之间的连接问题。

5）在基坑开挖和形成结构过程中，由于垂直荷载的增加和土体卸载的影响，将会引起边、中桩的沉降，因此必须根据上部框架结构抵抗不均匀沉降的能力及节点连接的精度要求，严格控制边、中桩的绝对沉降量及差异沉降量。

6）用逆作法施工的侧墙和立柱的混凝土施工缝，由于混凝土硬化过程中的收缩和自身下沉的影响，易出现裂缝，将对结构强度、刚度、防水性和耐久性产生不利影响，必须采用特殊施工方法和处理技术。

（2）逆作法结构设计的几个问题

1）结构形式。如图 6-27 所示为典型盖挖逆作法车站的横断面。上海地铁 1 号线常熟路站的地下连续墙既是基坑的侧壁支护，又是主体结构的侧墙，槽段之间采用十字钢板结构防渗抗剪，中间竖向临时支撑系统采用 H 型钢立柱和钢管打入桩基础。北京地铁 1 号线永安里站是我国首次采用桩墙组合结构作为车站永久结构的侧墙。天安门站边墙灌注桩和中间立柱均采用条形基础，不仅较常规方法缩短了桩长，避免了水下成桩的困难，而且减少了施工占路时间。比利时安特卫普地铁车站是在暗挖的导洞内用顶管法修建顶板和人工开挖边墙后，再用连续墙法修建地下水位以下的墙体。

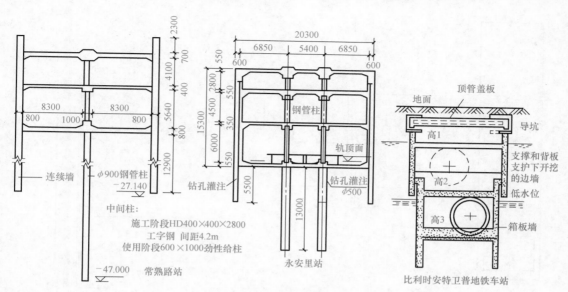

图 6-27　盖挖逆作法车站的横断面

2）侧墙。现代逆作地铁车站的重要特征之一，就是基坑的临时护壁与永久结构的侧墙合二为一或作为侧墙的一部分，多由地下连续墙或钻孔灌注桩与内衬墙组合而成。

表 6-4 中列出了我国采用逆作法施工的车站的侧壁支护或侧墙形式。如图 6-28 所示为连续墙十字钢板接头，如图 6-29 所示为桩墙组合结构侧墙的典型构造。

表 6-4　我国采用逆作法施工的车站的侧壁支护或侧墙形式

站名	结构形式	侧壁支护	临时支撑
常熟路站	双层双跨	一字型地下连续墙,十字钢板接头,墙厚 0.8m	顶板以下一道、站厅一道、站台层两道横撑
陕西南路站	双层三跨	一字型地下连续墙,十字钢板接头,墙厚 0.8m	顶板以下一道、站厅一道、站台层两道横撑
黄陂路站	双层三跨	一字型地下连续墙,钢板接头,墙厚 0.8m	顶板以下一道、站厅一道、站台层一道横撑
三山街站	双层三跨	一字型地下连续墙,圆形接头,墙厚 0.8m,预留 0.2m 厚内衬	站厅层一道、站台层两道横撑
永安里站	三层三跨	φ0.6m@1.0m 分离式钻孔灌注桩加 0.45m 厚内衬	站台层设锚杆一道
大北窑站	三层三跨	一字型地下连续墙,圆形接头,墙厚 0.6m,预留 0.2m 厚内衬	—
天安门车站	三层三跨	φ0.8m@2.0m 挖孔桩加 0.5m 厚内衬	—

3）中间竖向临时支撑系统。

① 设置的必要性。逆作法施工的地铁车站，施工期间竖向力的传递有两种方法：第一种是利用基坑两侧的挡墙传递竖向力，此时车站主体为一单跨结构；第二种是设置中间竖向临时支撑系统，与基坑两侧挡墙共同传递竖向力。实际工程多采用第二种方法。车站总宽较小，或设置中间竖向临时支撑系统不够经济（如底板以下软弱层很厚，持力层很深），或需

地下建筑结构设计

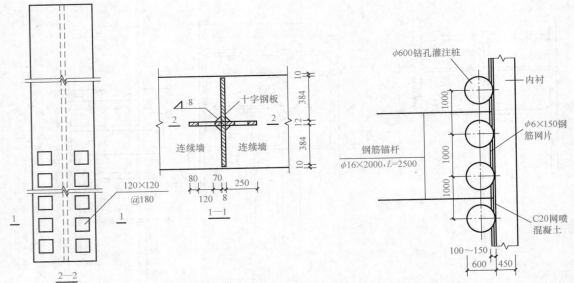

图 6-28　连续墙十字钢板接头　　　　　　　图 6-29　桩墙组合结构侧墙（永安里车站）

严格限制施工占路时间，必须尽快恢复路面时，可采用第一种方法。

　　② 系统的组成。中间竖向临时支撑系统由临时立柱及其基础组成。

　　③ 系统的设置方式。设置方式有三种，第一种方式是在永久柱的两侧单独设置临时柱；第二种方式是临时柱与永久柱合一；第三种方式是临时柱与永久柱合一，同时增设临时柱，如图 6-30 所示。

　　第一种方式多见于早期修建的逆作车站，临时立柱的布置及选型不受永久柱的制约，可以根据临时柱的承载能力灵活地调整其间距。优点是施工占路时间较短，且对临时柱施工精

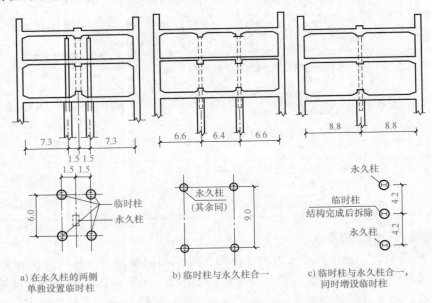

图 6-30　中间竖向临时支撑系统的设置方式（单位：m）

110

度的要求较低，但由于立柱的间距较密，构件较多，不仅给暗挖土方作业带来困难，而且增加了作业难度。

第二种方式在施工顶板前需在永久柱部位修建临时柱，临时柱兼作永久柱或永久柱的一部分。通常每根临时柱施工期间承受的竖向荷载高达 5000~6000kN 或更大，为把荷载顺利地传递给地基，并把地基沉降控制在结构变形允许范围之内，必须合理选定竖向临时支撑系统的形式、施工方法及施工机具，并严格控制施工精度。此种布置方式可以简化暗挖作业的施工程序，缩短工期并减少投资；随着施工技术水平的提高和施工机械的发展，目前已为大多数逆作法车站采用。

当柱的设计荷载很大时，可采用第三种方式。

我国已施工的逆作车站的中间竖向临时支撑系统，大部分采用了第二种方式。

4）临时立柱的选形。多采用钢管混凝土柱或 H 型钢柱。H 型钢柱与楼板梁的连接较简单，可作为宽度较窄的梁，且桩柱之间的空隙较大，有利于人工操作，但在强度、稳定性及柱下基础混凝土的浇筑等方面不如钢管柱，可在柱下桩直径较小时采用。

钢管混凝土柱可直接作为永久柱，H 型钢柱则作为永久柱的劲性钢筋。

5）柱下基础。柱下基础可采用条基或桩基。条基是在施工中柱前，在车站柱底部的暗挖小隧道内完成。柱下基础采用最多的是灌注桩；其中扩底桩具有承载能力高、可提高施工效率和节约混凝土用量等优点，在某些情况下还可避免桩身通过含水地层带来的施工困难。当地层特别软弱或为含水砂层、砂砾石等难以采用扩底桩时，可选用直桩；当成桩能力受到限制、灌注桩难以满足设计要求的承载能力时，可采用其他形式的桩，如钢管打入桩或异形桩等。上海地铁 1 号线的 3 座盖挖逆作车站，单桩设计轴力高达 6000~8000kN，若采用灌注桩，要求直径 1.2m、桩端贯入地表以下 60~80m，当时上海不具备这样的成桩能力，且施工质量难以控制。后采用钢管打入桩，不仅可以减小桩径和桩长，而且解决了桩底沉降控制及立柱就位对中时需要采取护壁措施，工人方能下到柱底的难题，省掉了清淤、柱底注浆、吊放钢筋笼及浇筑水下混凝土等项作业；钢管桩的缺点是用钢量大、废弃多且造价较高，城市中打桩的振动和噪声也受到严格限制。

■ 6.5　结构设计要点

6.5.1　地铁车站结构设计要点

下面以地铁车站设计为例，说明浅埋式地下结构的设计要点。地下商业街、地下停车场的设计要点可参考地铁车站，并和相关的规范规程结合进行设计。

根据《地铁设计规范》（GB 50157—2013）的要求，地铁地下结构的设计使用年限为 100 年，设计应以"结构为功能服务"为原则，满足城市规划、行车运营、环境保护、抗震、防水、防护、防腐蚀及施工等要求，做到结构安全、耐久、技术先进、经济合理。地铁车站主体结构按照《地铁设计规范》（GB 50157—2013）、《建筑结构荷载规范》（GB 50009—2012）、《混凝土结构设计规范》（GB 50010—2010）及《建筑结构可靠性设计统一标准》（GB 50068—2018）的规定和要求进行设计。地铁车站主体结构的受力明确，按照极限状态法设计，同时对地铁车站的抗震和耐久性设计也进行考虑。

目前，明挖地下结构使用阶段的受力分析有两种方法，即考虑施工过程影响的分析方法和不考虑施工过程影响的分析方法。前者视结构使用阶段的受力为施工阶段受力的继续，可以考虑结构从施工开始到长期使用的整个受力过程中应力和变形的发展过程；后者则是把结构施工阶段的受力与使用阶段的受力分开，分别进行计算，二者间的应力和变形不存在联系。计算结果表明：是否考虑施工过程对框架结构使用阶段受力的影响，对计算结构有较大影响。考虑施工过程影响的分析方法虽然计算较繁杂，但能较好地反映使用阶段的结构受力对施工阶段受力的继承关系，以及结构实际的受力过程，且配筋一般比较经济。对于地铁工程，在初步设计阶段选择结构断面时，可不考虑施工过程影响，在施工图设计阶段，宜采用考虑施工过程影响的分析方法。

1. 荷载

（1）地铁车站荷载分类及取值 作用在地下结构上的荷载，可按表 6-5 进行分类，根据规范要求及工程经验，常见作用在地铁车站主体结构上的荷载参数见表 6-6。

表 6-5 荷载分类

荷载分类	荷载名称	荷载分类	荷载名称
永久荷载	结构自重	可变荷载	地面车辆荷载及其动力作用
	地层压力		地面车辆荷载引起的侧向土压力
	结构上部和破坏棱体范围内的设施及建筑物压力		地铁车辆荷载及其动力作用
	水压力及浮力		人群荷载
	混凝土收缩及徐变影响		温度变化影响
	预加应力		施工荷载
	设备重力	偶然荷载	地震作用
			沉船、抛锚或河道疏浚产生的撞击力等灾害性荷载
	地基下沉影响		人防荷载

注：1. 设计中要求计入的其他荷载，可根据其性质分别列入上述三类荷载中。
    2. 本表中所列荷载未加说明时，可按国家现行有关标准或实际情况确定。

表 6-6 地铁车站主体结构计算常用荷载参数

荷载种类	荷载取值
地面超载	地面车辆及施工堆载引起的荷载取 20kPa，盾构井处不应小于 30kPa
覆土荷载	根据地质报告的土层力学参数和最大厚度计算
侧向土压力	施工阶段：主动及被动土压力；使用阶段：静止土压力
人群荷载	楼面人群荷载 4kPa
设备荷载	8kPa，超过 8kPa 按设备实际重力和运输路线考虑
地下水及浮力	考虑地下水位的最不利组合（最高或最低水位）
中板铺装层荷载	折算为 5kPa
吊顶及设备管线荷载	折算为 2kPa（0.6kPa+1.4kPa）
地震设防烈度	按当地地震设防等级考虑
人防荷载	按人防设防等级考虑

（2）荷载取值说明 结合规范要求及工程设计实际，对一些荷载参数取值进行说明如下：

1）当轨道铺设在结构底板上时，一般说来，地铁车辆荷载对结构应力影响不大（或对车站结构受力有利），可略去不计地铁车辆荷载及其动力作用的影响。

2）直接承受地铁车辆荷载的楼板等构件，应按地铁车辆的实际轴重和排列计算其产生的竖向荷载作用，并应计入车辆的动力作用，同时尚应按线路通过的重型设备运输车辆的荷载进行验算。

3）地面车辆荷载及其冲力一般可简化为与结构埋深有关的均布荷载，但覆土较浅时应按实际情况计算。在道路下方的浅埋暗挖隧道，地面车辆荷载可按 10kPa 的均布荷载取值，并不计动力作用的影响。

4）作用在地下结构上的水压力，应根据施工阶段和长期使用过程中地下水位的变化，以及不同的围岩条件，分别按规定计算：①水压力可按静水压力计算，并应根据设防水位以及施工阶段和使用阶段可能发生的地下水最高水位和最低水位两种情况，计算水压力和浮力对结构的作用；②砂性土地层的侧向水、土压力应采用水土分算；③黏性土地层的侧向水、土压力，在施工阶段应采用水土合算，使用阶段应采用水土分算。

5）竖向地层压力应按下列规定计算：明、盖挖法施工的结构宜按计算截面以上全部土柱重力计算；土质地层采用暗挖法施工的隧道竖向压力，宜根据所处工程地质、水文地质条件和覆土厚度，并结合土体卸载拱作用的影响进行计算；浅埋暗挖车站的竖向压力按全土柱计算；竖向荷载应结合地面及临近的任何其他荷载对竖向压力的影响进行计算。

6）水平地层压力按下列规定计算：明挖结构长期使用阶段或逆作法结构承受的土压力宜按静止土压力计算；荷载计算应计及地面荷载和破坏棱体范围的建筑物，以及施工机械等引起的附加水平侧压力。

（3）荷载种类的选取　荷载的选择和取值与地铁车站的阶段（设计状况）有很大关系，如施工阶段和使用阶段的荷载选择不同，而且与车站的形式与部位、施工期间结构体系的变化、不同阶段对应荷载的形式都有关系，通常要选取几种代表性的设计状况进行计算和验算。地下结构应考虑下列施工荷载之一或可能发生的组合设计：设备运输及吊装荷载、施工机具荷载、地面堆载、邻近隧道开挖的影响、盾构法施工时千斤顶的推力；注浆所引起的附加荷载；盾构机及其配套设备的重力；沉管托运、沉放和水力压接等荷载。

（4）极限状态及荷载组合　在进行地铁车站荷载组合及确定组合系数时，要符合《地铁设计规范》（GB 50157—2013）、《建筑结构可靠性设计统一标准》（GB 50068—2018）、《混凝土结构设计规范》（GB 50010—2010）、《建筑结构荷载规范》（GB 50009—2012）的规定。

2. 主体结构计算理论与方法

（1）明挖结构计算方法　作用在明挖结构底板上的地基反力的大小及分布规律，依结构与基地地层相对刚度的不同而变化。当地层刚度相对较软时，多接近于均匀分布；在坚硬地层中，多集中分布在侧墙及柱的附近；介于二者之间时，地基反力则呈马鞍形分布。明挖法施工的结构宜按底板支承在弹性地基上的结构物计算，并计入立柱和楼板的压缩变形、斜托和支座宽度的影响。

计算中应注意两点：

① 底板的计算弹簧反力不应大于地基的承载力，所以对于软弱地层，需通过多次计算才能取得较为接近实际的反力分布。

② 底板的地基弹簧不能受拉。

当围护墙作为主体结构使用时,可在底板以下的围护墙上设置分布水平弹簧,并在墙底假定设置集中竖向弹簧,以分别模拟地层对墙体水平变位及竖向变位的约束作用,此时计算得到的墙趾竖向反力不应大于围护墙的垂直承载力。

地下结构应进行横断面方向的受力计算,遇下列情况时,尚应进行纵向强度和变形计算:

1)覆土荷载沿其纵向有较大变化时。

2)结构直接承受建筑物、构筑物等较大局部荷载时。

3)地基或基础有显著差异,沿纵向产生不均匀沉降时。

4)沉管隧道。

5)地震作用下的小曲线半径的隧道、刚度突变的结构和液化对稳定有影响的结构。

6)当温度变形缝的间距较大时,应计及温度变化和混凝土收缩对结构纵向的影响。

(2)明挖结构计算简图 由于围护结构与主体结构之间的结合形式不同,因此应根据所设计的车站围护结构形式采取不同计算图示。各种结构的具体计算图示由于使用的计算软件或计算习惯不同,所以实际采用的土弹簧的设置方向及设置范围、是否考虑围护结构、围护结构在模型中的设置高度等方面有一定差异。

某较为常见的复合墙结构明挖地铁车站结构计算简图如图 6-31 所示,其他形式的明挖车站结构计算图示应在此基础上进行相应的修正。也可根据该计算简图,结合所采用的计算软件的特点,局部做合理调整和变化用于主体结构的计算。

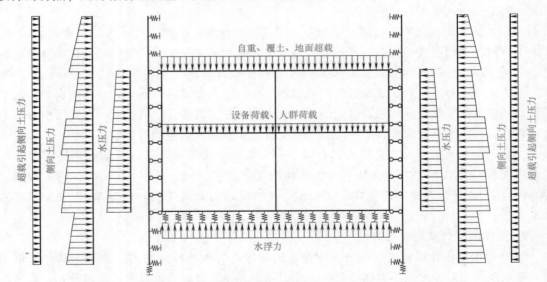

图 6-31 复合墙结构明挖地铁车站结构计算简图(使用阶段)

对该如图 6-31 所示的计算简图几点说明如下:

1)采用复合墙形式时,也应考虑在使用期内围护结构的材料劣化影响,一般情况下围护结构可按刚度折减到 60% ~ 70% 后与内衬墙共同承载。

2)围护结构底端处的约束,可通过水平弹簧和竖向弹簧进行约束,以分别模拟地层对墙体水平变位及竖向变位的约束作用。

3）应模拟抗浮措施，以获得结构考虑抗浮措施之后的实际受力情况，抗浮桩方式应在主体结构底板中心点处限制竖向的位移；压梁方式应在主体结构顶板两侧限制其竖直方向上的位移。这两种方式，也会导致结构中内力分布有差异，如抗浮桩方式使得底板中心弯矩向下偏移较为明显。

4）对弹簧的处理：结构底板、围护墙体与主体结构侧墙重合部位处的弹簧应设置成仅受压的弹簧，因为结构与土仅为单面接触，一旦脱开肯定要取消弹簧，否则与实际不符。

5）在垂直方向上由于水平侧向土压力在土层分界处可能存在数值上的不连续性，为比较准确模拟和加载分层土压力，应在围护结构和主体结构对应的土层分界点处设置节点，以便进行侧压力的加载。

3．平面问题简化计算方法

地铁车站通过顶板将竖向面荷载和几种荷载转化为线荷载传递给纵梁，通过纵梁再把线荷载转化成集中荷载和弯矩传递给柱，再由柱将荷载传递给底板纵梁，进而转化为底板的面荷载传递给地基，完成竖向荷载的传递。地铁车站一般为长通道结构，其横向尺寸远小于纵向尺寸，在现行的地铁车站设计中一般简化为平面问题求解。目前通常采用两种简化方法：一种是参照民用建筑中无梁楼板的设计方法，即等代框架法；另一种是刚度等效法。

（1）等代框架法　等代框架法就是取纵向一个柱跨 l 范围内的各层梁板、侧墙与立柱，组合为平面框架，忽略纵梁的作用，在求出各等代构件的内力后，将等代框架的计算弯矩以板带分配系数进行分配见表 6-7，确定各板带的内力，板带划分示意图如图 6-32 所示。板带分为跨中板带和柱上板带，根据分配以后的内力结果分别进行配筋。

表 6-7　等代框架梁弯矩板带分配系数

截　　面		柱上板带	跨中板带
内跨	支座截面负弯矩	0.75	0.25
	跨中截面正弯矩	0.55	0.45
边跨	第一内支座截面负弯矩	0.75	0.25
	跨中正弯矩	0.55	0.45
	边支座截面负弯矩	0.90	0.10

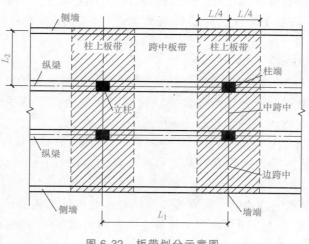

图 6-32　板带划分示意图

在初步设计阶段，可不考虑板带的划分，按柱跨内同一构件中的内力沿纵向为等值来考虑以简化计算。在配筋计算时，将计算所得到的板、墙内力值除以柱跨 l，换算得到单位长度的板、墙内力值。一个柱跨长度内的荷载全部由单根柱承受，柱子的内力值直接用于配筋计算。

（2）刚度等效法　由于地铁车站的长度远大于其宽度，刚度等效法将其作为平面应变问题来考虑，故框架结构沿纵向取一延米进行计算。由于中立柱在纵向上的不连续性，将柱按照刚度等效的原则换算为"中隔墙"进行计算。然后以等效的墙厚代替柱来进行平面框架有限元计算，所求得的"墙"内力即为柱的内力，以此来进行配筋及强度验算。采用此方法时，对板、墙直接以计算所得的内力值进行配筋，而对柱则要将柱的计算内力值乘以柱跨 l 之后再进行配筋。

抗压刚度等效原则就是换算截面应和圆截面面积相等，比如假定柱的截面为圆形，则等效的墙厚计算公式为

$$\frac{\pi d^2}{4} = bl \Rightarrow b = \frac{\pi d^2}{4l} \tag{6-1}$$

式中　d——柱的直径；

　　　l——柱距；

　　　b——等效墙厚。

（3）平面简化方法的局限性　等代框架法和刚度等效法目前虽然得到了广泛的应用，但它们的问题在于：将纵梁和板、柱分离开来进行计算，使得整个结构的变形协调条件不能得到满足，导致板、纵梁内力与实际不符。

等代框架法在考虑弯矩分配系数时，该弯矩分配系数是针对无梁板结构的，而建筑工程等规范中没有与上述地铁结构相适应的条文可供参考。

刚度等效法把柱等效为墙，其不足在于等效过程不能同时满足竖向受压变形刚度和平面内受弯刚度相等。人为地强制性等效破坏了结构的总体变形协调条件，其结论必然存在一定的差异。另外，平面简化不能反映车站的交叉节点和侧墙开洞处的实际几何特性和受力状态，其计算结果的准确性不能满足结构设计的要求，作为设计依据时应慎重考虑。

综上所述，平面简化计算方法是一种近似的计算方法。由于影响板带内力分布的因素较多，而结构形式又复杂多变，目前尚无针对类似结构的规范规定，宜采用空间计算分析方法。

4. 明挖结构计算要点

明挖地铁车站目前计算模型多采用"荷载-结构"模型，相关计算软件种类较多，包括 SAP2000、ANSYS 等软件。此处仅结合数值计算说明明挖地铁车站平面计算模型的设置要点，具体的建模过程可参见不同计算软件的教程及资料。

（1）平面计算基本假定

1）将组成结构的各段梁柱分成梁单元，各单元之间以节点相连，单元长度取纵向 1m 计算。

2）用布置于各节点上的弹簧单元来模拟地层与车站主体结构的相互约束，底板弹簧刚度大小取所在土层垂直基床系数与相邻两弹簧之间的距离的乘积，侧墙弹簧刚度大小取所在土层水平基床系数与相邻两弹簧之间的距离的乘积；假定弹簧不承受拉力（需要反复试算

调整），弹簧受压时的反力即为围岩对底板的弹性抗力。

3）对于采用复合墙形式的支护结构，支护结构与内衬结构之间的传力采用受压链杆（二力杆）模拟。受压链杆仅传递压力，不承受弯矩、剪力与拉力，当受压链杆受拉时应取消此杆重新计算。此外，根据计算经验，压杆的弹性模量数量级为 $10^{15} \sim 10^{17}$ 时能较好地保证围护结构与主体结构的变形的协调和连续性。

4）开挖与回填阶段迎土面采用主动土压力，使用阶段为静止土压力。

（2）纵梁的计算方法　纵梁的平面计算方法目前有两种：按多跨连续梁或多跨连续框架计算，两种计算方法的结果（弯矩图）示例如图 6-33 所示。

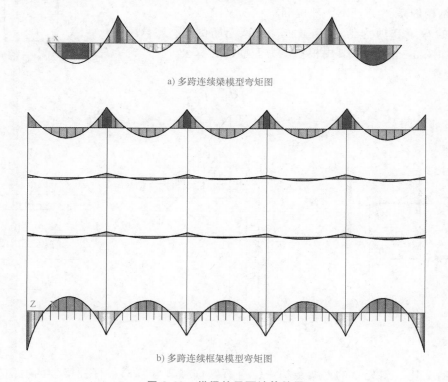

a) 多跨连续梁模型弯矩图

b) 多跨连续框架模型弯矩图

图 6-33　纵梁的平面计算结果

1）纵梁荷载计算方法：当采用等效刚度法时，可将计算所得的柱子最大轴力除以纵向框架的跨长作为均布荷载；常见的方法是取纵梁两侧各半跨板上所受的荷载（包括板重）作用到梁上，其中底梁采用倒梁法（假定底梁所受地基反力为均匀分布，与竖向作用在地基上的荷载等值）进行受力分析。

2）纵梁建模跨长：纵梁可取 5 跨或全长进行计算，如果取 5 跨计算时，计算配筋的内力值应取为中跨的内力值（边跨的内力值可能失真）。

（3）节点刚域及弯矩调幅　当框架构件截面相对其跨度较大时，梁柱连接处会形成相对刚性的节点区域，节点中的实际内力分布如图 6-34 所示，此时应考虑截面尺寸的影响。一般采用带有刚域的杆件对刚架计算简图进行修正。影响构件刚域长度的因素包括梁柱刚度比、梁的高跨比、柱的线刚度以及节点形式等。

节点刚域使得构件局部刚度加大，因此对结构的刚度有一定影响，同时对构件内力设计值选用也有一定影响，尤其是在构件截面尺寸较大时。为充分发挥钢筋混凝土结构的塑性承载能力并使得配筋经济，在实际的设计中应进行适度的调幅（对支座弯矩），将负弯矩区计算理论值削峰或调幅后进行配筋计算，正弯矩区计算理论值调幅后进行配筋计算。在我国颁布的《钢筋混凝土连续梁和框架梁考虑内力重分布设计规程》（CECS 51—1993）对弯矩调幅进行了说明。

框架结构的角隅（斜托）部位和梁柱交叉节点处选取正确的弯矩和剪力值进行配筋。计算配筋的弯矩、剪力如图 6-35 所示，其中根据剪力配筋的计算公式为

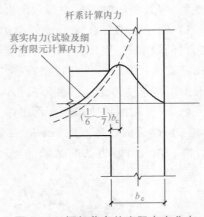

图 6-34　框架节点处实际内力分布

$$Q_{配} = Q_{计} - qb/2 \tag{6-2}$$

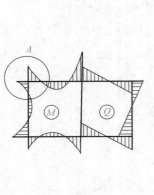

a) 内力图

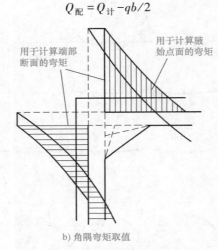

b) 角隅弯矩取值

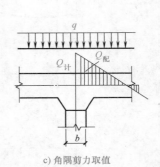

c) 角隅剪力取值

图 6-35　计算配筋弯矩和剪力

在设有支托（斜托）的框架结构中，进行截面强度验算时，杆件梁端的截面计算高度采用 $d+S/3$（图 6-36），其中 d_1 为截面的高度，S 为平行于构件轴线方向的支托长度。同时，$d+S/3$ 的值不得超过杆件端截面的高度 d_1，即

$$d+S/3 \leqslant d_1 \tag{6-3}$$

框架的顶板、底框、侧墙均按偏心受压构件验算截面强度进行配筋。

（4）控制截面选取　配筋计算时需要选取结构的危险截面处的内力（M、V、N）进行配筋设计，一般情况下，地铁车站横断面的危险截面选取位置如图 6-37 所示，柱子采用最大轴力进行配筋设计。配筋及构造规定见《混凝土结构设计规范》（GB 50010—2010）的相关规定。

6.5.2　地铁结构设计的构造要求

1. 一般规定

《地铁设计规范》（GB 50157—2013）规定，混凝土的原材料和配比、最低强度等级、

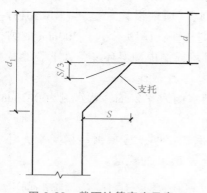

图 6-36　截面计算高度示意

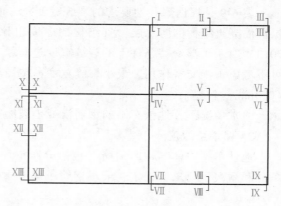

图 6-37　危险截面图示

最大水胶比和单方混凝土的水泥用量等应符合耐久性要求，满足抗裂、抗渗、抗冻和抗侵蚀的需要。一般环境条件下的混凝土设计强度等级不得低于表 6-8 的规定。

表 6-8　一般环境条件下的明挖地下结构混凝土最低设计强度等级

施工方法	结构类型	混凝土设计强度等级
明挖法	整体式钢筋混凝土结构	C35
	装配式钢筋混凝土结构	C35
	作为永久结构的地下连续墙和灌注桩	C35

注：一般环境条件指现行国家标准《混凝土结构设计规范》（GB 50010—2010）环境类别中的一类和二 a 类。

普通钢筋混凝土和喷锚支护结构中的钢筋及预应力混凝土结构中的非预应力钢筋应按下列规定选用：

1）纵向受力钢筋宜采用 HRB400、HRB500、HRBF400、HRBF500 钢筋，也可采用 HPB300、HRB335、RRB400 钢筋。

2）梁、柱纵向受力钢筋应采用 HRB400、HRB500、HRBF400、HRBF500 钢筋。

3）箍筋宜采用 HRB400、HRBF400、HPB300、HRB500、HRBF500 钢筋，也可采用 HRB335、HRBF335 钢筋。

2. 最大计算裂缝宽度允许值

处于一般环境中的普通钢筋混凝土地下结构，按荷载准永久组合并考虑长期作用影响计算时，构件的最大计算裂缝宽度允许值，可按表 6-9 的数值进行控制；处于冻融环境或侵蚀环境等不利条件下的结构，其最大值裂缝宽度允许值应根据具体情况另行确定。

表 6-9　最大计算裂缝宽度允许值　　　　　　　（单位：mm）

结构类型		允许值	附　注
盾构隧道管片		0.2	—
其他结构	水中环境、土中缺氧环境	0.3	—
	洞内干燥环境或洞内潮湿环境	0.3	环境相对湿度为 45%～80%
	干湿交替环境	0.2	—

注：1. 当设计采用的最大裂缝宽度的计算式中的保护层的实际厚度超过 30mm 时，可将保护层厚度的计算值取为 30mm。

2. 厚度不小于 300mm 的钢筋混凝土结构可不考虑干湿交替作用。

地下建筑结构设计

表6-9是根据耐久性要求的裂缝宽度允许值，考虑到地铁地下结构基本均设置了有利于保护混凝土结构的防水层，且结构的厚度也比较大，因此《地铁设计规范》（GB 50157—2013）对于干湿交替条件下的裂缝宽度进行了有条件放宽，即：厚度不小于300mm 的结构可不考虑干湿交替作用，最小裂缝宽度可按照洞内干燥环境或洞内潮湿环境条件下裂缝宽度（0.3mm）控制。

通常情况下，地铁车站的钢筋混凝土裂缝宽度限值迎水侧为 0.2mm，背水侧为 0.3mm。

3. 保护层厚度

地铁车站主体结构的钢筋（包括分布钢筋）混凝土保护层厚度应根据结构类别、环境条件和耐久性要求等确定，最小钢筋净保护层厚度应符合表6-10的规定。

表 6-10　一般环境作用下混凝土结构构件最小钢筋净保护层厚度　　（单位：mm）

结构类别	地下连续墙		灌注桩	明挖结构					钢筋混凝土管片		矿山法施工的结构		
				顶板		楼板	底板				初支或喷锚衬砌		二衬
	外侧	内侧		外侧	内侧		外侧	内侧	外侧	内侧	外侧	内侧	
保护层厚度	70	70	70	45	35	30	45	35	35	25	40	40	35

注：1. 顶进法和沉管法施工的隧道主筋的保护层厚度可采用明挖结构的数值。

2. 矿山法施工的结构当二衬的厚度大于 500mm 时主筋的保护层厚度应采用40mm。

3. 当地下连续墙与内衬组成叠合墙时，其内侧钢筋的保护层厚度可采用50mm。

4. 配筋率要求

《地铁设计规范》（GB 50157—2013）规定：明挖法施工的地下结构周边构件和中楼板每侧暴露面上的分布钢筋的配筋率，不宜低于 0.2%，同时分布钢筋的间距也不宜大于150mm。当混凝土强度等级大于 C60 时，分布钢筋的最小配筋率宜增加 0.1%。钢筋混凝土结构构件中纵向受力钢筋的配筋率见《混凝土结构设计规范》（GB 50010—2010）规定。

根据工程设计经验，一般情况下地铁车站结构板、墙的配筋率为 0.3%～0.8%（单筋）；梁的配筋率为 0.6%～1.5%（单筋），当实际配筋做成双筋梁时，配筋率基本控制在 1.0%～1.5%；柱的配筋率不宜大于 5%。一般地铁车站构件，最大配筋率约为 2.4%，最小配筋率为 0.25%。

另外，在地铁车站设计中，为避免钢筋种类较多造成施工中混用或误用，通常应尽量采用统一规格的钢筋（但也应满足规范中关于钢筋间距的要求）。受力钢筋直径一般采用20mm 以上，而且同一个断面中，受力钢筋不宜超过 3 种，直径相差宜大于 4mm。

5. 明挖法施工车站构件的选择

明挖地铁车站结构由底板、侧墙及顶板等围护结构以及楼板、梁、柱等内部构件组合而成。它们主要用来承受施工和运营期间的内、外部荷载，提供地铁必需的使用空间，同时也是车站建筑造型的有机组成部分。构件的形式和尺寸将直接影响车站内部的使用空间和管线布置等，所以必须综合考虑受力、使用、建筑、经济和施工等因素合理选定。

（1）顶板和楼板　顶板和楼板可采用单向板（梁式板）、井字梁式板、无梁板或密肋板等形式。井字梁式板和无梁板可以形成美观的顶棚和建筑造型，但造价较高，所以只有在板下不走管线时方可考虑采用。

1）单向板（梁式板）：多将板支承在与车站轴线平行的纵梁和侧墙上，单向受力。这种结构方案具有施工简单，省模板，可以利用底板至梁底的空间沿车站纵向布置管线，结构的总高度较小等优点，故在明挖地铁车站中广泛应用。

纵梁除采用T形梁外，为便于横向穿管或满足建筑需要，也可采用十字梁或反梁等形式。装配式车站的顶梁多采用倒T形梁。

2）井字梁式板：板由纵横梁方向高度相等的梁所支承，双向受力，故板厚可以减小。为使结构经济合理，两个方向梁的跨度宜接近相等，一般为6~7m。井字梁式板由于造价较高，仅在地铁车站中荷载较大的顶、楼板或因施工特别需要时被采用。

3）无梁板：将板直接支承在立柱和侧墙上，传力简捷、省模板，但板的厚度较大，且用钢量较多。图6-38所示为整体式无梁板式车站横断面实例。柱帽是无梁板的重要部件，用以提高板的刚度并改善其受力，同时又是车站装饰的组成部分，多为喇叭口形。

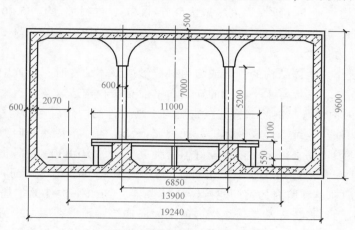

图6-38　整体式无梁板式车站

4）密肋板：具有质量小、材料用量较小等优点。包括单向密肋板和双向密肋板，肋的间距在1m左右，多用于装配式结构的顶板，如图6-39所示。

（2）底板　底板主要按受力和功能要求设置，采用以纵梁和侧墙为支承的梁式板结构，有利于整体道床和站台下纵向管道的敷设。埋置于无地下水的岩石地层中的明挖车站，可不设置受力底板，但铺底应满足整体道床的使用要求。

（3）侧墙　当采用放坡开挖或用工字形钢柱、钢板桩等作基坑的临时护壁时，侧墙多采用以顶、底板及楼板支承的单向板，装配式构件也可采用密肋板。

当采用地下连续墙或钻孔灌注桩护壁时，可以利用连续墙或护壁作为主体结构

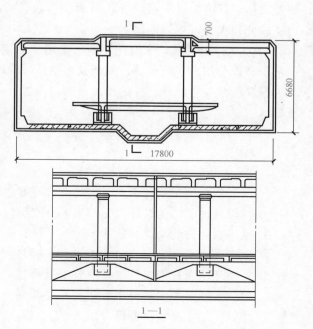

图6-39　装配式密肋式车站

侧墙的一部分或全部。这种情况下的侧墙，视场地土质条件的不同，基本可分为两大类：一类是由灌注桩与内衬墙组成的桩墙结构，另一类是地下连续墙或地下连续墙与内衬墙组成的结构。在无水地层中，可选用分离式灌注桩；在保证桩间土稳定（必要时可施作混凝土层）的前提下，选择较大的桩径从而采用较大的桩距比较经济。当有地下水时，可结合注浆形成止水帷幕或改用相互搭接的灌注桩。但在饱和软土或流沙地层中，从提高围护结构的强度、刚度、止水性和保护环境等方面考虑，尤其当挖深超过 10m 时，多采用地下连续墙。

侧壁支护与内衬墙之间的构造视传力方式的不同，可有两种处理方法：

1）复合式结构：当侧壁支护与内衬墙之间需要敷设防水夹层时，为了保证防水效果，在支护和内衬之间、支护与板之间一般不用钢筋拉结。内衬墙的作用主要是承受地铁使用期间的水压力，并为车站提供光洁的内表面，在地下水位高的地层中，内衬墙较厚。

2）叠合式结构：地下连续墙厚度一般为 0.6~0.8m，内衬墙厚 0.35~0.40m，通过对连续墙的凿毛、清洗，当连续墙与内衬结合面的剪应力超过 7MPa 时，尚需在二者之间设置拉结钢筋从而保证剪力传递。

当连续墙直接作为主体结构的侧墙或与内衬墙形成整体结构时，设计中需要考虑前期修建的连续墙与顶、楼、底板等水平构件的连接，一般有两种构造方案：

① 在连续墙内预埋弯起钢筋，将其扳直后与水平构件的内外层主筋搭接（或焊接），浇筑混凝土后水平构件与连续墙连成一体，并通过墙上预留的凹槽传递竖向剪力。为了防止钢筋弯折时脆断，预埋钢筋必须采用韧性较好但其强度较低的 HPB300 级钢筋，且直径不宜太大、间距不能太小（一般选用直径小于 22mm，间距大于 150mm 的单排筋）。

② 通过事先埋在连续墙内的钢筋连接器（接驳器）与水平构件的主筋连接。接驳器实际为一套管，内腔为锥形，一端与连续墙内的锚固筋连接，预埋在墙内，另一端加保护帽后露在墙上预先设置的凹槽内，基坑开挖后，打开保护帽即可方便地将头部车有锥螺纹的水平筋旋入接驳器内。由于接驳器能可靠地传递拉力，并通过墙上预留的凹槽共同传递竖向剪力，故此种接头可视为刚接。

（4）立柱 明挖车站的立柱一般采用钢筋混凝土结构，可采用方形、矩形、圆形或椭圆形等截面。按常规荷载设计的地铁车站站台的柱距一般取 6~8m。当车站与地面建筑合建或为特殊荷载控制设计，柱的设计荷载很大时，可采用钢管混凝土柱或劲性钢筋高强度混凝土柱。

【思考题】

1. 浅埋式结构是指什么？其结构形式有哪些？

2. 浅埋式地下结构设计步骤和内容分别包括哪些？

3. 地下商业街的功能有哪些？

4. 地下商业街的平面组合方式主要有哪些？

5. 地下停车场柱网选择的基本要求有哪些？其柱网形式有哪些？

6. 地铁车站按不同的分类方式有哪些类型？

7. 地铁车站主要由哪些部分组成？

8. 地铁车站站厅的作用是什么？站厅的布置方式有哪些？

9. 地铁车站结构选型的原则和特点是什么？

10. 明挖结构的计算方法是什么？计算中应注意什么？

11. 什么是等代框架法？什么是刚度等效法？

12. 明挖结构的计算要点有哪些？

13. 明挖法施工车站构件主要有哪些形式？

【计算题】

一双跨对称的框架的几何尺寸及荷载如图 6-40 所示。底板厚度 0.5m 材料的弹性模量 $E = 2.0 \times 10^7 \text{kN/m}^2$，地基的弹性模量 $E_0 = 5000 \text{kN/m}^2$。设为平面变形问题，绘出框架弯矩图。

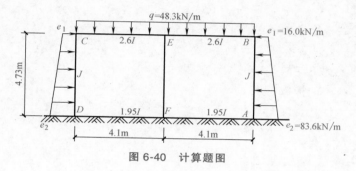

图 6-40　计算题图

第 7 章　附建式地下结构设计

【学习目标】

1. 掌握附建式地下结构的结构形式与特点；
2. 熟悉梁板式地下结构的设计内容；
3. 熟悉附建式地下结构基础的设计过程；
4. 熟悉口部结构的构造要求。

■ 7.1　概述

7.1.1　地下室的类别

多层和高层建筑物需要较深的基础，为利用这一高度，在建筑物底层下建造地下室，既可增加使用面积，又可减少回填土的量，较为经济。在房屋底部建造地下室，可以提高建筑用地效率。一些高层建筑基地埋深很大，充分利用这一深度来建造地下室，其经济效果和使用效果俱佳。

人民防空工程也称为人防工事，是指为保障战时人员与物资掩蔽、人民防空指挥、医疗救护而单独修建的地下防护建筑，以及结合地面建筑修建的战时可用于防空的地下室。人防工程是防备敌人突然袭击，有效地掩蔽人员和物资，保存战争潜力的重要设施。

普通地下室是为稳定地上建筑物或实现某种用途而建的，没有防护要求。作为人防工程的防空地下室，是根据人防工程防护要求专门设计的。二者有以下的不同点：

1）人防地下室顶板、侧墙、底板都比普通地下室更厚实、坚固，除承重外还有一定抗冲击波和常规炸弹爆轰波的能力。

2）人防地下室结构密闭，有滤毒通风设备，有防化学、生物战剂的设备和能力，而普通地下室没有。

3）人防地下室的抗震能力要比普通地下室强。

4）人防地下室有室外安全进出口，普通地下室没有。

7.1.2　附建式地下结构特点

为了保证平战结合的原则，要根据本地区的城市建设规划、人防建设规划和工程特点，会同有关部门进行分析、研究，制定出平时使用的方案。在平面布置、采暖通风、防潮除湿、采光照明等方面采取相应的措施，恰当地处理战时防护和平时利用的矛盾。在不过多增加工程造价的情况下，尽量为平时利用创造必要的条件。例如：一方面为了平时利用，可以在外墙上开设通风采光洞，另一方面为了战时防护又要限制开洞的面积，并且采取加强、封闭等措施；一方面为了平时利用，允许防空地下室顶板底面高出室外地面，另一方面为了保证防护，又限制高出的高度，并且在临战前要进行覆土（图 7-1）；一方面为了平时利用而要求没有内墙的大空间，可以采用板柱结构，

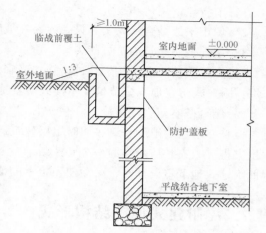

图 7-1　附建式防空地下室结构

另一方面为了承受战时较大的荷载，要对柱距加以限制；此外，某些内墙可在平时暂时不砌筑而在临战前再行补砌等。

由于防空地下室容易做到平战结合，它是城市人防工程建设中较有发展前途的一种类型，而且，便于提供恒温、安静、清洁的环境，在未来现代化城市建设中也将会充分发挥它的作用。如果遇到下列的情况，则更应优先考虑修建防空地下室：

1）低洼地带需进行大量填土的建筑。

2）需要做深基础的建筑。

3）新建的高层建筑。

4）人口密集、空地缺少的平原地区建筑。

附建式普通地下室是普通的地下空间，一般按照地下楼层进行设计，可用以满足多种建筑功能的要求，如储藏、办公、居住等（图 7-2）。

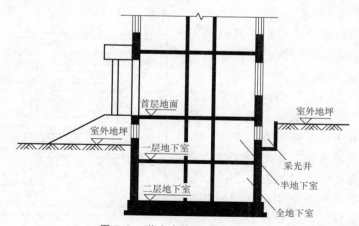

图 7-2　附建式普通地下室结构

附建式地下结构是整个建筑物的一部分，也是防护结构的一种形式，它既不同于一般地下室，也不同于单建式地下结构，由于防空地下室附建于上部建筑的下面，因此它成为地面建筑的一部分，可以结合基本建设进行构筑。具有以下优点：

1）节省建设用地和投资。

2）便于平战结合，人员和设备容易在战时迅速转入地下。

3）增强上层建筑的抗震能力。

4）上部建筑对战时核爆炸冲击波、光辐射、早期核辐射以及炮（炸）弹有一定的防护作用；附建式防空地下室造价比单建式防空地下室低。

5）结合基本建设同时施工，便于管理，同时也便于使用过程中的维护。

但是，附建式地下建筑在战时上层建筑遭到破坏时容易造成出入口的堵塞、引起火灾等次生灾害。火灾是核爆炸的一个必然结果，上部结构与门窗的破坏为火灾蔓延提供了条件。因此附建式地下室设计时，必须使顶板上的覆土厚度满足火灾和抗爆的要求。

■ 7.2 附建式地下结构形式

附建式地下结构的选型的依据主要是：上部地面建筑的类型、战时防护能力的要求、地质及水文地质条件、战时与平时使用的要求、建筑材料的供应情况、施工条件等。设计时，应针对上述条件结合平面布置和空间处理进行综合分析，经过几种方案的比较，而后确定结构的形式。在国外，由于各国的设计要求与技术条件不同，附建式地下结构形式较多，目前在我国，防空地下室所选用的结构形式主要有以下几种。

7.2.1 梁板结构

防空地下室除个别作为指挥所、通信室以外，主要在战时作为人员掩蔽工事、地下医院、救助站、生产车间、物资仓库等，属于大量性防空工事，防护能力要求较低。其上部地面结构，多为民用房屋或一般中小型工业厂房，在地下水位较低及土质较好的地区，地下室的结构形式所选用的建筑材料及施工方法等，基本是与上部地面建筑相同的，主要承重结构有顶盖、墙（柱）及其基础等，防空地下室的顶盖采用钢筋混凝土梁板结构，是实际工程中较为多见的。在地下水位较低的地区，可以采用砖外墙；而在地下水位较高的地区，则不宜采用砖外墙。顶板的支承可以是梁或承重墙，当房间的开间较小时，钢筋混凝土顶板直接支承在四周承重墙上，即为无梁体系；当战时与平时使用上要求大空间，承重墙的间距较大时，为了不使顶板跨度过大，则可能要设置钢筋混凝土梁，梁可在一个方向设置，也可在两个方向设置。梁的跨度也不宜过大，否则可能要在梁下设置柱。钢筋混凝土梁板结构，可用现浇法施工，这样整体性好，但需要大量模板，施工进度慢，已建工程以现浇钢筋混凝土顶板居多，如图 7-3所示。

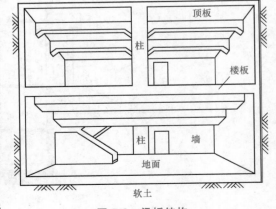

图 7-3 梁板结构

在使用要求比较高、地下水位较高、地质条件较差、材料供应有保障以及采用大模板的建筑中，可采用现浇的钢筋混凝土墙板。随着墙体的改革，建筑工业化的发展，混凝土现浇

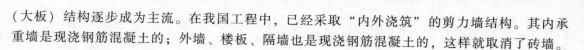

（大板）结构逐步成为主流。在我国工程中，已经采取"内外浇筑"的剪力墙结构。其内承重墙是现浇钢筋混凝土的；外墙、楼板、隔墙也是现浇钢筋混凝土的，这样就取消了砖墙。

7.2.2　板柱结构

为使附建式地下结构与上部地面建筑相适应，或满足平时使用要求，可以不用内承重墙和梁的平板顶盖，防空地下室的顶板采用无梁楼盖的形式，即板柱结构（图7-4）。其外墙，当地下水位较低时可用砖砌筑或预制构件，当地下水位较高时，采用整体混凝土或钢筋混凝土。这种情况下，如地质条件较好，可在柱下设单独基础；如地质条件较差，可设筏形基础。为使顶板受力合理，柱距一般不宜过大。例如，有一平时作冷藏库用的防空地下室，即采用了柱距为6m的板柱结构。无梁的板柱结构对通风、采光都比较有利，并可减小建筑高度，满足大房间的要求，平时做商店、食堂的效果也比较好。

7.2.3　箱形结构

箱形结构是指现浇钢筋混凝土墙和板组成的结构（图7-5），其特点为整体性好、强度高、防水防潮效果好、防护能力强，但是造价高。因此箱形结构一般适用于以下几种情况：

1）工事的防护等级较高，结构需要考虑某种常规武器命中引起的效应。

2）土质条件较差，在地面上部是高层建筑（框架或剪力墙结构），需要设置箱形基础。

3）地下水位较高，地下室处于饱和状态的土层中，结构要有较高的防水要求。

4）根据平时的使用要求，需要密封的房间（如冷藏库等）。

5）采用诸如沉井法、地下连续墙法等特殊的施工方法。

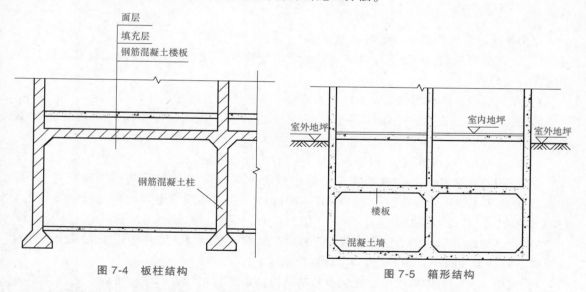

图7-4　板柱结构　　　　　　图7-5　箱形结构

箱形基础多为钢筋混凝土空间结构，为了计算方便，一般采用简化的近似计算方法：有的把箱形整体结构分解为纵向框架、横向框架和水平框架，然后按平面框架计算；也有的把箱形基础拆开为顶板、底板、墙体，分别计算。对于多层建筑下面的防空地下室箱形结构，目前有的设计单位把它视为整个建筑的箱形基础进行设计。

7.2.4 其他结构

当地面建筑（如车间、商店、会堂、食堂等）是单层、大跨度，并且下面的防空地下室是平战两用的，则地下室的顶盖一般采用受力性能较好的钢筋混凝土壳体（双曲扁壳或筒壳）、单跨或多跨拱和折板结构，如图7-6所示。

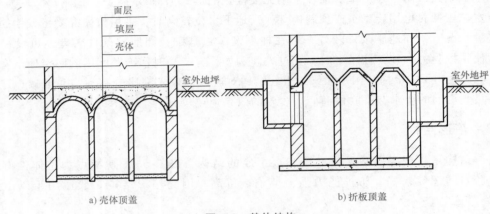

a) 壳体顶盖　　　　　　　　　　　　　b) 折板顶盖

图 7-6　其他结构

■ 7.3　附建式地下结构荷载

7.3.1　荷载类型

作用在地下室附建式结构的荷载主要有：

1）上部结构荷载，即上部结构传递给地下室结构的荷载，由上部结构的荷载效应计算确定。

2）顶板荷载，由地面建筑首层的地面荷载、覆盖土层自重和顶板自重确定。

3）外墙土压力作用，土层作用于地下室外墙的水平压力，一般由挡土墙理论计算确定。

4）地下室结构自重荷载，根据地下室结构自重计算确定。

5）基底反力作用，作用在地下室结构底板的地基净反力（扣除基础结构自重），按照《建筑地基基础设计规范》（GB 50007—2011）、《高层建筑筏形与箱形基础技术规范》（JGJ 6—2011）等技术标准确定。

6）地下室内部的楼、地面活荷载等各种可变荷载，按照地下室功能要求由《建筑结构荷载规范》（GB 50009—2012）或者实际情况确定。

7）地震作用，由作用在地面建筑和基础结构的地震作用计算确定。可以参见《建筑抗震设计规范》（GB 50011—2010）和《地下结构抗震设计标准》（GB/T 51336—2018）等技术标准。

8）战时武器等效静荷载。对于考虑战时防护的地下室，还要考虑战时武器作用荷载。一般可根据规定的地下室防护等级，按《人民防空地下室设计规范》（GB 50038—2005）等相关设计标准确定作用在顶、底板和外墙上的武器等效静荷载。

7.3.2　荷载组合

附建式结构设计荷载组合有战时状态和平时状态设计两种工况。

1. 工况一：平时状态设计

平时状态设计工况的荷载组合应符合《建筑结构荷载规范》、《建筑地基基础设计规范》、《高层建筑筏形与箱形基础技术规范》的规定。结构重要性系数应按国家现行有关标准的规定采用，但不应小于1.0。高层建筑筏形与箱形基础设计所采用的荷载效应最不利组合与相应的抗力限值应符合下列规定：

1）地下室构件的承载力设计和验算。上部结构传来的荷载效应组合、基底反力、外墙上压力应采用承载能力极限状态效应的基本组合及相应的荷载分项系数。其中地下室外墙土压力荷载分项系数可取1.0。

2）地下室构件的裂缝宽度，应采用正常使用极限状态荷载效应标准组合。

3）按修正后地基承载力特征值确定基础底面面积及埋深，或按单桩承载力特征值确定桩数，传至基础或承台底面上的荷载应按照标准组合计算。

4）地基变形计算。传至基础底面上荷载效应按照正常使用极限状态下荷载效应的准永久组合计算。不计入风荷载和地震作用。相应的限值应为地基变形允许值。

2. 工况二：战时状态设计

对于战时状态设计工况的地下室结构，仅按照承载力设计状态设计，荷载组合为偶然设计状态组合。另外，根据工程的战术技术要求，有的工程需要考虑对常规武器和核武器两种武器的防护，有的只考虑对常规武器一种武器的防护，因此有常规武器和核武器两种等效静荷载分别与静荷载进行组合。

按照《人民防空地下室设计规范》（GB 50038）规定，作用在地下室结构的等效静荷载和静荷载的组合方式见表7-1。

表7-1　等效静荷载和静荷载同时作用的荷载效应

结构部位	荷载组合	
	静荷载	等效静荷载
顶板	顶板和覆盖土层自重荷载	作用于顶板的常规武器或者核武器爆炸等效静荷载
外墙	顶板传来的静荷载 上部建筑结构荷载 外墙自重 土压力 水压力	顶板传来的常规武器或者核武器爆炸等效静荷载 作用于外墙的常规武器或者核武器爆炸等效静荷载
内承重墙(柱)	顶板传来的静荷载 上部建筑结构自重 内部承重墙(柱)自重	顶板传来的常规武器或者核武器爆炸等效静荷载
底板	外墙和内承重墙(柱)传来的静荷载 地下室外墙和内承重墙(柱)自重	作用于底板常规武器或者核武器爆炸等效荷载

在表7-1中，对于核武器爆炸等效静荷载和静荷载的荷载组合，上部建筑自重的取值与上部建筑外墙结构形式和工程抗力等级有关：

1）上部建筑外墙为钢筋混凝土承重墙时上部建筑自重取全部标准值。

2）对于外墙的荷载组合，当上部建筑外墙为非钢筋混凝土承重墙时，6级（含6级）工程以下取上部建筑自重全部标准值；5级工程取上部建筑自重全部标准值的一半；4级（含4级）工程以上不计上部建筑自重。

注：《人民防空地下室设计规范》（GB 50038—2005）是针对防常规武器抗力级别5级和6级；防核武器抗力级别4级、4B级、5级、6级和6B级的甲、乙类防空地下室以及居住小区内的结合民用建筑易地修建的甲、乙类单建掘开式人防工程。

3）对于内承重（柱）墙和底板的荷载组合，6级（含6级）以下工程取上部建筑自重全部标准值；5级工程，上部建筑为砌体结构时取上部建筑自重全部标准值的一半，其他结构形式不计入上部建筑自重；4级（含4级）以上工程，上部建筑外墙为非钢筋混凝土承重墙时不计上部建筑自重。

■ 7.4 梁板式地下室结构的设计

附建式地下室结构进行设计时，其设计步骤是：结构布置、建立计算模型、内力计算、截面配筋设计、构造设计等。对结构的布置可以结合第3章、第4章所介绍内容和地下室结构的具体情况进行。结构内力的计算，目前在实际的设计中一般采用有限元方法，把结构作为一个整体进行较为精确的计算，一般采用计算软件完成。但近似的手算方法概念明确，在初步设计阶段可以迅速对设计方案的合理性做出准确判断。在本章中主要介绍地下室结构中各主要构件的计算和设计要点。

主要用作人员掩蔽工事的防空地下室，其顶盖常采用整体钢筋混凝土梁板结构或者无梁结构。由于防空地下室顶盖要承受核爆炸冲击波动载，计算荷载很大，为使设计合理和用料少，应对顶板的跨度加以限制（如2~4m）。顶板的支承可以是承重墙或梁，如平时使用大开间房间，承重墙间距较大，要设梁。这时候，梁的截面较大，影响净空高度，并增加施工麻烦；开间小的房间可以不设梁，使顶板直接将荷载传给四周的承重墙。由于没有梁，不仅减小了建筑的高度，施工也简单。因此，最好充分利用承重墙。

7.4.1 顶板

1. 荷载

在顶板的战时荷载组合中，应包括以下几项：

1）核爆炸冲击波所产生的动载，不仅与土中压缩波的参数有关，还应考虑上部地面建筑的影响，可能有两种情况：一是等级不高的大量性防空地下室，可考虑上部建筑对冲击波有一定的削弱作用；二是防护等级稍高，则不考虑上部地面建筑的作用。在设计中常将冲击波动载变为相应的等效荷载，对于居住建筑、办公室和医院等类型的地面建筑物下面的防空地下室顶板，需根据有关规定选用。

2）顶板以上的静荷载，包括设备夹层、房屋底层地坪和覆土层以及战时不动迁的固定设备等。由于倒塌的上层建筑碎块被冲击波吹到顶板以外组合中不考虑这种碎块重力。

3）顶板自重，根据初步选定的断面尺寸及采用的材料估算。

2. 内力计算

在计算顶板的内力之前，应将实际构造的板和梁简化为结构计算的计算简图。在计算简图中应表示出：荷载的形式、位置和数量；板的跨度、各跨的跨度尺寸，板的支承条件等。在选择计算简图时，要计算简便，而与实际结构受力情况尽可能符合。

作用于顶板上的荷载一般为垂直均布荷载。

整体梁板结构，可分为单向板和双向板。单向板和双向板的划分、假定、内力计算等内容详见第 4 章。

3. 截面设计

防空地下室顶板截面，由战时动载作用的荷载组合控制，可只验算强度，但要考虑材料动力强度的提高和动载安全系数。当按弹塑性工作阶段计算时，为防止钢筋混凝土结构的突然脆性破坏，保证结构的延性，应满足下列条件：

1）对于超静定钢筋混凝土梁、板和平面框架结构，发生最大弯矩和最大剪力的截面，应验算斜截面抗剪强度。

2）受拉钢筋配筋率 ρ，不宜大于 1.5%；对于受弯、大偏心受压构件，当 $\rho > 1.5\%$ 时，其延性比 $[\beta]$ 值计算公式为

$$[\beta] \leqslant \frac{0.5}{x/h_0} \tag{7-1}$$

式中　x——受压计算高度；

　　h_0——截面有效高度。

当 $[\beta] < 1.5$ 时，取 1.5。

3）连续梁的支座，以及框架的刚接的节点，当验算抗剪强度时，混凝土动力强度 R_{ad} 应乘以折减系数 0.8，其箍筋配筋率 ρ_{sv} 不小于 0.15%，构件跨中受拉钢筋的 ρ_1 和支座受拉钢筋 ρ_2（当梁端支座配筋不等时 ρ_2 取平均值），两者之和应满足的公式为

$$\rho_1 + \rho_2 < 0.3 \frac{R_{ad}}{R_{gd}} \tag{7-2}$$

式中　R_{ad}——混凝土轴心抗压动力强度；

　　R_{gd}——钢筋抗拉动力强度。

应当指出，双向板的受拉钢筋是纵横叠置的，跨中短边方向的钢筋应放在长边方向的下面，计算时取其各自的截面有效高度。

由于板的弯矩从跨中向两边逐渐减小，为了节省材料，可将双向板在两个方向上分为三个板带；中间板带按最大正弯矩配筋，两边板带适当减小。当中间板带配筋不多或当板跨较小时，可不分板带。

7.4.2　侧墙

1. 侧墙的战时荷载组合

1）压缩波形成的水平向动载，可通过计算将动荷载转变为等效静载。对于侧墙的战时荷载组合，可按表 7-2 取值。

表 7-2 侧墙的战时荷载组合

土壤类别		结构材料	
		砖、混凝土/(kN/m)	钢筋混凝土/(kN/m)
碎石土		20~30	20
砂土		30~40	30
黏性土	硬塑	30~50	20~40
	可塑	50~80	40~70
	软塑	90	70
地下水以下土体		90~120	70~100

注：1. 取值原则。碎石及砂土：密实颗粒组成的取最小值，反之取最大值；黏性土：液性指数的取最小值，反之取最大值；地下水以下土体：黏性土取最大值。

2. 在地下水位以下的侧墙未考虑砌体。

3. 砖及素混凝土侧墙按弹性工作阶段计算，钢筋混凝土侧墙按弹塑性工作阶段计算并取延性比 $[\beta] = 2.0$。

4. 计算时按净空不大于 3.0m，开间不大于 4.2m 考虑。

5. 地下水位水面高度按室外地坪以下 0.5~1.0m 考虑。

2）顶板传来的动荷载和静荷载，可根据顶板的受力情况所求出的反力来确定。

3）上部地面建筑自重，与作用在顶板上的冲击波动载类似，考虑上部地面建筑自重是个比较复杂的问题。在实际工程中一般有两种情况：一是，对于大量的防空地下室，所受冲击波超压不大，只有一部分上部地面建筑破坏并随冲击波吹走，残余的一部分重力仍作用在地下室上。在这种情况下，有人建议取上部地面建筑自重的一半为荷载作用在侧墙上；二是，冲击波超压较大，上部地面建筑全部破坏并被吹走。在这种情况下可不考虑作用在侧墙上的上部建筑重力。

4）侧墙自重，根据初步假设的墙体确定。

5）土体侧压力及水压力，处于地下水位以上的侧墙所受的侧向土压力计算公式为

$$e_{kt} = \sum_{i=1}^{n} \gamma_i h_i \tan\left(45° - \frac{\varphi}{2}\right) \tag{7-3}$$

式中 e_{kt}——侧墙上位置 k 处的土体侧压强度；

γ_i——第 i 层土在天然状态下的重度；

h_i——第 i 层土的厚度；

φ——位置 k 处土层的内摩擦角，工程上常因不考虑内聚力而将 φ 值提高。

处于地下水以下的侧墙上所受的土、水侧压力，可将土、水进行分算。

2. 计算简图

为了方便计算，常将侧墙所受荷载及其支承条件等进行一些简化。因而，按计算简图计算是近似的，其简化的原则如下。

侧墙上所承受的水平向荷载，例如，水平动荷载及侧向水、土压力，此荷载是随深度变化而变化的，但是简化时一般取为均布荷载。有的为了简单和偏于安全起见，甚至不考虑墙顶所受的轴向压力。

在钢筋混凝土结构中，当顶板、墙板与底板分开计算，将和顶板连接处的墙顶视为铰接，和底板连接处的墙底视为固定端（因为底板刚度比墙板刚度大），此时墙板成为上端铰

支、下端固定的压弯构件（图 7-7a）。这种将外墙和顶板、底板分开计算的方法比较简单，一般防空地下室结构常采用这样的计算简图进行计算。现有剪力墙结构建筑，侧墙为上部承重墙向下的延伸，这时板除承受水平的土压力外，还承受上部结构传来的竖向荷载，这时侧墙一般可按照压弯构件计算。

此外，有的将墙顶与顶板连接处视为铰接，而侧墙与底板按整体考虑的半框架（图 7-7b）；也有将顶板、侧墙和底板作为整体框架的（图 7-7c）。此时可以按照框架结构内力计算方法进行内力分析。根据两个方向的长度比的不同，墙板可能是单向板或双向板。当墙板按双向板计算时，在水平方向上，如外纵墙与横墙或山墙为整体浇筑（混凝土或钢筋混凝土墙），且横向为等跨，则可将横墙视为纵墙的固定支座，按单块双向板计算内力。

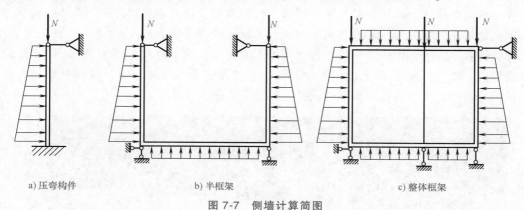

a) 压弯构件　　　　　b) 半框架　　　　　　　c) 整体框架

图 7-7　侧墙计算简图

3. 内力计算

根据上述原则确定计算简图后则可求出其内力，对于砖砌体及素混凝土构筑的侧墙，计算内力时按弹性工作阶段考虑；当等跨情况时，可利用《建筑结构静力计算手册》直接求出内力。

对于钢筋混凝土浇筑的侧墙，按弹塑性工作阶段考虑，可将按弹性法计算出的弯矩进行调整或者简化。直接取支座或跨中截面弹性法计算的弯矩平均值，作为按弹塑性法的计算弯矩。

4. 截面设计

在钢筋混凝土侧墙的截面设计中，一般多为双向配筋，通常 $x>2a'_s$，则有

$$A_s = A'_s = \frac{M_{max}}{f_{yd}(h_0 - a'_s)} \tag{7-4}$$

其中

$$M_{max} = Ne' \tag{7-5}$$

$$e' = e'_0 - \frac{h}{2} + a'_s \tag{7-6}$$

式中　N——对应最大受弯截面的轴力。

当不考虑作用在墙上的轴向压力，进行受弯构件计算时，则 M_{max} 就是受弯截面的最大弯矩值。

应当指出，在防空地下室侧墙的强度与稳定性计算时，应将"战时动载作用"阶段和"平时正常使用"阶段所得出的结构截面及配筋进行比较，取其较大值，因为侧墙不一定像顶板那样由战时动载作用控制截面设计。

7.4.3 基础

1. 概述

附建式地下结构基础设计和地面建筑基础设计方法基本相同。当地面建筑与地下结构连接为一个整体，则共同考虑基础设计，有的高层建筑把地下室部分直接作为基础设计，即箱形基础，也有把地面地下统一为一个建筑，然后直接在地下室下边再设计基础。箱形基础通常为全现浇钢筋混凝土结构，该基础可作为地下室使用，因此它既作为基础，又作为地下室，按照相关规范进行设计。如果把地下室不看作基础，而作为普通地下结构进行设计是其中另一种方法。单从地下室基础形式来划分，有独立基础、条形基础、十字交叉基础、桩基础、筏形基础等形式。具体针对某一工程采用何种类型应根据建筑物的使用性质、荷载、层数、水文地质、气候条件、材料与施工方法、基础构造等因素确定。

现在随着家庭汽车增多，对停车位产生了大量需求，地下室用作停车场（图 7-8）的情况日渐增多。此种情况地下室采用梁板结构（中间为柱子，四周为墙）或板柱结构，基础常采用筏形基础。下面对筏形基础的设计进行重点介绍。

图 7-8 带停车场的地下室

筏形基础整体刚度大，能有效地调整基底压力和不均匀沉降，或者跨越小型岩溶洞。筏形基础的地基承载力在土质较好的情况下，将随着基础埋置深度的增加而增大，基础的沉降随埋置深度的增加而减小。筏形基础适用于高层建筑的各种类型。

筏形基础分为平板式和梁板式两种类型（图 7-9），应该根据上部结构、柱距、荷载大小、建筑使用功能以及施工条件等情况确定采用哪种类型。

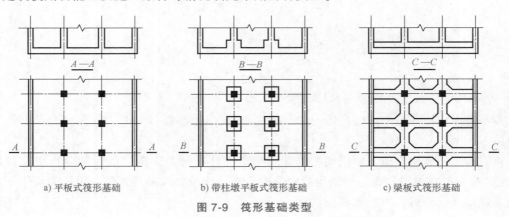

a) 平板式筏形基础　　b) 带柱墩平板式筏形基础　　c) 梁板式筏形基础

图 7-9 筏形基础类型

2. 筏形基础的简化计算

筏形基础的简化计算方法分为"倒楼盖法"和"条带法"。计算筏形基础内力时假设基底净反力为直线分布，因此要求基础具有足够的相对刚度，并满足的条件为

$$l_m \leqslant 1.75 \left(\frac{1}{\lambda} \right) \tag{7-7}$$

式中　l_m——基础上的平均柱距；

　　　$\dfrac{1}{\lambda}$——文克尔地基上梁的特征长度。

（1）倒楼盖法　当基础比较均匀、上部结构刚度好、梁板式筏形基础梁的高跨比或平板式筏形基础的厚跨比不小于1/6时，且相邻柱荷载及柱距的变化不超过20%时，筏形基础可以仅考虑局部弯曲作用，按倒楼盖法进行计算（图7-10）。对于平板式筏形基础，可按无梁楼盖考虑。对于梁板式筏形基础，底板按连续双向板（或单向板）计算；肋梁按连续梁分析，并宜将边跨跨中弯矩以及第一内支座的弯矩值乘以1.2的系数。

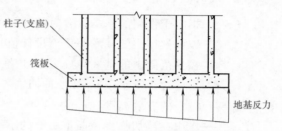

图 7-10　倒楼盖法计算模型

（2）条带法（或称截条法）　为求筏板截面内力，可将筏板分为互相垂直的条带，条带以相邻柱列间的中线为分界线，假定各条带都是独立的，彼此不互相影响（图7-11），条带上面作用着柱荷载 P_1、P_2、P_3、…、P_n，底面作用着由假定筏板为刚性板模型而计算的基底反力 $p(x, y)$，然后用静定法计算截面内力。

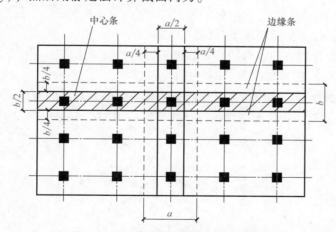

图 7-11　筏形基础分析的条带法模型

在计算时，纵向条带和横向条带都用全部柱荷载和地基反力，而不考虑两个方向对荷载的分担，这样计算结果内力偏大。对于柱荷载或柱距不均及需要考虑荷载在两个方向分担的情况，可根据实际情况，按经验的方法将荷载进行适当的比例分配。

另外对于地基复杂、上部结构刚度差或者柱荷载及柱距差别较大的筏形基础，筏基内力宜按弹性地基板法进行分析。筏形基础可以采用有限元法或者有限差分法进行计算，选用梁单元、薄板单元、厚板单元等进行分析。

3. 平板式筏形基础的板厚应满足柱下受冲切承载力要求

平板式筏形基础的最小板厚不宜小于 500mm。柱下冲切验算时应考虑作用在冲切临界截面重心上的不平衡弯矩产生的附加剪力。距柱边 $h_0/2$ 处临界截面的最大剪应力 $\tau_{\max}$（图 7-12）计算公式为

$$\tau_{\max} = \frac{F_l}{u_m h_0} + \alpha_s \frac{M_{unb} c_{AB}}{I_s} \tag{7-8}$$

$$\tau_{\max} \leqslant 0.7(0.4 + 1.2/\beta_s)\beta_{hp} f_t \tag{7-9}$$

$$\alpha_s = 1 - \frac{1}{1 + \frac{2}{3}\sqrt{\frac{c_1}{c_2}}} \tag{7-10}$$

式中 F_l ——相应于作用的基本组合时的冲切力（kN），对内柱取轴力设计值减去筏板冲切破坏锥体内的基底净反力设计值；对边柱和角柱，取轴力设计值减去筏板冲切临界范围内的基底净反力设计值；

u_m ——距柱边缘不小于 $h_0/2$ 处冲切临界截面的最小周长（m）；

h_0 ——筏板的有效高度（m）；

M_{unb} ——作用在冲切临界截面重心上的不平衡弯矩设计值（kN·m）；

c_{AB} ——沿弯矩作用方向，冲切临界截面重心至冲切临界截面最大剪应力点的距离（m）；

I_s ——冲切临界截面对其重心的极惯性矩（m⁴）；

β_s ——柱截面长边和短边的比值，当 $\beta_s < 2$ 时，取 $\beta_s = 2$，当 $\beta_s > 4$ 时，取 $\beta_s = 4$；

β_{hp} ——受冲切承载力截面高度影响参数，当 $h \leqslant 800mm$ 时，取 $\beta_{hp} = 1.0$；当 $h \geqslant 2000mm$ 时，取 $\beta_{hp} = 0.9$，其间按线性内插法取值；

f_t ——混凝土轴心抗拉强度设计值；

c_1 ——与弯矩作用方向一致的冲切临界截面的边长（m）；

c_2 ——垂直于 c_1 的冲切临界截面的边长（m）；

α_s ——不平衡弯矩通过冲切临界截面上的偏心剪力来传递的分配系数。

具体计算方法参考《建筑地基基础设计规范》（GB 50007—2011）的相关规定。

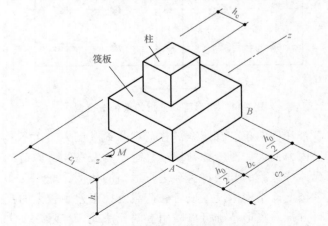

图 7-12   内柱冲切临界截面示意图

4. 平板式筏形基础的板厚应满足内筒冲切承载力的要求

平板式筏形基础内筒下的板厚应满足受冲切承载力的要求，符合下列规定：

1) 受冲切承载力计算公式为

$$\frac{F_l}{u_m h_0} \leqslant 0.7\beta_{hp} f_t / \eta \qquad (7\text{-}11)$$

式中　F_l——相应于作用的基本组合时的冲切力（kN），内筒所承受的轴力设计值减去内筒下筏板冲切破坏锥体内的基底净反力设计值（kN）；

　　　u_m——距内筒外表面 $h_0/2$ 处冲切临界截面的最小周长（m）（图7-13）；

　　　h_0——距内筒外表面 $h_0/2$ 处筏板的截面有效高度（m）；

　　　η——内筒冲切临界截面周长影响系数，取1.25。

2) 当需要考虑内筒根部弯矩的影响时，距内筒外表面 $h_0/2$ 处冲切临界截面的最大剪应力可按式（7-8）计算，此时 $\tau_{\max} \leqslant 0.7\beta_{hp} f_t / \eta$。

5. 筏形基础的要求

（1）筏形基础平面尺寸　平面尺寸应根据地基承载力、上部结构和布置以及荷载情况等因素确定。当上部为框架结构、框剪结构、内筒外框和内筒外框筒结构时，筏形基础底板面积当比上部结构所覆着的面积稍大些，使底板的地基反力趋于均匀。当需要扩大筏形基础底板面积来满足地基承载力时，如采用梁板式，底板挑出的长度从基础外皮算起横向不宜大于1200mm，纵向不宜大于800mm；对平板式筏形基础，其挑出长度从柱外皮算起不宜大于2000mm或1.5倍板厚度的二者较大值。

筏形基础底板平面形心宜与结构竖向永久荷载重心相重合，当不能重合时，在荷载效应准永久组合下其偏心距 e，宜符合下列要求，即

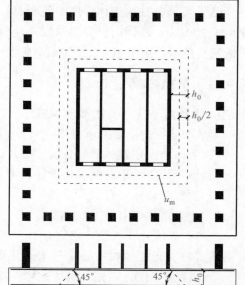

图7-13　筏板受内筒冲切的临界截面位置

$$e \leqslant 0.1 \frac{W}{A} \qquad (7\text{-}12)$$

式中　W——与偏心距方向一致的基础底面抵抗矩（m³）；

　　　A——基础底面积（m²）。

对低压缩性地基或端承桩，可适当放宽偏心距的限制。按式（7-12）计算时，裙房与主楼可分开考虑。

（2）梁板式筏形基础板厚　可参照表7-3确定，但当底板的承载力和刚度满足要求时，厚度也可以小于表中规定，但是不应小于200mm；当有防水要求时，不应小于250mm。

梁板式筏形基础的板厚，对于12层以上的建筑不应小于400mm，且板厚与板格最小跨度之比不宜小于1/14。基础梁的宽度除满足剪压比、受剪承载力外，尚应验算柱下端对基础的局部受压承载力。两柱之间的沉降差应符合下列要求，即

表 7-3 筏形基础底板厚度参考值

基础底面平均反力 /(kN/m^2)	底板厚度	基础底面平均反力 /(kN/m^2)	底板厚度
150~200	$\left(\dfrac{1}{14}\sim\dfrac{1}{10}\right)L_0$	300~400	$\left(\dfrac{1}{8}\sim\dfrac{1}{6}\right)L_0$
200~300	$\left(\dfrac{1}{10}\sim\dfrac{1}{8}\right)L_0$	400~500	$\left(\dfrac{1}{7}\sim\dfrac{1}{5}\right)L_0$

注：L_0 为底板计算板块短向净跨尺寸。

$$\frac{\Delta s}{L}\le 0.002 \tag{7-13}$$

式中 Δs——两柱之间的沉降差；

L——两柱之间的距离。

（3）筏形基础的墙体厚度 筏形基础的地下室外墙厚度不应小于 250mm，内墙厚度不应小于 200mm。墙体内应设置双层双向钢筋，钢筋配置量除满足承载力要求外，竖向和水平钢筋直径不应小于 10mm，间距不应大于 200mm。

7.4.4 承重内墙（柱）

1. 承重内墙（柱）的战时荷载

大量性防空地下室的承重墙（柱）所受的荷载包括以下几项：

1）上部地面建筑的部分自重不宜计入（有时建议取一半）。

2）顶板传来的动荷载，一般转化为静荷载。

3）顶板传来的静荷载。

4）地下室内墙（柱）的自重。

除防护隔墙外，一般内墙（柱）不承受侧向水平荷载。因此，为了简化计算，常将承重内墙（柱）近似地按中心受压构件计算。在这个假定下，当顶板按弹塑性工作阶段计算时，为保证墙（柱）不先于顶板破坏，在计算顶板传给墙（柱）的等效静荷载时，应将顶板支座反力乘以 1.25 的系数。而按弹性工作阶段计算时，可直接取支座反力计算（大偏心受压也这样取）。

2. 承重内墙门洞的计算

在地下室承重内墙上开设的门洞较大时，门洞附近的应力分布比较复杂，应按"孔附近的应力集中"理论计算。但在实际工程中，常采用近似方法，其计算如下：

1）将墙板视为一个整体简支梁，承受均布荷载 q（图 7-14），先求出门洞中心处的弯矩 M 与剪力 Q，再将弯矩转化为作用在门洞上下横梁上的轴向力 $N=M/H_1$，剪力按上下横梁的刚度进行分配，即

$$Q_上 = \frac{I_上}{I_上+I_下}Q \tag{7-14}$$

$$Q_下 = \frac{I_下}{I_上+I_下}Q \tag{7-15}$$

2）将上下横梁分别视为承受局部荷载的梁端固定梁，求出上下横梁的固端弯矩分别为

$$\begin{cases} M_A = M_B = \dfrac{q_1 l_1^2}{12} \\[3mm] M_C = M_D = \dfrac{q_3 l_1^2}{12} \end{cases} \tag{7-16}$$

3）将以上两组内力叠加：

$$上梁 \begin{cases} M = Q_{上}\dfrac{l_1}{2} - \dfrac{q_1 l_1^2}{12} \\[3mm] N = \dfrac{M}{H_1} \end{cases} \tag{7-17}$$

$$下梁 \begin{cases} M = Q_{下}\dfrac{l_1}{2} - \dfrac{q_3 l_1^2}{12} \\[3mm] N = \dfrac{M}{H_1} \end{cases} \tag{7-18}$$

最后可根据上面的内力配置受力钢筋，而斜截面根据上梁 $Q_{上}$、$Q_{下}$ 配置箍筋。

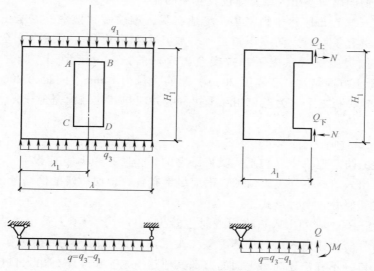

图 7-14　承重内墙门洞的计算简图

7.4.5 口部结构

防空地下室的口部，是整个建筑物的一个重要部位。在战时它比较容易被摧毁，造成口部的堵塞，影响整个工事的使用和人员安全。因此，设计中必须给予足够的重视，下面仅就与结构设计有关的内容，简要介绍。

1. 室内出入口

为使地下室与地面建筑关连，特别是为平战结合创造条件，每个独立的防空地下室至少应要有一个室内出入口。室内出入口有阶梯式与竖井式两种。作为人员出入的主要出入口，多采用阶梯式，它的位置往往设置在上层建筑楼梯间的附近。竖井式的出入口，主要用作战时安全出入口，平时可用于运送物品。

（1）阶梯式　设在楼梯间附近的阶梯式出入口，以平时使用为主，在战时（或地震时）倒塌堵塞的可能性很大，这是个严重的问题。因此，它难以作为战时的主要出入口。位于防护门（或防护密闭门）以外通道内的防空地下室外墙称为"临空墙"。临空墙的外侧没有土层，它的厚度应满足防早期核辐射的相关要求，同时它是直接受冲击波作用的，所受的动荷载比一般外墙大得多。因此，在平面设计时，首先要尽量减少临空墙，其次，在可能的条件下，要设法改善临空墙的受力条件。例如：在临空墙的外侧填土，使它变为非临空墙，或在其内侧布置小房间（像通风机房、洗涤间等），以减小临空墙的计算长度。还有的设计，为了满足平时利用大空间的要求，暂时不修筑其中的隔墙，只根据设计做出留槎，临战前再行修补。这种临空墙所承受的水平方向荷载较大，可能采用混凝土或钢筋混凝土结构，其内力计算与侧墙类似。为了节省材料，这种钢筋混凝土临空墙可按弹塑性工作阶段计算，取 $[\beta] = 2.0$。

防空地下室的室内阶梯式出入口，除临空墙外其他与防空地下室无关的墙、楼梯板、休息平台等，一般均不考虑核爆炸动荷载，可按平时使用的地面建筑进行设计。当进风口在室内出入口时，可将出入口附近的楼梯间适当加强，避免堵塞过死，难以清理。

为避免建筑物倒塌堵塞出入口，建议设置坚固棚架。

（2）竖井式　当在市区建筑物密集，场地有限，难以做到把室外安全出入口设在倒塌范围以外，而又没有条件与人防支干道连通，或几个工事连通合用适当安全出入口的情况下，有的设计单位提出设置室内竖井式安全出入口的方案及定型图。竖井是内径 1.0m×1.0m 的钢筋混凝土方筒结构，壁厚度 20cm，配筋直径为 14mm、间距为 200mm。竖井的顶端在底层地面建筑顶板之下。为避免相互干扰，竖井应与其他结构完全分离，但这一方案不能认为是完美的。

2. 室外出入口

每一个独立的防空地下室（包括人员掩蔽室的每个防护单元）应设有一个室外出入口，作为战时的主要出入口，室外出入口的口部应尽量布置在地面建筑的倒塌范围之外。室外出入口也有阶梯式和竖井式两种形式。

（1）阶梯式　当把室外出入口作为战时主要出入口时，为了人员出入方便，一般采用阶梯式。设于室外阶梯式出入口的伪装雨篷，应采用轻型结构，在冲击波作用下能被吹走，以避免堵塞出入口，不宜修建高出地面的口部其他建筑物。由于室外出入口比室内出入口所承受荷载更大一些，室外阶梯式出入口的临空墙，一般采用钢筋混凝土结构；其中除按内力配置受力钢筋外，在受压区还应配置构造钢筋，构造钢筋不应少于受力钢筋的 1/3～2/3。

室外阶梯式出入口的敞开段（无顶盖段）侧墙，其内、外侧均不考虑受动载作用，按一般挡土墙进行设计。

当室外出入口没有设置在地面建筑物倒塌范围以外，而又不能和其他地下室连通时也可考虑在室外出入口（口部）设置坚固棚架的方案。

（2）竖井式　室外的安全出入口一般采用竖井式的，也应尽量布置在地面建筑物的倒塌范围以外。竖井计算时，无论有无盖板，一般只考虑由土中压缩波产生的法向均布荷载，不考虑其内部压力的作用。试验表明：作用在竖井式室外出入口处临空墙上的冲击波等效静荷载，要比阶梯式的小一些，而又比室内的大一些。在第一道门以外的通道结构既受压缩波外压又受冲击波内压，情况比较复杂，根据有关文献该通道结构一般只考虑压缩波的外压，不考虑冲击波内压的作用。

当竖井式室外出入口不能设在地面建筑物倒塌范围以外时，也可考虑设在建筑物外墙一侧，其高度可在建筑物底层的顶板水平面上。

3. 通风采光洞

为了贯彻平战结合的原则，给平时使用所需自然通风和天然采光创造条件，可在地下室砌墙开设通风采光洞，但必须在设计上采取必要的措施，保证地下室防核爆炸冲击波和早期核辐射的能力。现根据已有经验，防护的一般原则介绍如下：

1）防护等级较高时结构承受荷载较大，窗洞的加强措施比较复杂。因而，仅大量性防空地下室才开设通风采光洞。等级稍高的防空地下室不宜开设通风采光洞，而以机械通风为宜。

2）洞口过多、过大将给防护处理增加困难，因此，防空地下室外墙开设的洞口宽度，不应大于地下室开间尺寸的1/3，且不应大于1.0m。

3）临战前必须用黏性土将通风采光井填上。因为黏性土密实可靠，能满足防早期核辐射的要求。

4）在通风采光洞上，应设防护挡板一道。考虑上述回填各约可以认为挡板及窗井内墙身的荷载与侧墙的荷载相同，挡板按与防护门基本一致。

5）洞口的周边应采用钢筋混凝土过梁予以加强，使侧墙的承载力不因开洞而降低。过梁的计算，可按两端铰支的受弯考虑。

6）凡是开设通风采光洞的侧墙洞口上缘的圈梁应按过梁进行验算。

4. 洞口的构造措施

1）砖外墙洞口两侧钢筋混凝土柱上端主筋应伸入顶板内，其锚固长度不小于？内主筋直径42；柱下端如为条形基础应嵌入室内地面以下500mm（图7-15）。土整体基础应将钢筋伸入底板，锚固长度不小于30d（图7-16）。

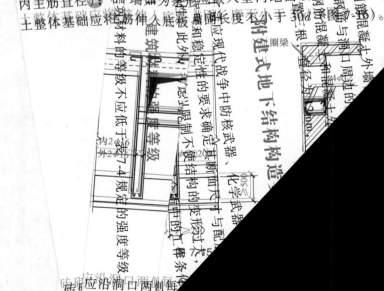

2）入墙身长

3）入顶板与

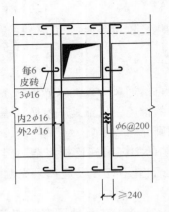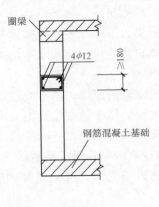

图 7-16　洞口构造图二

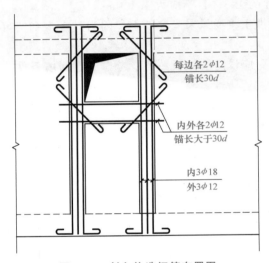

图 7-17　斜向构造钢筋布置图

除按素混凝土外墙在洞口两侧设置加固钢筋外，应将洞口范围内
　加固钢筋扎结。
　外墙开设通风采光洞时，洞口四角应设置斜向构造钢筋，洞口
　一端锚固长度不小于 30d（图 7-17）。

要求

　生物武器的要求，防空地下室结构设计不仅
　筋方案，对结构进行防光辐射和早期核辐射
　同时要保证整体工事具有足够的密闭性
　对其构造要求如下。

表 7-4　材料强度等级

构件类型	混凝土		砌体			
	现浇	预制	砖	料石	混凝土砌块	砂浆
基础	C25	—	—	—	—	—
梁、楼板	C25	C25	—	—	—	—
柱	C30	C30	—	—	—	—
内墙	C25	C25	MU10	MU30	MU15	M5
外墙	C25	C25	MU10	MU30	MU15	M7.5

注：1. 防空地下室结构不得采用硅酸盐砖和硅酸盐砌块。

　　2. 严寒地区，饱和土中砖的强度等级不应低于 MU20。

　　3. 装配式结构的填缝砂浆强度等级不应低于 M10。

　　4. 防水混凝土浇筑的底板混凝土垫层，其强度等级不应低于 C15。

7.5.2　防空地下室结构构件的最小厚度

结构构件的最小厚度应符合表 7-5 的规定。

表 7-5　结构构件的最小厚度　　　　　　　　　（单位：mm）

构件类别	材料种类			
	钢筋混凝土	砖砌体	料石砌体	混凝土砌块
顶板、中间楼板	200	—	—	—
承重外墙	250	490（370）	300	250
承重内墙	200	370（240）	300	250
临空墙	250	—	—	—
防护密闭门框墙	300	—	—	—
密闭门框墙	250	—	—	—

注：1. 表中最小厚度不包括甲类防空地下室防早期辐射对结构厚度的要求。

　　2. 表中顶板、中间楼板最小厚度系指实心截面，如为密肋板，其实心截面厚度不宜小于 100mm；如为现浇空心板，其板顶厚度不宜小于 100mm；但其折算厚度均不应小于 200mm。

　　3. 砖砌体项括号内最小厚度仅适用于乙类 6 级防空地下室。

　　4. 砖砌体包括烧结普通砖、烧结多孔砖及非黏土砖砌体。

7.5.3　保护层最小厚度

防空地下室结构受力钢筋的混凝土保护层最小厚度，应比地面结构有所增加。因为地下结构的外侧与土体接触，内侧的相对湿度较高。纵向受力钢筋混凝土保护层的最小厚度应按表 7-6 的规定。

表 7-6　纵向受力钢筋混凝土保护层的最小厚度　　　　　　　（单位：mm）

外墙外侧		外墙内侧、内墙	板	梁	柱
直接防水	设防水层				
40	30	20	20	30	30

注：基础中纵向受力钢筋的混凝土保护层厚度不应小于 40mm，当基础板无垫层时不应小于 70mm。

7.5.4　变形缝的设置

在防护单元内不应设置沉降缝、伸缩缝；上部地面建筑需设置伸缩缝、防震缝时，防空地下室可不设置；室外出入口与主体结构连接处，应设置沉降缝；钢筋混凝土结构设置伸缩缝最大间距应按现行有关标准执行。

7.5.5　构件相接处的锚固

在防空地下室砌体结构墙体转角及交接处，当未设置构造柱时，应沿墙高每隔 500mm 配置 2φ6 拉结钢筋。当墙厚大于 360mm 时，墙厚每增加 120mm，应增设 1 根直径为 6mm 的拉结钢筋。拉结钢筋每边深入墙内不宜小于 1000mm。

7.5.6　砌体结构

对于砌体结构的防空地下室，防护密闭门至密闭门的防护密闭段，应采用整体现浇的钢筋混凝土结构。

7.5.7　平战转换设计

采用平战转换的防空地下室，应进行一次性的平战转换设计。实施平战转换的结构构件在设计时应满足转换前、后两种不同受力状态的各项要求，并在设计图上说明转换部位、方法及具体实施要求。

7.5.8　平战转换措施

平战转换措施应能在不同使用机械、不需要熟练工人的情况下，在规定的转换期限内完成。临战时实施平战转换不应采用现浇混凝土。对所需的预制构件应在工程施工时一次做好，并做好标注，就近存放。

【思考题】

1. 什么是附建式地下结构？附建式地下结构的形式、用途及特点有哪些？
2. 附建式地下结构的荷载有哪几类？如何确定附建式地下结构的荷载？
3. 简述梁板式结构的设计过程。
4. 简述附建式地下结构的基础设计注意事项。
5. 简述附建式地下结构的口部结构的重要性及特点。

第8章 基坑支护结构设计

【学习目标】
1. 能够根据基坑设计要求和岩土工程条件，学会支护结构选型和岩土参数的选取；
2. 掌握桩锚式支护结构和内支撑支护结构的设计方法；
3. 熟悉土钉墙和重力式水泥土墙的设计步骤；
4. 了解基坑开挖和基坑监测的相关知识。

■ 8.1 概述

基坑是指为进行建（构）筑物地下部分的施工由地面向下开挖的空间。基坑支护是为保护地下主体结构施工和基坑周边环境的安全，对基坑采取的临时性支挡、加固、保护与地下水控制的措施。

基坑支护设计在理论方面涉及工程地质学、土力学、基础工程、结构力学、施工技术、测试技术和环境岩土工程等学科，内容包括土的强度、稳定性、变形以及支护结构计算，还要考虑土与支挡结构相互作用、基坑的时空效应等。在技术方面涉及基坑勘察、设计、施工及监测，同时还与地下水控制和土方开挖密切关联。

基坑工程具有数量多、投资大、难度大、风险大的特点，基坑支护设计应综合考虑基坑岩土工程条件、基坑周边环境要求、结构使用要求、施工工艺及支护结构使用时间等因素，既要保证基坑施工和使用过程中的安全，又要满足支护结构及其周边环境的变形要求，通过因地制宜、合理选型和优化设计，达到安全适用、保护环境、技术先进、经济合理、确保质量的目标。

8.1.1 基坑支护设计原则

基坑支护设计时，应根据基坑的安全等级、功能要求和使用年限，依据场地岩土工程条件和基坑周边环境要求，确定合理的支护结构形式和基坑施工次序，主要设计原则如下：

1）基坑支护应保证满足基坑周边建（构）筑物、地下管线、道路的安全和正常使用的功能以及保证主体地下结构施工空间的功能。

2）基坑支护应按基坑使用年限进行设计，设计使用期限不应小于一年。

3）支护结构设计应采用承载能力极限状态和正常使用极限状态。

基坑支护结构的安全等级分为三级，同一基坑的不同部位，可采用不同的安全等级。支护结构的安全等级见表 8-1。

表 8-1　支护结构的安全等级

安全等级	破坏后果
一级	支护结构失效、土体过大变形对基坑周边环境或主体结构施工安全的影响很严重
二级	支护结构失效、土体过大变形对基坑周边环境或主体结构施工安全的影响严重
三级	支护结构失效、土体过大变形对基坑周边环境或主体结构施工安全的影响不严重

8.1.2　作用效应与支护结构设计极限状态

支护结构受到的作用效应采用作用的不同组合进行计算，作用效应组合分为基本组合和标准组合。支护结构的极限状态设计分为承载能力极限状态和正常使用极限状态。承载能力极限状态设计时采用作用基本组合的效应设计值，正常使用极限状态设计时采用作用标准效应进行组合。

（1）承载能力极限状态　支护结构设计时，当支护结构构件或构件之间的连接超过材料强度，或产生不适于继续承载的过大变形，或导致支护结构失稳时，采用承载能力极限状态对支护结构进行设计，包括以下几方面：

1）支护结构构件或连接因超过材料强度而破坏，或因过度变形而不适于继续承受荷载，或出现压屈、局部失稳。

2）支护结构及土体整体滑动。

3）坑底土体隆起而丧失稳定性。

4）对支挡式结构，坑底土体丧失嵌固能力而使支护结构推移或倾覆。

5）对锚拉式支挡结构或土钉墙，土体丧失对锚杆或土钉的锚固能力。

6）重力式水泥土墙整体倾覆或滑移。

7）重力式水泥土墙、支挡式结构因其持力土层丧失承载能力而破坏。

8）地下水渗流引起的土体渗透破坏。

支护结构构件按承载能力极限状态设计时，作用基本组合的综合分项系数 γ_F 不应小于 1.25。对安全等级为一级、二级、三级的支护结构，其结构重要性系数 γ_0 分别不应小于 1.1、1.0、0.9。

支护结构构件或连接因超过材料强度或过度变形的承载能力极限状态设计，应符合下列要求，即

$$\gamma_0 S_d \leqslant R_d \tag{8-1}$$

式中　γ_0——支护结构重要性系数；

S_d——作用基本组合的效应（轴力、弯矩等）设计值；

R_d——结构构件的抗力设计值。

考虑支护结构的重要性系数后，支护结构的内力设计值计算公式为

弯矩设计值 M

$$M = \gamma_0 \gamma_F M_k \tag{8-2}$$

剪力设计值 V

$$V = \gamma_0 \gamma_F V_k \qquad (8\text{-}3)$$

轴向力设计值 N

$$N = \gamma_0 \gamma_F N_k \qquad (8\text{-}4)$$

式中　γ_F——作用基本组合的综合分项系数；

$\quad\quad M_k$——按作用标准组合计算的弯矩值（kN·m）；

$\quad\quad V_k$——按作用标准组合计算的剪力值（kN）；

$\quad\quad N_k$——按作用标准组合计算的轴向拉力或轴向压力值（kN）。

对临时性支护结构，作用基本组合的效应设计值计算公式为

$$S_d = \gamma_F S_k \qquad (8\text{-}5)$$

式中　S_k——作用标准组合的效应。

对于坑体滑动、坑底隆起、挡土构件嵌固段推移、锚杆或土钉拔动、支护结构倾覆与滑移、基坑土的渗透变形等稳定性计算和验算，均应符合下列要求，即

$$\frac{R_k}{S_k} \geq K \qquad (8\text{-}6)$$

式中　R_k——抗滑力、抗滑力矩、抗倾覆力矩、锚杆和土钉的极限抗拔承载力等土的抗力标准值；

$\quad\quad S_k$——滑动力、滑动力矩、倾覆力矩、锚杆和土钉的拉力等作用标准值的效应；

$\quad\quad K$——稳定性安全系数，根据采用的支护结构形式确定。

（2）正常使用极限状态　支护结构在正常使用期间，支护结构变形过大或基坑地下水控制不当，将影响基坑周边环境的正常使用或地下结构正常施工，下列条件下的基坑支护按正常使用极限状态对支护结构进行设计：

1）造成基坑周边建（构）筑物、地下管线、道路等损坏或影响其正常使用的支护结构位移。

2）因地下水位下降、地下水渗流或施工因素而造成基坑周边建（构）筑物、地下管线、道路等损坏或影响其正常使用的土体变形。

3）影响主体地下结构正常施工的支护结构位移。

4）影响主体地下结构正常施工的地下水渗流。

由支护结构的位移、基坑周边建筑物和地面的沉降等控制的正常使用极限状态设计，应符合下列要求，即

$$S_d \leq C \qquad (8\text{-}7)$$

式中　S_d——作用标准组合的效应（位移、沉降等）设计值；

$\quad\quad C$——支护结构的位移、基坑周边建筑物和地面的沉降的限值。

8.1.3　支护结构选型

支护结构选型时，应根据基坑岩土工程条件、基坑深度、基坑支护结构的安全等级、基坑空间尺寸、支护结构施工工艺和场地施工条件，经过经济比较、环保分析和工期对比，综合确定支护结构形式。

常用支护结构形式及适用条件见表8-2。

表 8-2　常用支撑结构形式一览表

结构类型		适用条件		
		安全等级	基坑深度、环境条件、土类和地下水条件	
支挡结构	锚拉式结构	一级、二级、三级	适用于较深的基坑	1. 排桩适用于可采用降水或截水帷幕的基坑 2. 地下连续墙宜同时用作主体地下结构外墙，可同时用于截水 3. 锚杆不宜用在软土层和高水位的碎石土、砂土层中 4. 当邻近基坑有建筑物地下室、地下构筑物等，锚杆的有效锚固长度不足时，不应采用锚杆 5. 当锚杆施工会造成基坑周边建（构）筑物的损害或违反城市地下空间规划等规定时，不应采用锚杆
	支撑式结构		适用于较深的基坑	
	悬臂式结构		适用于较浅的基坑	
	双排桩		当锚拉式、支撑式和悬臂式结构不适用时，可考虑采用双排桩	
	支护结构与主体结构结合的逆作法		适用于基坑周边环境条件很复杂的深基坑	
土钉墙	单一土钉墙	二级、三级	适用于地下水位以上或经降水的非软土基坑，且基坑深度不宜大于 12m	当基坑潜在滑动面内有建筑物、重要地下管线时，不宜采用土钉墙
	预应力锚杆复合土钉墙		适用于地下水位以上或经降水的非软土基坑，且基坑深度不宜大于 15m	
	水泥土桩垂直复合土钉墙		用于非软土基坑时，基坑深度不宜大于 12m；用于淤泥质土基坑时，基坑深度不宜大于 6m；不宜用在高水位的碎石土、砂土、粉土层中	
	微型桩垂直复合土钉墙		适用于地下水位以上或经降水的基坑，用于非软土基坑时，基坑深度不宜大于 12m；用于淤泥质土基坑时，基坑深度不宜大于 6m	
重力式水泥土墙		二级、三级	适用于淤泥质土、淤泥基坑，且基坑深度不宜大于 7m	
放坡		三级	1. 施工场地应满足放坡条件 2. 可与上述支护结构形式结合	

注：1. 当基坑不同部位的周边环境条件、土层性状、基坑深度等不同时，可在不同部位分别采用不同的支护形式。
　　2. 支护结构可采用上、下部以不同结构类型组合的形式。

8.1.4　水平荷载与抗剪指标的采用

基坑支护设计时，需要对作用于基坑支护结构上的水平荷载进行计算。根据基坑岩土工程条件，确定采用水土分算还是水土合算土压力计算模式，结合基坑边界条件，选择朗肯或库仑土压力理论完成土压力计算。

计算作用于支护结构上的水平荷载时，应考虑基坑内外土的自重（包括地下水）、基坑周边既有和在建建（构）筑物荷载、基坑周边施工材料和设备荷载、基坑周边道路车辆荷载、冻胀和温度变化等产生的作用。

土压力计算时，按地下水在土体中的赋存形式，采用不同的计算模式。当地下水在土体中能够自由流动，地下水存在稳定水位时，土压力采用水土分算模式计算；当地下水在土体中不能自由流动，水以结合水形式存在于土体中时，土压力采用水土合算模式计算。

1. 土压力计算

作用在支护结构外侧、内侧的主动土压力强度标准值、被动土压力强度标准值宜按下述方法计算，如图 8-1 所示。

1）对于地下水位以上或水土合算的土层，计算公式为

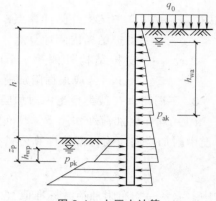

$$p_{ak} = \sigma_{ak} K_{a,i} - 2c_i \sqrt{K_{a,i}} \qquad (8\text{-}8)$$

$$K_{a,i} = \tan^2 \left(45° - \frac{\varphi_i}{2} \right) \qquad (8\text{-}9)$$

$$p_{pk} = \sigma_{pk} K_{p,i} + 2c_i \sqrt{K_{p,i}} \qquad (8\text{-}10)$$

图 8-1 土压力计算

$$K_{p,i} = \tan^2 \left(45° + \frac{\varphi_i}{2} \right) \qquad (8\text{-}11)$$

式中 p_{ak} ——支护结构外侧，第 i 层土中计算点的主动土压力强度标准值（kPa）；当 $p_{ak} < 0$ 时，应取 $p_{ak} = 0$；

σ_{ak}、σ_{pk} ——支护结构外侧、内侧计算点的土中竖向应力标准值（kPa），按后文规定计算；

$K_{a,i}$、$K_{p,i}$ ——第 i 层土的主动土压力系数、被动土压力系数；

c_i、φ_i ——第 i 层土的黏聚力（kPa）、内摩擦角（°）；

p_{pk} ——支护结构内侧，第 i 层土中计算点的被动土压力强度标准值（kPa）。

2）对于水土分算的土层计算公式为

$$p_{ak} = (\sigma_{ak} - u_a) K_{a,i} - 2c_i \sqrt{K_{a,i}} + u_a \qquad (8\text{-}12)$$

$$p_{pk} = (\sigma_{pk} - u_p) K_{p,i} + 2c_i \sqrt{K_{p,i}} + u_p \qquad (8\text{-}13)$$

式中 u_a、u_p ——支护结构外侧、内侧计算点的水压力（kPa）。

对静止地下水，水压力（u_a、u_p）计算公式为（图 8-1）

$$u_a = \gamma_w h_{wa} \qquad (8\text{-}14)$$

$$u_p = \gamma_w h_{wp} \qquad (8\text{-}15)$$

式中 γ_w ——地下水的重度（kN/m^3），取 $\gamma_w = 10 kN/m^3$；

h_{wa} ——基坑外侧地下水位至主动土压力强度计算点的垂直距离（m）；对承压水，地下水位取测压管水位；当有多个含水层时，应以计算点所在含水层的地下水位为准；

h_{wp} ——基坑内侧地下水位至被动土压力强度计算点的垂直距离（m）；对承压水，地下水位取测压管水位。

当采用悬挂式截水帷幕时，应考虑地下水沿支护结构向基坑面的渗流对水压力的影响。

2. 土中竖向应力标准值

支护结构外侧、内侧计算点的土中竖向应力标准值计算公式为

$$\sigma_{ak} = \sigma_{ac} + \sum \Delta\sigma_{k,j} \qquad (8\text{-}16)$$

$$\sigma_{pk} = \sigma_{pc} \qquad (8\text{-}17)$$

式中 σ_{ac}——支护结构外侧计算点，由土的自重产生的竖向总应力（kPa）；

σ_{pc}——支护结构内侧计算点，由土的自重产生的竖向总应力（kPa）；

$\Delta\sigma_{k,j}$——支护结构外侧第 j 个附加荷载作用下计算点的土中附加竖向应力标准值（kPa），应根据附加荷载类型按下文要求计算。

3. 不同附加荷载类型土中附加竖向应力标准值

（1）均布附加荷载作用下 均布附加荷载作用下土中附加竖向应力标准值计算公式为（图 8-2）

$$\Delta\sigma_{k,j} = q_0 \qquad (8\text{-}18)$$

式中 q_0——均布附加荷载标准值（kPa）。

（2）局部附加荷载作用下 局部附加荷载作用下土中附加竖向应力标准值可按下列规定计算：

1）对于条形基础下的附加荷载，如图 8-3a 所示。

当 $d+a/\tan\theta \le z_a \le d+(3a+b)/\tan\theta$ 时（d 为基础埋置深度）计算公式为

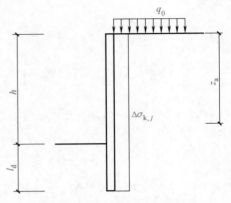

图 8-2 均布竖向附加荷载作用下的土中附加竖向应力计算

$$\Delta\sigma_{k,j} = \frac{p_0 b}{b+2a} \qquad (8\text{-}19)$$

式中 p_0——基础底面附加压力标准值（kPa）；

b——基础宽度（m）；

a——支护结构外边缘至基础的水平距离（m）；

θ——附加荷载的扩散角，宜取 $\theta = 45°$；

z_a——支护结构顶面至土中附加竖向应力计算点的竖向距离。

当 $z_a < d+a/\tan\theta$ 或 $z_a > d+(3a+b)/\tan\theta$ 时，取 $\Delta\sigma_{k,j} = 0$。

2）对于矩形基础下的附加荷载，如图 8-3a 所示。

当 $d+a/\tan\theta \le z_a \le d+(3a+b)/\tan\theta$ 时计算公式为

$$\Delta\sigma_{k,j} = \frac{p_0 bl}{(b+2a)(l+2a)} \qquad (8\text{-}20)$$

式中 b——与基坑边垂直方向上的基础尺寸（m）；

l——与基坑边平行方向上的基础尺寸（m）。

当 $z_a < d+a/\tan\theta$ 或 $z_a > d+(3a+b)/\tan\theta$ 时，取 $\Delta\sigma_{k,j} = 0$。

3）对作用在地面的条形、矩形附加荷载，按 1）、2）计算土中附加竖向应力标准值 $\Delta\sigma_{k,j}$ 时，应取 $d=0$，如图 8-3b 所示。

（3）放坡条件下 当支护结构的挡土构件顶部低于地面，其上方采用放坡时，挡土构件顶面以上土层对挡土构件的作用宜按库仑土压力理论计算，也可将其视作附加荷载并按下列公式计算土中附加竖向应力标准值，如图 8-4 所示。

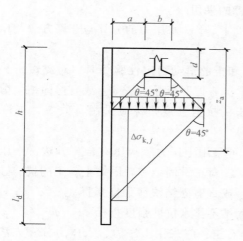
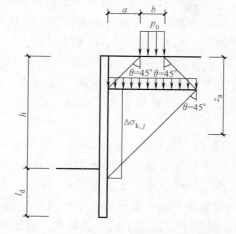

a) 条形或矩形基础　　　　　　　　　　b) 作用在地面的条形或矩形附加荷载

图 8-3　局部附加荷载作用下的土中附加竖向应力计算

1） 当 $a/\tan\theta \leqslant z_a \leqslant (a+b_1)/\tan\theta$ 时计算公式为

$$\Delta\sigma_{k,j} = \frac{\gamma_m h_1}{b_1}(z_a - a) + \frac{E_{ak1}(a+b_1-z_a)}{K_{am} b_1^2} \qquad (8\text{-}21)$$

$$E_{ak1} = \frac{1}{2}\gamma_m h_1^2 K_{am} - 2c_m h_1 \sqrt{K_{am}} + \frac{2c_m^2}{\gamma_m} \qquad (8\text{-}22)$$

2） 当 $z_a > (a+b_1)/\tan\theta$ 时计算公式为

$$\Delta\sigma_{k,j} = \gamma_m h_1 \qquad (8\text{-}23)$$

3） 当 $z_a < a/\tan\theta$ 时计算公式为

$$\Delta\sigma_{k,j} = 0 \qquad (8\text{-}24)$$

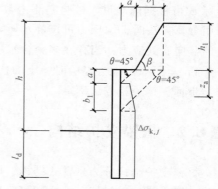

图 8-4　挡土构件顶部以上放坡时土中附加竖向应力计算

式中　z_a——支护结构顶面至土中附加竖向应力计算点的竖向距离（m）；

a——支护结构外边缘至放坡坡脚的水平距离（m）；

b_1——放坡坡面的水平尺寸（m）；

h_1——地面至支护结构顶面的竖向距离（m）；

γ_m——支护结构顶面以上土的重度（kN/m³）；对多层土取各层土按厚度加权的平均值；

c_m——支护结构顶面以上土的黏聚力（kPa）；

K_{am}——支护结构顶面以上土的主动土压力系数；对多层土取各层土按厚度加权的平均值；

E_{ak1}——支护结构顶面以上土层所产生的主动土压力的标准值（kN/m）。

当支护结构的挡土构件顶部低于地面，其上方采用土钉墙，按式（8-21）计算土中附加竖向应力标准值时可取 $b_1 = h_1$。

4．土、水压力分算与合算及土抗剪强度指标的采用

土压力及水压力计算、土的各类稳定性验算时，土、水压力的分算与合算方法及相应的土抗剪强度指标类别应符合下列规定：

1）对地下水位以上的各类土，土压力计算和土的滑动稳定性验算时，对黏性土、黏质粉土，土的抗剪强度指标应采用三轴固结不排水抗剪强度指标 c_{cu}、φ_{cu} 或直剪固结快剪强度指标 c_{cq}、φ_{cq}，对砂质粉土、砂土、碎石土，土的抗剪强度指标应采用有效应力强度指标 c'、φ'。

2）对地下水位以下的黏性土、黏质粉土，可采用土压力、水压力合算方法，土压力计算、土的滑动稳定性验算可采用总应力法；此时，对正常固结和超固结土，土的抗剪强度指标应采用三轴固结不排水抗剪强度指标 c_{cu}、φ_{cu} 或直剪固结快剪强度指标 c_{cq}、φ_{cq}，对欠固结土，宜采用有效自重压力下预固结的三轴不固结不排水抗剪强度指标 c_{uu}、φ_{uu}。

3）对地下水位以下的砂质粉土、砂土和碎石土，应采用土压力、水压力分算方法，土压力计算、土的滑动稳定性验算应采用有效应力法；此时，土的抗剪强度指标应采用有效应力强度指标 c'、φ'，对砂质粉土，缺少有效应力强度指标时，也可采用三轴固结不排水抗剪强度指标 c_{cu}、φ_{cu} 或直剪固结快剪强度指标 c_{cq}、φ_{cq} 代替，对砂土和碎石土，有效应力强度指标 φ' 可根据标准贯入试验实测击数和水下休止角等物理力学指标取值；土压力、水压力采用分算方法时，水压力可按静水压力计算；当地下水渗流时，宜按渗流理论计算水压力和土的竖向有效应力；当存在多个含水层时，应分别计算各含水层的水压力。

4）有可靠的地方经验时，土的抗剪强度指标尚可根据室内、原位试验得到的其他物理力学指标，按经验方法确定。

■ 8.2　桩锚支护结构

桩锚支护结构分为悬臂式结构、单支点桩锚支护结构和多支点桩锚支护结构。桩锚支护结构一般由排桩、锚杆、冠梁和腰梁构成。

排桩桩型有钢筋混凝土灌注桩、型钢桩、钢管桩、钢板桩及型钢水泥土搅拌桩，锚杆宜采用钢绞线锚杆，当设计的锚杆抗拔承载力较低时，也可采用普通钢筋锚杆。锚杆注浆宜采用二次压力注浆工艺，锚杆锚固段不宜设置在淤泥、淤泥质土、泥炭、泥炭质土及松散填土层内。

8.2.1　悬臂桩支护结构

悬臂桩支护结构可采用极限平衡法和平面杆系结构弹性支点法进行结构分析，极限平衡法适用于手工计算，平面杆系结构弹性支点法更适合于计算机计算。本节主要介绍极限平衡法，平面杆系结构弹性支点法在多支点支挡结构中另行介绍。

极限平衡法假定条件：①主动土压力和被动土压力均为与支挡结构变形无关的已知值，用朗肯或库仑理论计算；②支挡结构刚度为无限大，且不考虑支座（或拉锚）的压缩或拉伸变形；③支挡结构的横向抗力按极限平衡条件求得。

悬臂桩支护结构的嵌固深度计算方法分为静力平衡法和布鲁姆（Blum）法，两种方法的计算简图如图 8-5 所示。计算时利用水平方向合力等于零以及水平力对桩底截面的力矩和等于零，可求得支护桩的最小嵌固深度。

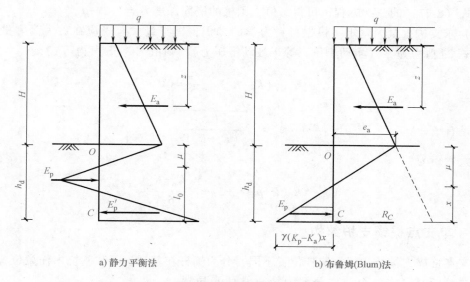

a) 静力平衡法　　　　　　　　　　b) 布鲁姆(Blum)法

图 8-5　悬臂桩支护结构的计算简图

1. 静力平衡法

采用静力平衡法计算时，随着桩的入土深度的不同，用在不同深度处各点的净土压力也不相同。当单位计算宽度桩两侧所受的净土压力相平衡时，桩处于稳定状态，相应的桩入土深度即为桩保证其稳定性所需的最小入土深度。根据静力平衡条件即水平力平衡方程（$\sum H = 0$）和对桩底截面的力矩平衡方程（$\sum M = 0$）联立求解得到。

2. 布鲁姆（Blum）法

布鲁姆（Blum）对静力平衡法作了修改，将静力平衡法计算简图中桩底以上基坑外侧的土压力 E'_p 用一个作用在桩底的力 R_C 代替，且满足平衡条件 $\sum H = 0$，$\sum M_C = 0$。由于土压力是向下逐渐增加的，用 $\sum M_C = 0$ 计算出的 x 值较小，因此，Blum 建议桩的嵌入深度 $h_d = 1.2x + \mu$。

布鲁姆（Blum）法求解步骤如下：

（1）求支护桩嵌固深度　E_a 为主动土压力的合力，被动土压力 E_p 为

$$E_p = \gamma (K_p - K_a) x \frac{x}{2} \tag{8-25}$$

对桩底 C 取矩，并令 $\sum M_C = 0$，即

$$E_a (H + \mu + x - z) - E_p \frac{x}{3} = 0 \tag{8-26}$$

由式（8-25）、式（8-26）得下式为

$$x^3 - \frac{6E_a}{\gamma (K_p - K_a)} x - \frac{6E_a (H + \mu - z)}{\gamma (K_p - K_a)} = 0 \tag{8-27}$$

其中，μ 为土压力强度为零点距坑底的距离，由图 8-5b 可知，μ 的计算公式为

$$\mu = \frac{e_a}{\gamma (K_p - K_a)} \tag{8-28}$$

式中　γ——坑底土层重度加权平均值（kN/m^3）。

解式（8-27）的三次方程，可得 x 值，则桩的嵌固深度 $h_d = 1.2x + \mu$。

（2）求支护桩最大弯矩　根据材料力学的知识，桩身最大弯矩应在剪力为零处。假设 O 点下 x_m 处剪力为零（主动土压力等于被动土压力），则由图 8-5b 可得下式

$$E_a - \gamma(K_p - K_a) x_m \frac{x_m}{2} = 0$$

于是有
$$x_m = \sqrt{\frac{2E_a}{\gamma(K_p - K_a)}}$$
（8-29）

最大弯矩为

$$M_{max} = E_a(H + \mu + x_m - z) - \frac{\gamma(K_p - K_a)}{6} x^3$$
（8-30）

8.2.2　单支点桩锚支护结构

单支点桩锚支护结构根据锚杆位置不同，分为锚杆在基坑顶部和基坑内任意位置两种情况。结构分析时可将整个结构分解为挡土结构和拉锚结构（锚杆及腰梁、冠梁），然后分别进行分析。

1. 锚杆位于支护桩结构顶部

锚杆位于基坑顶部时，其计算简图如图 8-6 所示。图中假定 A 点为铰接，支护结构和 A 点不发生移动。

（1）支护桩嵌固长度计算　对 A 点取矩，并令 $\sum M_A = 0$，即
$$E_a z_a - E_p(H + z_p) = 0 \qquad (8\text{-}31)$$

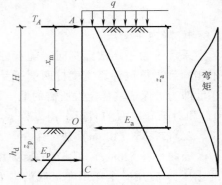

图 8-6　锚杆位于支护桩顶部的计算简图

式中　E_a——深度 $H + h_d$ 内的主动土压力合力（kN/m）；

E_p——深度 h_d 内的被动土压力合力（kN/m）。

由式（8-31）可求得支护桩的插入深度 h_d。

（2）锚杆拉力计算　对 C 点取矩，并令 $\sum M_C = 0$，即
$$T_A(H + h_d) + E_p(h_d - z_p) - E_a(H + h_d - z_a) = 0$$
（8-32）

于是有
$$T_A = \frac{E_a(H + h_d - z_a) - E_p(h_d - z_p)}{H + h_d}$$
（8-33）

（3）支护桩最大弯矩计算　在图 8-6 中，支护桩的最大弯矩应在剪力为零处，设剪力为零的点位于地面以下 x_m 位置，由静力平衡条件可得下式
$$E_{axm} - T_A = 0$$
（8-34）

式中　E_{axm}——深度 x_m 内的主动土压力合力（kN/m）。

利用上式求得 x_m 后，可计算桩身最大弯矩，即

最大弯矩为
$$M_{max} = T_A x_m - E_{axm} z_{axm}$$
（8-35）

式中　z_{axm}——E_{axm} 作用点距地面的距离（m）。

2. 锚杆位于支护桩结构任意位置

锚杆位于支护桩结构任意位置时，按支护结构嵌固深度不同，可分为两种情况进行计算。

（1）支护桩嵌固深度较浅　当支护桩在基坑内嵌固深度较浅时，挡土结构只有一个方

向的弯矩,如图 8-7 所示,同样假定 A 点为铰接,支护桩和 A 点不发生移动,具体计算步骤如下:

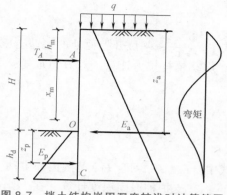

1)嵌固深度计算。对 A 点取矩,并令 $\sum A = 0$,即

$$E_a(z_a - h_m) - E_p(H - h_m + z_p) = 0 \qquad (8\text{-}36)$$

由式(8-36)可解得支护桩插入深度 h_d。

2)锚杆拉力计算。根据静力平衡条件 $\sum H = 0$,可进行锚杆拉力的计算,即

$$T_A = E_a - E_p \qquad (8\text{-}37)$$

3)支护桩最大弯矩计算。支护桩的最大弯矩应在剪力为零处,设剪力为零的点位于 A 点以下 x_m 位置,由静力平衡条件得下式

图 8-7 挡土结构嵌固深度较浅时计算简图

$$E_{axm} - T_A = 0 \qquad (8\text{-}38)$$

利用上式求得 x_m 后,可计算最大弯矩,即

最大弯矩为

$$M_{max} = T_A x_m - E_{axm}(x_m + h_m - z_{axm}) \qquad (8\text{-}39)$$

式中 E_{axm}——深度 x_m 内的主动土压力合力(kN/m);

z_{axm}——E_{axm} 作用位置距地面的距离(m)。

(2)支护桩嵌固深度较深 当支护桩在基坑内嵌固深度较深时,挡土结构底部出现反向弯矩,下部位移较小,此时可将支护桩底端作为固定端,支点 A 按铰接考虑,采用等值梁法计算,如图 8-8 所示。

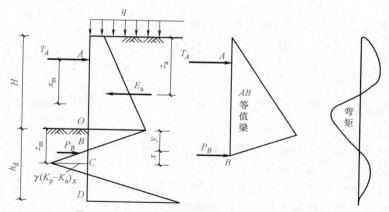

图 8-8 挡土结构嵌固深度较深时的计算简图

等值梁法亦称假想支点法,AB 为等值简支梁,通过简支梁分析 A、B 支点的弯矩和支点反力,A 点支反力 T_A 为锚杆拉力。B 点以下通过被动土压力和 B 点支反力 P_B 的平衡条件,确定支护桩的嵌入深度。由于零弯矩点 B 与土压力强度零点很接近,一般将主动土压力强度与被动土压力强度零点看作零弯矩点 B。等值梁法具体计算步骤如下:

① 确定 B 点位置。由主动土压力和被动土压力相等的条件,可得下式

$$\gamma K_p y = K_a[(H+y)\gamma + q] = \gamma H K_a + q K_a + \gamma y K_a = e_a + q K_a + \gamma y K_a$$

$$y = \frac{e_a + qK_a}{\gamma(K_p - K_a)} \qquad (8\text{-}40)$$

式中 e_a——基坑开挖面处的主动土压力强度（kN/m^2）。

② 锚杆拉力计算。对 B 点取矩，并令 $\sum M_B = 0$，即

$$T_A(H - h_m + y) - E_a(H - z_a + y) = 0$$

$$T_A = \frac{E_a(H - z_a + y)}{H - h_m + y} \qquad (8\text{-}41)$$

$$P_B = E_a - T_A \qquad (8\text{-}42)$$

式中 E_a——深度 $H+y$ 范围内的主动土压力（kN/m）。

③ 支护桩嵌固深度计算。在 BC 段，对 C 点取矩，并令 $\sum M_C = 0$，由于 B 点力与 P_B 大小相等，方向相反，即

$$E_p \frac{x}{3} - P_B x = 0$$

$$E_p = \frac{1}{2}\gamma(K_p - K_a)xx$$

$$x = \sqrt{\frac{6P_B}{\gamma(K_p - K_a)}} \qquad (8\text{-}43)$$

嵌固深度 $h_d = x + y$，此深度为支护桩的最小嵌固深度。当土质较差时，乘以 $1.1 \sim 1.2$ 的系数，即：$h_d = (1.1 \sim 1.2)(x + y)$。

④ 支护桩最大弯矩计算。对于 AB 简支梁，最大弯矩应在剪力为零处，设剪力为零的点位于 A 点以下 x_m 位置，由静力平衡条件得下式

$$E_{axm} - T_A = 0 \qquad (8\text{-}44)$$

利用上式求得 x_m 后，可计算最大弯矩，即

$$M_{max} = T_A x_m - E_{axm}(x_m + h_m - z_{axm}) \qquad (8\text{-}45)$$

8.2.3　多支点桩锚支护结构

随着基坑深度加大，竖向支挡结构如排桩、连续墙等，如果采用单支点，则其支点与坑底之间距离变大，即跨度加大，构件在水平土压力作用下承载能力不满足要求，这时需要增加支点，成为多支点桩锚支护结构。多支点桩锚支护结构在施工时，随着基坑开挖，逐层施加拉锚杆件，其受力工况也不断变化。

多支点桩锚支护结构计算方法很多，主要计算方法有等值梁法、二分之一分担法、逐层开挖锚杆力不变法、弹性法和有限元法。等值梁法可以手工计算，弹性法和有限元法主要采用计算机完成。

1. 逐层开挖锚杆力不变等值梁法

该法是等值梁法与逐层开挖锚杆力不变法的结合，对于多支点支挡结构，如图 8-9 所示。由于锚杆的分层设置，土方分层开挖，计算时支护桩应按顺序分段进行，每个阶段均可将该阶段开挖面上的锚杆点和开挖面下的假想支点之间的支护桩看作简支梁，然后把计算出的支点反力保持不变，并作为外力计算下一段梁的支点反力。具体计算步骤如下：

1）第一层锚杆设置阶段　从理论上讲，第一层锚杆的设置必须保证在设置第二层锚杆

前基坑稳定，即取设置第二层锚杆所需的开挖深度 h_1+h_2 进行第一层锚杆计算，如图 8-9a 所示。

① 求 y_1。根据主动土压力强度和被动土压力强度相等，得到下式

$$y_1 = \frac{e_{a1}+qK_a}{\gamma(K_p-K_a)} \tag{8-46}$$

式中　e_{a1}——当前基坑深度 h_1+h_2 开挖面处的主动土压力强度（kN/m^2）。

② 求 T_1。将 AB_1 作为简支梁，对 B_1 点取矩，并令 $\sum M_{B1}=0$，即

$$T_1 = \frac{E_{a1}(h_1+h_2-z_{a1}+y_1)}{h_2+y_1} \tag{8-47}$$

2）第二层锚杆设置阶段。取设置第三层锚杆所需的开挖深度 $h_1+h_2+h_3$ 进行第二层锚杆的计算，如图 8-9b 所示。

① 求 y_2。根据主动土压力强度和被动土压力强度相等，得到下式

$$y_2 = \frac{e_{a2}+qK_a}{\gamma(K_p-K_a)} \tag{8-48}$$

式中　e_{a2}——当前基坑深度 $h_1+h_2+h_3$ 开挖面处的主动土压力强度（kN/m^2）。

② 求 T_2。将 AB_2 作为简支梁，对 B_2 点取矩，并令 $\sum M_{B2}=0$，即

$$T_2 = \frac{E_{a2}(h_1+h_2+h_3-z_{a2}+y_2)-T_1(h_2+h_3+y_2)}{h_3+y_2} \tag{8-49}$$

3）挖至基坑设计深度阶段，如图 8-9c 所示。

① 求 y_k。根据主动土压力强度和被动土压力强度相等，得到下式

$$y_k = \frac{e_{ak}+qK_a}{\gamma(K_p-K_a)} \tag{8-50}$$

式中　e_{ak}——当前基坑深度 H 开挖面处的主动土压力强度（kN/m^2）。

② 求 T_k 和 B_k 点支反力 P_{Bk}。将 AB_k 作为简支梁，对 B_k 点取矩，并令 $\sum M_{Bk}=0$，此时，T_1、T_2、T_3、$\cdots$、T_k 作为已知力参与计算，即

$$T_k = \frac{E_{ak}(H-z_{ak}+y_k)-\sum_{j=1}^{k-1}\left[T_j\left(H-\sum_{m=1}^{j}h_m+y_k\right)\right]}{H-\sum_{n=1}^{k}h_n+y_k} \tag{8-51}$$

$$P_{Bk} = E_{ak}-\sum T_k \tag{8-52}$$

③ 支护桩嵌固深度计算。与前文推导相同，在 AB_k 简支梁中，对 B_k 点取矩，并令 $\sum M_{Bk}=0$，经整理得到下式

$$x = \sqrt{\frac{6P_{Bk}}{\gamma(K_p-K_a)}} \tag{8-53}$$

嵌固深度 $h_d=x+y_k$，此深度为支护桩最小嵌固深度。当土质较差时，乘以 1.1~1.2 的系数，即：$h_d=(1.1~1.2)(x+y_k)$。

④ 支护桩最大弯矩计算。和前文一样，AB_k 简支梁的最大弯矩应在剪力为零处，按前文方法计算即可得到。

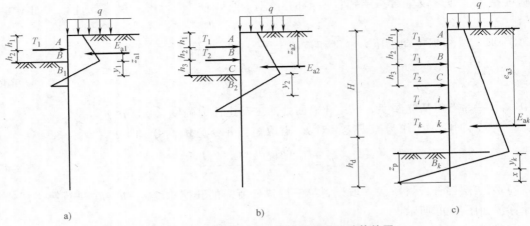

图 8-9　多支点桩锚支护结构等值梁法计算简图

2. 平面弹性地基梁法

（1）计算原理　平面弹性地基梁法假定挡土结构为平面应变问题，取单位宽度的挡土结构作为竖向放置的弹性地基梁，锚杆简化为弹簧支座，基坑内开挖面以下土体用弹簧模拟，挡土结构外侧作用已知的水压力和土压力。图 8-10 为平面弹性地基梁法计算简图。

在水平方向上取长度为 b_a 的挡土结构作为分析对象，弹性地基梁的变形微分方程为

$$EI \frac{\mathrm{d}^4 y}{\mathrm{d}z^4} - e_a(z) = 0 \qquad (0 \leqslant z \leqslant h_n)$$

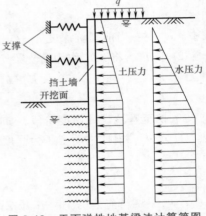

图 8-10　平面弹性地基梁法计算简图

$$EI \frac{\mathrm{d}^4 y}{\mathrm{d}z^4} + m b_a(z - h_n) y - e_a(z) = 0 \qquad (z \geqslant h_n) \tag{8-54}$$

式中　EI——支护桩的抗弯刚度；

$\quad\quad y$——支护桩的侧向位移；

$\quad\quad z$——深度；

$e_a(z)$——z 深度处的主动土压力；

$\quad\quad m$——地基土水平反力比例系数；

$\quad\quad h_n$——第 n 步的开挖深度。

考虑土体的分层（m 值不同）及水平锚杆的存在等实际情况，在竖向将弹性地基梁划分成若干单元，分别列出每个单元的上述微分方程，一般可采用杆系有限元方法求解。划分单元时，尽量考虑到土层的分布、地下水位、锚杆的位置、基坑的开挖深度等因素。分析多道锚杆分层开挖时，根据基坑开挖、锚杆情况划分施工工况，按照工况的顺序进行支护结构的变形和内力计算，计算中需考虑各工况下边界条件、荷载形式等的变化，并取上一工况计算的支护结构位移作为下一工况的初始值。

弹性支座的反力的计算公式为

$$T_i = K_{Pi}(y_i - y_{0i}) \tag{8-55}$$

式中　T_i——第 i 道锚杆的弹性支座反力；

　　　K_{Pi}——第 i 道锚杆弹簧刚度；

　　　y_i——由前面方法计算得到的第 i 道锚杆处的侧向位移；

　　　y_{0i}——由前面方法计算得到的第 i 道锚杆设置之前该处的侧向位移。

（2）水平弹簧支座刚度计算　基坑开挖面或地面以下，水平弹簧支座的压缩弹簧刚度 K_H 的计算公式为

$$K_H = k_H b h \tag{8-56}$$

式中　K_H——土弹簧压缩刚度（kN/m）；

　　　k_H——地基土水平向基床系数（kN/m³）；

　　　b——弹簧的水平向计算间距（m）；

　　　h——弹簧的垂直向计算间距（m）。

地基土水平向基床系数各规范和地区取值不同，计算时按相应规范或地区经验取值。

（3）作用于挡土结构的土压力计算

① 排桩外侧土压力计算。取单根支护桩进行分析时，排桩外侧土压力计算宽度（b_a）应取排桩间距，如图 8-11 所示。主动土压力强度标准值 p_{ak} 按 8.1.4 节的有关规定确定。结构分析时，按荷载标准组合计算的变形值不应大于基坑变形控制值。

② 嵌固段土反力计算宽度。排桩嵌固段上的土反力（p_s）和初始土反力（p_{s0}）的计算宽度（b_0）如图 8-11 所示，排桩的土反力计算宽度按下列规定计算：

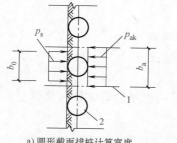
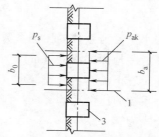

a) 圆形截面排桩计算宽度　　　　b) 矩形或工字形截面排桩计算宽度

图 8-11　排桩计算宽度

1—排桩对称中心线　2—圆形桩　3—矩形桩或工字形桩

对于圆形桩计算公式为

$$b_0 = 0.9(1.5d + 0.5) \qquad (d \leqslant 1\text{m}) \tag{8-57}$$

$$b_0 = 0.9(d + 1) \qquad (d > 1\text{m}) \tag{8-58}$$

对于矩形桩或工字形桩计算公式为

$$b_0 = 1.5b + 0.5 \qquad (b \leqslant 1\text{m}) \tag{8-59}$$

$$b_0 = b + 1 \qquad (b > 1\text{m}) \tag{8-60}$$

式中　b_0——单桩土反力计算宽度（m）；当按式（8-57）~式（8-60）计算的 b_0 大于排桩间距时，取 b_0 等于排桩间距；

d——桩的直径（m）；

b——矩形桩或工字形桩的宽度（m）。

③ 嵌固段土反力计算　作用在排桩上的分布土反力计算公式为

$$p_s = k_s \gamma + p_{s0} \tag{8-61}$$

排桩嵌固段上的基坑内侧分布土反力应符合下列条件，即

$$P_s \leqslant E_p \tag{8-62}$$

式中　p_s——分布土反力（kPa）；

k_s——土的水平反力系数（kN/m³）；

γ——挡土构件在分布土反力计算点的水平位移值（m）；

p_{s0}——初始土反力强度（kPa）；作用在排桩嵌固段上的基坑内侧初始土压力强度可按式（8-8）或式（8-12）计算，但应将公式中的 p_{ak} 用 p_{s0} 代替、σ_{ak} 用 σ_{pk} 代替、u_a 用 u_p 代替，且不计（$2c\sqrt{K_{ai}}$）项；

P_s——作用在排桩嵌固段上的基坑内侧土反力合力（kN），通过按式（8-61）计算的分布土反力 p_s 得出；

E_p——作用在排桩嵌固段上的被动土压力合力（kN）。

当不符合式（8-62）的计算条件时，应增加排桩的嵌固长度或取 $P_s = E_p$ 时的分布土反力。

排桩内侧嵌固段上土的水平反力系数计算公式为

$$k_s = m(z-h) \tag{8-63}$$

式中　m——土的水平反力系数的比例系数（kN/m⁴）；

z——计算点距地面的深度（m）；

h——计算工况下的基坑开挖深度（m）。

土的水平反力系数的比例系数（m）宜按桩的水平荷载试验及地区经验取值，缺少试验和经验时，计算公式为

$$m = \frac{0.2\varphi^2 - \varphi + c}{\nu_b} \tag{8-64}$$

式中　m——土的水平反力系数的比例系数（MN/m⁴）；

c、φ——土的黏聚力（kPa）、内摩擦角（°），对多层土，按不同土层分别取值；

ν_b——排桩在坑底处的水平位移量（mm），当此处的水平位移不大于 10mm 时，可取 $\nu_b = 10$mm。

（4）求解方法　基于有限元的平面弹性地基梁法的一般求解过程如下：

1）结构简化：即把挡土结构的各个组成部分根据其结构受力特点简化为杆系单元，如两端嵌固的梁单元、弹性地基梁单元、弹性支撑梁单元等。

2）结构离散化：把挡土结构沿竖向划分为若干个单元，一般每隔 1～2m 划分一个单元。为计算简便，尽可能将节点布置在挡土结构的截面、荷载突变处，弹性地基基床系数变化处及支撑或锚杆的作用点处。

3）变形协调：挡土结构的节点应满足变形协调条件，即在同一节点处的每个单元的位移是互相协调的，并取节点的位移为未知量。

4）单元节点力：单元所受荷载和单元节点位移之间的关系，以单元的刚度矩阵 K^e 来确定，即

$$F^e = K^e \delta^e \tag{8-65}$$

式中　F^e——单元节点力；

　　　K^e——单元刚度矩阵；

　　　δ^e——单元节点位移。

作用于结构节点上的荷载和结构节点位移之间的关系以及结构的总体刚度矩阵是由各个单元的刚度矩阵，经矩阵变换得到。

5）根据静力平衡条件，作用在结构节点上的外荷载必须与单元内荷载平衡，单元内荷载由未知节点位移和单元刚度矩阵求得。外荷载给定，可以求得未知的节点位移，进而求得单元内力。对于弹性地基梁的地基反力，可由结构位移乘以地基水平基床系数求得。

8.2.4 锚杆设计

1. 锚杆极限抗拔承载力

锚杆的极限抗拔承载力计算公式为

$$\frac{R_k}{N_k} \geqslant K_t \tag{8-66}$$

式中　K_t——锚杆抗拔安全系数；安全等级为一级、二级、三级的支护结构，K_t 分别不应小于 1.8、1.6、1.4；

　　　N_k——锚杆轴向拉力标准值（kN）；

　　　R_k——锚杆极限抗拔承载力标准值（kN）。

锚杆的轴向拉力标准值计算公式为

$$N_k = \frac{F_h s}{b_a \cos\alpha} \tag{8-67}$$

式中　N_k——锚杆的轴向拉力标准值（kN）；

　　　F_h——挡土构件计算宽度内的弹性支点水平反力（kN）；

　　　s——锚杆水平间距（m）；

　　　b_a——结构计算宽度（m）；

　　　α——锚杆倾角（°）。

锚杆极限抗拔承载力标准值估算公式为

$$R_k = \pi d \sum q_{sik} l_i \tag{8-68}$$

式中　d——锚杆的锚固体直径（m）；

　　　l_i——锚杆的锚固段在第 i 土层中的长度（m）；锚固段长度（l_a）为锚杆在理论直线滑动面以外的长度；

　　　q_{sik}——锚固体与第 i 土层之间的极限黏结强度标准值（kPa），见表 8-3。

表 8-3　锚杆的极限黏结强度标准值

土的名称	土的状态或密实度	q_{sik}/kPa	
		一次常压注浆	二次压力注浆
填土	—	16～30	30～45
淤泥质土	—	16～20	20～30
黏性土	$I_L>1$	18～30	25～45
	$0.75<I_L≤1$	30～40	45～60
	$0.50<I_L≤0.75$	40～53	60～70
	$0.25<I_L≤0.50$	53～65	70～85
	$0<I_L≤0.25$	65～73	85～100
	$I_L≤0$	73～90	100～130
粉土	$e>0.90$	22～44	40～60
	$0.75≤e≤0.90$	44～64	60～90
	$e<0.75$	64～100	90～130
粉细砂	稍密	22～42	40～70
	中密	42～63	70～110
	密实	63～85	110～130
中砂	稍密	54～74	70～100
	中密	74～90	100～130
	密实	90～120	130～170
粗砂	稍密	80～130	100～140
	中密	130～170	140～220
	密实	170～220	220～250
砾砂	中密、密实	190～260	240～290
风化岩	全风化	80～100	120～150
	强风化	150～200	200～260

注：1. 采用泥浆护壁成孔工艺时，应按表取低值后再根据具体情况适当折减。

2. 采用套管护壁成孔工艺时，可取表中的高值。

3. 采用扩孔工艺时，可在表中数值基础上适当提高。

4. 采用分段劈裂二次压力注浆工艺时，可在表中二次压力注浆数值基础上适当提高。

5. 当砂土中的细粒含量超过总质量的30%时，按表取值后应乘以0.75的系数。

6. 对有机质含量为5%～10%的有机质土，应按表取值后适当折减。

7. 当锚杆锚固段长度大于16m时，应对表中数值适当折减。

锚杆自由段长度计算公式为（见图 8-12）

$$l_f ≥ \frac{(a_1+a_2-d\tan\alpha)\sin\left(45°-\dfrac{\varphi_m}{2}\right)}{\sin\left(45°+\dfrac{\varphi_m}{2}+\alpha\right)}+\frac{d}{\cos\alpha}+1.5 \tag{8-69}$$

式中　l_f——锚杆自由段长度（m）；

α——锚杆的倾角（°）；

a_1——锚杆的锚头中点至基坑底面的距离（m）；

a_2——基坑底面至挡土构件嵌固段上基坑外侧主动土压力强度与基坑内侧被动土压力强度等值点 O 的距离（m）；对多层土地层，当存在多个等值点时应按其中最深处的等值点计算；

d——挡土构件的水平尺寸（m）；

φ_m——O 点以上各土层按厚度加权的内摩擦角平均值（°）。

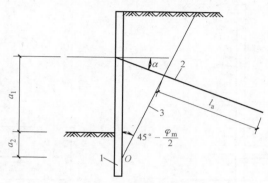

图 8-12　理论直线滑动面

1—挡土构件　2—锚杆　3—理论直线滑动面

2. 锚杆杆体受拉承载力

锚杆杆体的受拉承载力应符合规定，即

$$N \leqslant f_{py} A_p \tag{8-70}$$

式中　N——锚杆轴向拉力设计值（kN）；

f_{py}——预应力钢筋抗拉强度设计值（kPa）；当锚杆杆体采用普通钢筋时，取普通钢筋强度设计值（f_y）；

A_p——预应力钢筋的截面面积（m^2）。

8.2.5　稳定性验算

1. 嵌固稳定性

1）悬臂式支护结构的嵌固深度应符合下列嵌固稳定性的要求（图 8-13），即

$$\frac{E_{pk} z_{p1}}{E_{ak} z_{a1}} \geqslant K_e \tag{8-71}$$

式中　K_e——嵌固稳定安全系数；安全等级为一级、二级、三级的悬臂式支挡结构，K_{em} 分别不应小于 1.25、1.2、1.15；

E_{ak}、E_{pk}——基坑外侧主动土压力、基坑内侧被动土压力合力的标准值（kN）；

z_{a1}、z_{p1}——基坑外侧主动土压力、基坑内侧被动土压力合力作用点至挡土构件底端的距离（m）。

2）单层锚杆桩锚支护结构的嵌固深度应符合下列嵌固稳定性的要求（见图 8-14）即

$$\frac{E_{pk}z_{p2}}{E_{ak}z_{a2}} \geq K_e \tag{8-72}$$

式中　K_e——嵌固稳定安全系数；安全等级为一级、二级、三级的锚拉式支挡结构和支撑
式支挡结构，K_{em} 分别不应小于 1.25、1.2、1.15；

z_{a2}、z_{p2}——基坑外侧主动土压力、基坑内侧被动土压力合力作用点至支点的距离（m）。

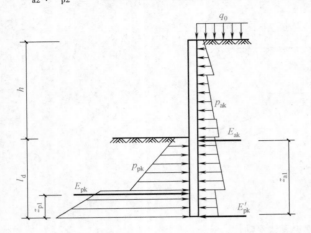 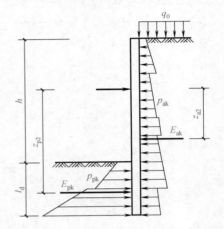

图 8-13　悬臂式支护结构的嵌固稳定性验算　　　　图 8-14　单层锚杆桩锚支护结构的嵌固稳定性验算

2. 整体稳定性验算

锚拉式、悬臂式和双排桩支挡结构应按下列规定进行整体稳定性验算。锚拉式支挡结构
的整体稳定性可采用圆弧滑动条分法进行验算，采用圆弧滑动条分法时，其整体稳定性应符
合下列规定（图 8-15）。

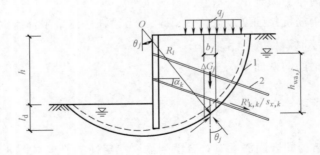

图 8-15　圆弧滑动条分法整体稳定性验算

1—任意圆弧滑动面　2—锚杆

圆弧滑动整体稳定安全系数计算公式为

$$\min\{K_{s,1}, K_{s,2}, \cdots, K_{s,i}, \cdots\} \geq K_s \tag{8-73}$$

$$K_{s,i} = \frac{\sum\{c_jb_j + [(q_jb_j + \Delta G_j)\cos\theta_j - u_jl_j]\tan\varphi_j\} + \sum R'_{k,k}[\cos(\theta_j + \alpha_k) + \psi_v]/s_{x,k}}{\sum(q_jb_j + \Delta G_j)\sin\theta_j} \tag{8-74}$$

式中　K_s——圆弧滑动整体稳定安全系数；安全等级为一级、二级、三级的锚拉式支挡结

构，K_s 分别不应小于 1.35、1.3、1.25；

$K_{s,i}$——第 i 个滑动圆弧的抗滑力矩与滑动力矩的比值；抗滑力矩与滑动力矩之比的最小值宜通过搜索不同圆心及半径的所有潜在滑动圆弧确定；

c_j、φ_j——第 j 土条滑弧面处土的黏聚力（kPa）、内摩擦角（°）；

b_j——第 j 土条的宽度（m）；

θ_j——第 j 土条滑弧面中点处的法线与垂直面的夹角（°）；

l_j——第 j 土条的滑弧段长度（m），取 $l_j = b_j / \cos\theta_j$；

q_j——作用在第 j 土条上的附加分布荷载标准值（kPa）；

ΔG_j——第 j 土条的自重（kN），按天然重度计算；

u_j——第 j 土条在滑弧面上的孔隙水压力（kPa）；基坑采用落底式截水帷幕时，对地下水位以下的砂土、碎石土、粉土，在基坑外侧，可取 $u_j = \gamma_w h_{wa,j}$，在基坑内侧，可取 $u_j = \gamma_w h_{wp,j}$；在地下水位以上或对地下水位以下的黏性土，取 $u_j = 0$；

γ_w——地下水重度（kN/m³）；

$h_{wa,j}$——基坑外地下水位至第 j 土条滑弧面中点的垂直距离（m）；

$h_{wp,j}$——基坑内地下水位至第 j 土条滑弧面中点的垂直距离（m）；

$R'_{k,k}$——第 k 层锚杆对圆弧滑动体的极限拉力值（kN）；应取锚杆在滑动面以外的锚固体极限抗拔承载力标准值与锚杆杆体受拉承载力标准值（$f_{ptk}A_p$ 或 $f_{yk}A_s$）的较小值；锚固体的极限抗拔承载力计算时，锚固段应取滑动面以外的长度；

α_k——第 k 层锚杆的倾角（°）；

$s_{x,k}$——第 k 层锚杆的水平间距（m）；

ψ_v——计算系数；可按 $\psi_v = 0.5\sin(\theta_k + \alpha_k)\tan\varphi$ 取值，此处，φ 为第 k 层锚杆与滑弧交点处土的内摩擦角。

注：对悬臂式支挡结构，采用式（8-74）时不考虑 $\sum R'_{k,k}[\cos(\theta_j + \alpha_k) + \psi_v]/s_{x,k}$ 项。

当挡土构件底端以下存在软弱下卧土层时，整体稳定性验算滑动面中尚应包括由圆弧与软弱土层层面组成的复合滑动面。

3. 抗隆起稳定性验算

锚拉式支挡结构和支撑式支挡结构，其嵌固深度应满足坑底隆起稳定性要求，如图 8-16 所示。

抗隆起稳定性计算公式为

$$\frac{\gamma_{m2}DN_q + cN_c}{\gamma_{m1}(h+D) + q_0} \geq K_{he} \qquad (8-75)$$

$$N_q = \tan^2\left(45° + \frac{\varphi}{2}\right)e^{\pi\tan\varphi} \qquad (8-76)$$

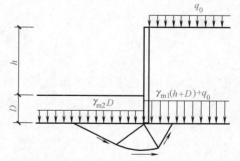

图 8-16　挡土构件底端平面下土的抗隆起稳定性验算

$$N_c = (N_q - 1)/\tan\varphi \qquad (8-77)$$

式中　K_{he}——抗隆起安全系数；安全等级为一级、二级、三级的支护结构，K_{he} 分别不应小于 1.8、1.6、1.4；

γ_{m1}——基坑外挡土构件底面以上土的重度（kN/m³）；对地下水位以下的砂土、碎石土、粉土取浮重度；对多层土取各层土按厚度加权的平均重度；

γ_{m2}——基坑内挡土构件底面以上土的重度（kN/m^3）；对地下水位以下的砂土、碎石土、粉土取浮重度；对多层土取各层土按厚度加权的平均重度；

D——基坑底面至挡土构件底面的土层厚度（m）；

h——基坑深度（m）；

q_0——地面均布荷载（kPa）；

N_c、N_q——承载力系数；

c、φ——挡土构件底面以下土的黏聚力（kPa）、内摩擦角（°）。

当挡土构件底面以下有软弱下卧层时，挡土构件底面土的抗隆起稳定性验算的部位尚应包括软弱下卧层，式（8-75）中的 γ_{m1}、γ_{m2} 应取软弱下卧层顶面以上土的重度（图8-17），D 应取基坑底面至软弱下卧层顶面的土层厚度。

悬臂式支挡结构可不进行抗隆起稳定性验算。拉锚式支挡结构和支撑式支挡结构，当坑底以下为软土时，尚应按图8-18所示的以最下层支点为转动轴心的圆弧滑动模式验算抗隆起稳定性。

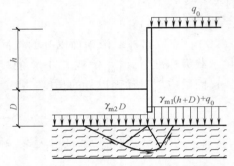

图8-17 软弱下卧层的抗隆起稳定性验算

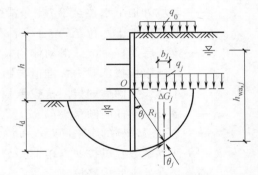

图8-18 拉锚式支挡结构和支撑式支挡结构抗隆起稳定性验算

验算公式为

$$\frac{\sum \left[c_j l_j + (q_j b_j + \Delta G_j) \cos\theta_j \tan\varphi_j \right]}{\sum (q_j b_j + \Delta G_j) \sin\theta_j} \geqslant K_{RL} \tag{8-78}$$

式中 K_{RL}——以最下层支点为轴心的圆弧滑动稳定安全系数；安全等级为一级、二级、三级的支挡式结构，K_{RL} 分别不应小于2.2、1.9、1.7；

c_j、φ_j——第 j 土条在滑弧面处土的黏聚力（kPa）、内摩擦角（°）；

l_j——第 j 土条的滑弧段长度（m），取 $l_j = b_j / \cos\theta_j$；

q_j——作用在第 j 土条上的附加分布荷载标准值（kPa）；

b_j——第 j 土条的宽度（m）；

θ_j——第 j 土条滑弧面中点处的法线与垂直面的夹角（°）；

ΔG_j——第 j 土条的自重（kN），按天然重度计算。

基坑采用悬挂式截水帷幕或坑底以下存在水头高于坑底的承压含水层时，应进行地下水渗透稳定性验算。挡土构件的嵌固深度除应满足前文的规定外，对悬臂式结构，且不宜小于 $0.8h$；对单支点支挡式结构，且不宜小于 $0.3h$；对多支点支挡式结构，且不宜小于 $0.2h$；此处 h 为基坑深度。

8.2.6　桩正截面和斜截面承载力计算

混凝土支护桩的正截面和斜截面承载力应按现行国家标准《混凝土结构设计规范》（GB 50010—2010）进行计算，型钢、钢管、钢板支护桩的受弯、受剪承载力应按现行国家标准《钢结构设计标准》（GB 50017—2017）进行计算，桩弯矩设计值和剪力设计值应按式（8-2）和式（8-3）计算确定。

8.2.7　构造要求

采用混凝土灌注桩时，支护桩的桩径宜大于或等于600mm。排桩的中心距不宜大于桩直径的2.0倍。支护桩顶部应设置混凝土冠梁，冠梁的宽度不宜小于桩径，高度不宜小于桩径的0.6倍。混凝土灌注桩桩身混凝土强度等级不宜低于C25。纵向受力钢筋的保护层厚度不应小于35mm；采用水下灌注混凝土工艺时，不应小于50mm。

排桩的桩间土应采取防护措施。桩间土防护措施宜采用内置钢筋网或钢丝网的喷射混凝土面层。喷射混凝土面层的厚度不宜小于50mm，混凝土强度等级不宜低于C20，混凝土面层内配置的钢筋网的纵横向间距不宜大于200mm。钢筋网或钢丝网宜采用横向拉筋与两侧桩体连接，拉筋直径不宜小于12mm，拉筋锚固在桩内的长度不宜小于100mm。钢筋网宜采用桩间土内打入直径不小于12mm的钢筋钉固定，钢筋钉打入桩间土中的长度不宜小于排桩净间距的1.5倍且不应小于500mm。

锚杆锁定值宜取锚杆轴向拉力标准值的0.75～0.9倍。锚杆的水平间距不宜小于1.5m；多层锚杆，其竖向间距不宜小于2.0m；当锚杆的间距小于1.5m时，应根据群锚效应对锚杆抗拔承载力进行折减或相邻锚杆应取不同的倾角。锚杆锚固段的上覆土层厚度不宜小于4.0m。锚杆倾角宜取15°～25°，且不应大于45°，不应小于10°。

锚杆腰梁可采用型钢组合梁或混凝土梁。锚杆腰梁应按受弯构件设计。锚杆腰梁的正截面、斜截面承载力，对混凝土腰梁，应符合现行国家标准《混凝土结构设计规范》（GB 50010—2010）的规定；对型钢组合腰梁，应符合现行国家标准《钢结构设计标准》（GB 50017—2017）的规定。当锚杆锚固在混凝土冠梁上时，冠梁应按受弯构件设计，其截面承载力应符合上述国家标准的规定。锚杆腰梁应根据实际约束条件按连续梁或简支梁计算。计算腰梁的内力时，腰梁的荷载应取结构分析时得出的支点力设计值。

■ 8.3　内支撑支护结构

当岩土地质条件不允许在基坑两侧做锚杆对竖向支挡结构进行拉锚时，则在基坑内设置水平内支撑构件支顶竖向支挡构件（如排桩、连续墙）。如同桩锚支护结构，根据基坑深度在竖向可以设置一道内支撑或多道内支撑。当基坑宽度较小时，采用单跨即可。当基坑宽度较大时，水平支撑的下面可以设竖向支撑构件（如格构柱等），水平支撑为多跨。在施工时，如同桩锚支护结构，随着基坑开挖深度增加，逐层施加内支撑。

8.3.1　内支撑结构选型

内支撑结构可选用钢支撑、混凝土支撑、钢与混凝土的混合支撑。内支撑结构应综合考虑基坑平面的形状、尺寸、开挖深度、周边环境条件、主体结构的形式等因素，选用下列内支撑形式：

1）水平对撑或斜撑，可采用单杆、桁架、八字形支撑。

2）正交或斜交的平面杆系支撑。

3）环形杆系或板系支撑。

4）竖向斜撑。

内支撑结构选型应符合下列原则：

1）宜采用受力明确、连接可靠、施工方便的结构形式。

2）宜采用对称平衡性、整体性强的结构形式。

3）应与主体地下结构的结构形式、施工顺序协调，应便于主体结构施工。

4）应利于基坑土方开挖和运输。

5）需要时，应考虑内支撑结构作为施工平台。

内支撑结构设计时，应考虑地质条件的复杂性和基坑开挖步序的变化而出现的偶然状况，并应在设计上采取必要的防范措施。内支撑结构宜采用超静定结构；在复杂环境或软弱土质中，应选用平面或空间的超静定结构。内支撑结构，应考虑支护结构个别构件的提前失效而导致土压力作用位置的转移，并宜设置必要的安全支撑。

8.3.2 内支撑结构分析

与桩锚支护结构相同，内支撑支护结构分析方法也很多，有极限平衡法、等值梁法、二分之一分担法、逐层开挖锚杆力不变法、弹性法和有限元法。内支撑支护结构进行结构分析时，可将整个结构分解为挡土结构和内支撑结构。挡土结构宜采用平面杆系结构弹性支点法进行分析，结构分析模型与桩锚支护结构相同，内支撑结构可按平面结构进行分析。挡土结构传至内支撑的荷载应取挡土结构分析时得出的支点力，对挡土结构和内支撑结构分别进行分析时，应考虑其相互之间的变形协调。

内支撑支护结构的设计工况应包括基坑开挖至坑底的状态和支撑设置后的开挖状态。当需要在主体地下结构施工过程以其构件替换并拆除局部支撑时，设计工况中尚应包括拆除支撑时的状态。支护结构构件应按各设计工况内力和支点力的最大值进行承载力计算。替换支撑的主体地下结构构件应满足各工况下的承载力、变形及稳定性要求。

对采用水平内支撑的支撑式结构，当不同基坑侧壁的支护结构水平荷载、基坑开挖深度等不对称时，应分别按相应的荷载及开挖状态进行支护结构计算分析。结构分析时，按荷载标准组合计算的变形值不应大于基坑变形控制值。

内支撑结构挡土构件为排桩时，嵌固段土反力计算宽度和嵌固段土反力计算同桩锚支护结构。挡土构件为地下连续墙时，地下连续墙嵌固段上的土反力（p_s）和初始土反力（p_{s0}）的计算宽度（b_0）取包括接头的单幅墙宽度，嵌固段土反力计算与桩锚支护结构相同。

内支撑对挡土构件的作用仍按前文公式确定，即

$$F_h = k_R (\nu_R - \nu_{R0}) + P_h \tag{8-79}$$

式中　F_h——挡土构件计算宽度内的弹性支点水平反力（kN）；

　　　k_R——计算宽度内弹性支点刚度系数（kN/m）；

　　　ν_R——挡土构件在支点处的水平位移值（m）；

ν_{R0}——设置支点时，支点的初始水平位移值（m）；

P_h——挡土构件计算宽度内的法向预加力（kN）；采用竖向斜撑时，取 $P_h = P\cos\alpha \cdot b_a/s$；采用水平对撑时，取 $P_h = Pb_a/s$；对不预加轴向压力的支撑，取 $P_h = 0$；支撑的预加轴向压力 P 宜取 $(0.5N_k \sim 0.8N_k)$，此处，α 为支撑仰角，b_a 为结构计算宽度，s 为支撑的水平间距，N_k 为支撑轴向压力标准值。

支撑式支挡结构的弹性支点刚度系数宜通过对内支撑结构整体进行线弹性结构分析得出的支点力与水平位移的关系确定。对水平对撑，当支撑腰梁或冠梁的挠度可忽略不计时，宽度内弹性支点刚度系数 (k_R) 计算公式为

$$k_R = \frac{\alpha_R EAb_a}{\lambda l_0 s} \tag{8-80}$$

式中　λ——支撑不动点调整系数：支撑两对边基坑的土性、深度、周边荷载等条件相近，且分层对称开挖时，取 $\lambda = 0.5$；支撑两对边基坑的土性、深度、周边荷载等条件或开挖时间有差异时，对土压力较大或先开挖的一侧，取 $\lambda = 0.5 \sim 1.0$，且差异大时取大值，反之取小值；对土压力较小或后开挖的一侧，取 $(1-\lambda)$；当基坑一侧取 $\lambda = 1$ 时，基坑另一侧应按固定支座考虑；对竖向斜撑构件，取 $\lambda = 1$；

α_R——支撑松弛系数，对混凝土支撑和预加轴向压力的钢支撑，取 $\alpha_R = 1.0$，对不预加支撑轴向压力的钢支撑，取 $\alpha_R = 0.8 \sim 1.0$；

E——支撑材料的弹性模量（kPa）；

A——支撑的截面面积（m^2）；

l_0——受压支撑构件的长度（m）；

s——支撑水平间距（m）。

基坑采用悬挂式截水帷幕或坑底以下存在水头高于坑底的承压含水层时，应进行地下水渗透稳定性验算。

内支撑结构稳定性验算与桩锚支护结构相同，挡土构件的嵌固深度除应满足前文的规定外，对单支点支挡式结构，且不宜小于 $0.3h$；对多支点支挡式结构，且不宜小于 $0.2h$；此处 h 为基坑深度。

8.3.3　内支撑布置

1. 内支撑平面布置

1）内支撑的布置应满足主体结构的施工要求，宜避开地下主体结构的墙、柱。

2）相邻支撑的水平间距应满足土方开挖的施工要求；采用机械挖土时，应满足挖土机械作业的空间要求，且不宜小于 4m。

3）基坑形状有阳角时，阳角处的斜撑应在两边同时设置。

4）当采用环形支撑时，环梁宜采用圆形、椭圆形等封闭曲线形式；并应按使环梁弯矩、剪力最小的原则布置辐射支撑；宜采用环形支撑与腰梁或冠梁交汇的布置形式。

5）水平支撑应设置与挡土构件连接的腰梁；当支撑设置在挡土构件顶部所在平面时，应与挡土构件的冠梁连接；在腰梁或冠梁上支撑点的间距，对钢腰梁不宜大于 4m，对混凝土腰梁不宜大于 9m。

6）当需要采用相邻水平间距较大的支撑时，宜根据支撑冠梁、腰梁的受力和承载力要求，在支撑端部两侧设置八字斜撑杆与冠梁、腰梁连接，八字斜撑杆宜在主撑两侧对称布置，且斜撑杆的长度不宜大于 9m，斜撑杆与冠梁、腰梁之间的夹角宜取 45°~60°。

7）当设置支撑立柱时，临时立柱应避开主体结构的梁、柱及承重墙；对纵横双向交叉的支撑结构，立柱宜设置在支撑的交汇点处；对用作主体结构柱的立柱，立柱在基坑支护阶段的负荷不得超过主体结构的设计要求；立柱与支撑端部及立柱之间的间距应根据支撑构件的稳定要求和竖向荷载的大小确定，且对混凝土支撑不宜大于 15m，对钢支撑不宜大于 20m。

8）当采用竖向斜撑时，应设置斜撑基础，但应考虑与主体结构底板施工的关系。

2．支撑竖向布置

1）支撑与挡土构件之间不应出现拉力。

2）支撑应避开主体地下结构底板和楼板的位置，并应满足主体地下结构施工对墙、柱钢筋连接的要求；当支撑下方的主体结构楼板在支撑拆除前施工时，支撑底面与下方主体结构楼板间的净距不宜小于 700mm。

3）支撑至基底的净高不宜小于 3m。

4）采用多层水平支撑时，各层水平支撑宜布置在同一竖向平面内，层间净高不宜小于 3m。

8.3.4　内支撑构件计算

1．计算模型

1）水平对撑与水平斜撑，应按偏心受压构件进行计算；支撑的轴向压力应取支撑间距内挡土构件的支点力之和；腰梁或冠梁应按以支撑为支座的多跨连续梁计算，计算跨度可取相邻支撑点的中心距。

2）矩形平面形状的正交支撑，可分解为纵横两个方向的结构单元，并分别按偏心受压构件进行计算。

3）不规则平面形状的平面杆系支撑、环形杆系或环形板系支撑，可按平面杆系结构采用平面有限元法进行计算；对环形支撑结构，计算时应考虑基坑不同方向上的荷载不均匀性；当基坑各边的土压力相差较大时，在简化为平面杆系时，尚应考虑基坑各边土压力的差异产生的土体被动变形的约束作用，此时，可在水平位移最小的角点设置水平约束支座，在基坑阳角处不宜设置支座。

4）在竖向荷载作用下内支撑结构宜按空间框架计算，当作用在内支撑结构上的施工荷载较小时，可按连续梁计算，计算跨度可取相邻立柱的中心距。

5）竖向斜撑应按偏心受压杆件进行计算。

6）当有可靠经验时，宜采用三维结构分析方法，对支撑、腰梁与冠梁、挡土构件进行整体分析。

2．作用与荷载

1）当简化为平面结构计算时，由挡土构件传至内支撑结构的水平荷载。

2）支撑结构自重；当支撑作为施工平台时，尚应考虑施工荷载。

3）当温度改变引起的支撑结构内力不可忽略不计时，应考虑温度应力。

4）当支撑立柱下沉或隆起量较大时，应考虑支撑立柱与挡土构件之间差异沉降产生的作用。

3. 支撑构件承载力计算

混凝土支撑构件及其连接的受压、受弯、受剪承载力计算应符合现行国家标准《混凝土结构设计规范》（GB 50010—2010）的规定；钢支撑结构构件及其连接的受压、受弯、受剪承载力及各类稳定性计算应符合现行国家标准《钢结构设计标准》（GB 50017—2017）的规定。支撑的承载力计算应考虑安装偏心误差的影响，偏心距取值不宜小于支撑计算长度的1/1000，且对混凝土支撑不宜小于20mm，对钢支撑不宜小于40mm。

支撑构件的受压计算长度应按下列规定确定：

1）水平支撑在竖向平面内的受压计算长度，不设置立柱时，取支撑的实际长度；设置立柱时，取相邻立柱的中心间距。

2）水平支撑在水平平面内的受压计算长度，对无水平支撑杆件交汇的支撑，取支撑的实际长度；对有水平支撑杆件交汇的支撑，取与支撑相交的相邻水平支撑杆件的中心间距；当水平支撑杆件的交汇点不在同一水平面内时，其水平面内的受压计算长度宜取与支撑相交的相邻水平支撑杆件中心间距的1.5倍；

3）对竖向斜撑，应按1）和2）的规定确定受压计算长度。

4. 立柱受压承载力计算

在竖向荷载作用下，当作用在支撑体系上的施工荷载较小时，可按连续梁计算，计算跨度可取相邻立柱的中心距。

1）在竖向荷载作用下，内支撑结构按框架计算时，立柱应按偏心受压构件计算；内支撑结构按连续梁计算时，可按轴心受压构件计算。

2）立柱的受压计算长度应按下列规定确定：①单层支撑的立柱、多层支撑底层立柱的受压计算长度应取底层支撑至基坑底面的净高度与立柱直径或边长的5倍之和；②相邻两层水平支撑间的立柱受压计算长度应取水平支撑的中心间距。

3）立柱的基础应满足抗压和抗拔的要求。

8.3.5　构造要求

1. 混凝土支撑

1）混凝土的强度等级不应低于C25。

2）支撑构件的截面高度不宜小于其竖向平面内计算长度的1/20；腰梁的截面高度（水平方向）不宜小于其水平方向计算跨度的1/10，截面宽度不应小于支撑的截面高度。

3）支撑构件的纵向钢筋直径不宜小于16mm，沿截面周边的间距不宜大于200mm；箍筋的直径不宜小于8mm，间距不宜大于250mm。

2. 钢支撑

1）钢支撑构件可采用钢管、型钢及其组合截面。

2）钢支撑受压杆件的长细比不应大于150。

3）钢支撑连接宜采用螺栓连接，必要时可采用焊接连接。

4）当水平支撑与腰梁斜交时，腰梁上应设置牛腿或采用其他能够承受剪力的连接措施。

5）采用竖向斜撑时，腰梁和支撑基础上应设置牛腿或采用其他能够承受剪力的连接措施；腰梁与挡土构件之间应采用能够承受剪力的连接措施；斜撑基础应满足竖向承载力和水平承载力要求。

3. 立柱构造

支撑水平支撑的竖向立柱根据具体情况，可为临时构件，在基坑施工完成之后，和水平支撑一起拆除，也可结合建筑结构成为永久结构的一部分。

1）立柱可采用钢格构、钢管、型钢或钢管混凝土等形式。

2）当采用灌注桩作为立柱的基础时，钢立柱锚入桩内的长度不宜小于立柱长边或直径的4倍。

3）立柱长细比不宜大于25。

4）立柱与水平支撑的连接可采用铰接。

5）立柱穿过主体结构底板的部位，应有有效的止水措施。

■ 8.4 土钉墙

土钉是指植入土中并注浆形成的承受拉力与剪力的杆件。例如，钢筋杆体与注浆固结组成的钢筋土钉，击入土中的钢管土钉。

土钉墙是指由随基坑开挖分层设置的、纵横密布的土钉群，喷射混凝土面层及原位土体所组成的支护结构。单一土钉墙一般适用于地下水位以上或降水的非软土基坑，且基坑深度不宜大于12m。

设计土钉墙支护时，首先要初步确定土钉的水平间距、竖向间距、土钉直径、土钉长度及面层厚度，然后再计算其承载力、稳定性等各项指标是否满足要求，如果不满足要求，则重新修改和计算，直到满足要求。其值一般根据8.4.3节的构造要求来确定。

土钉墙一般采用锚杆机成孔或采用洛阳铲人工成孔，对易塌孔的松散或稍密的砂土、稍密的粉土、填土，或易缩颈的软土宜采用打入式钢管土钉。

8.4.1 土钉承载力计算

单根土钉的抗拔承载力应符合下式规定，即

$$\frac{R_{k,j}}{N_{k,j}} \geqslant K_t \tag{8-81}$$

式中　K_t——土钉抗拔安全系数；安全等级为二级、三级的土钉墙，K_t分别不应小于1.6、1.4；

　　　$N_{k,j}$——第j层土钉的轴向拉力标准值（kN）；

　　　$R_{k,j}$——第j层土钉的极限抗拔承载力标准值（kN）。

单根土钉的轴向拉力标准值计算公式为

$$N_{k,j} = \frac{1}{\cos\alpha_j}\zeta\eta_j p_{ak,j} s_{xj} s_{zj} \tag{8-82}$$

式中　$N_{k,j}$——第j层土钉的轴向拉力标准值（kN）；

　　　α_j——第j层土钉的倾角（°）；

ζ——墙面倾斜时的主动土压力折减系数；

η_j——第 j 层土钉轴向拉力调整系数；

$p_{ak,j}$——第 j 层土钉处的主动土压力强度标准值（kPa）；

s_{xj}——土钉的水平间距（m）；

s_{zj}——土钉的垂直间距（m）。

坡面倾斜时的主动土压力折减系数（ζ）计算公式为

$$\zeta = \tan \frac{\beta - \varphi_m}{2} \left(\frac{1}{\tan \frac{\beta + \varphi_m}{2}} - \frac{1}{\tan\beta} \right) \bigg/ \tan^2 \left(45° - \frac{\varphi_m}{2} \right) \tag{8-83}$$

式中　ζ——主动土压力折减系数；

β——土钉墙坡面与水平面的夹角（°）；

φ_m——基坑底面以上各土层按土层厚度加权的内摩擦角平均值（°）。

土钉轴向拉力调整系数（η_j）计算公式为

$$\eta_j = \eta_a - (\eta_a - \eta_b) \frac{z_j}{h} \tag{8-84}$$

$$\eta_a = \frac{\sum_{j=1}^{n} (h - \eta_b z_j) \Delta E_{aj}}{\sum_{j=1}^{n} (h - z_j) \Delta E_{aj}} \tag{8-85}$$

式中　η_j——土钉轴向拉力调整系数；

z_j——第 j 层土钉至基坑顶面的垂直距离（m）；

h——基坑深度（m）；

ΔE_{aj}——作用在以 s_{xj}、s_{zj} 为边长的面积内的主动土压力标准值（kN）；

η_a——计算系数；

η_b——经验系数，可取 0.6~1.0；

n——土钉层数。

单根土钉的极限抗拔承载力应按下列规定确定：

1）单根土钉的极限抗拔承载力应通过抗拔试验确定。

2）单根土钉的极限抗拔承载力标准值计算公式为

$$R_{k,j} = \pi d_j \sum q_{sik} l_i \tag{8-86}$$

式中　$R_{k,j}$——第 j 层土钉的极限抗拔承载力标准值（kN）；

d_j——第 j 层土钉的锚固体直径（m）；对成孔注浆土钉，按成孔直径计算，对打入钢管土钉，按钢管直径计算；

q_{sik}——第 j 层土钉在第 i 层土的极限黏结强度标准值（kPa）；应由土钉抗拔试验确定，无试验数据时，可根据工程经验并结合表8-4取值；

l_i——第 j 层土钉在滑动面外第 i 土层中的长度（m）；计算单根土钉极限抗拔承载力时，取如图 8-19 所示的直线滑动面，直线滑动面与水平面的夹角取 $\frac{\beta + \varphi_m}{2}$。

3）对安全等级为三级的土钉墙，可仅按式（8-86）确定单根土钉的极限抗拔承载力。

表 8-4　土钉的极限黏结强度标准值

土的名称	土的状态	q_{sik}/kPa	
		成孔注浆土钉	打入钢管土钉
素填土	—	15~30	20~35
淤泥质土	—	10~20	15~25
黏性土	$0.75 < I_L \leqslant 1$	20~30	20~40
	$0.25 < I_L \leqslant 0.75$	30~45	40~55
	$0 < I_L \leqslant 0.25$	45~60	55~70
	$I_L \leqslant 0$	60~70	70~80
粉土	—	40~80	50~90
砂土	松散	35~50	50~65
	稍密	50~65	65~80
	中密	65~80	80~100
	密实	80~100	100~120

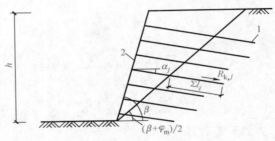

图 8-19　土钉抗拔承载力计算

1—土钉　2—喷射混凝土面层

4）当按 1）~3）确定的土钉极限抗拔承载力标准值（$R_{k,j}$）大于 $f_{yk}A_s$ 时，应取 $R_{k,j} = f_{yk}A_s$。

土钉杆体的受拉承载力应符合下列规定，即

$$N_j \leqslant f_y A_s \tag{8-87}$$

式中　N_j——第 j 层土钉的轴向拉力设计值（kN）；

f_y——土钉杆体的抗拉强度设计值（kPa）；

A_s——土钉杆体的截面面积（m^2）。

8.4.2　稳定性验算

1. 整体稳定性验算

土钉墙应按下列规定对基坑开挖的各工况进行整体滑动稳定性验算：

1）整体滑动稳定性可采用圆弧滑动条分法进行验算。

2）采用圆弧滑动条分法时，其整体稳定性验算如图 8-20 所示。

按下列公式进行验算，即

$$\min\{K_{s,1}, K_{s,2}, \cdots, K_{s,i}, \cdots\} \geqslant K_s \tag{8-88}$$

$$K_{s,i} = \frac{\sum [c_j l_j + (q_j b_j + \Delta G_j) \cos\theta_j \tan\varphi_j] + \sum R'_{k,k} [\cos(\theta_k + \alpha_k) + \psi_v] / s_{x,k}}{\sum (q_j l_j + \Delta G_j) \sin\theta_j} \tag{8-89}$$

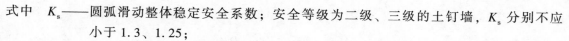

式中 K_s——圆弧滑动整体稳定安全系数；安全等级为二级、三级的土钉墙，K_s 分别不应小于 1.3、1.25；

$K_{s,i}$——第 i 个滑动圆弧的抗滑力矩与滑动力矩的比值；抗滑力矩与滑动力矩之比的最小值宜通过搜索不同圆心及半径的所有潜在滑动圆弧确定；

c_j、φ_j——第 j 土条滑弧面处土的黏聚力（kPa）、内摩擦角（°）；

b_j——第 j 土条的宽度（m）；

q_j——作用在第 j 土条上的附加分布荷载标准值（kPa）；

ΔG_j——第 j 土条的自重（kN），按天然重度计算；

θ_j——第 j 土条滑弧面中点处的法线与垂直面的夹角（°）；

$R'_{k,k}$——第 k 层土钉或锚杆对圆弧滑动体的极限拉力值（kN）；应取土钉或锚杆在滑动面以外的锚固体极限抗拔承载力标准值与杆体受拉承载力标准值（$f_{yk}A_s$ 或 $f_{ptk}A_p$）的较小值；锚固体的极限抗拔承载力计算时锚固段应取圆弧滑动面以外的长度；

α_k——第 k 层土钉或锚杆的倾角（°）；

θ_k——滑弧面在第 k 层土钉或锚杆处的法线与垂直面的夹角（°）；

$s_{x,k}$——第 k 层土钉或锚杆的水平间距（m）；

ψ_v——计算系数；可取 $\psi_v = 0.5\sin(\theta_k + \alpha_k)\tan\varphi$，此处，$\varphi$ 为第 k 层土钉或锚杆与滑弧交点处土的内摩擦角。

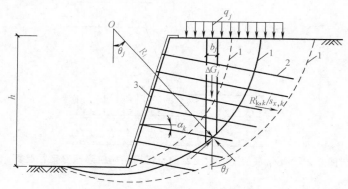

图 8-20 土钉墙整体稳定性验算

1—滑动面 2—土钉或锚杆 3—喷射混凝土面层

当基坑面以下存在软弱下卧土层时，整体稳定性验算滑动面中尚应包括由圆弧与软弱土层层面组成的复合滑动面。

2. 坑底抗隆起稳定性验算

基坑底面下有软土层的土钉墙结构应进行坑底抗隆起稳定性验算，验算可采用下列公式（图 8-21），即

$$\frac{\gamma_{m2}DN_q + cN_c}{(q_1 b_1 + q_2 b_2)/(b_1 + b_2)} \geq K_{he} \tag{8-90}$$

$$N_q = \tan^2\left(45° + \frac{\varphi}{2}\right)e^{\pi\tan\varphi} \tag{8-91}$$

$$N_c = (N_q - 1)/\tan\varphi \tag{8-92}$$

$$q_1 = 0.5\gamma_{m1}h + \gamma_{m2}D \tag{8-93}$$

$$q_2 = \gamma_{m1}h + \gamma_{m2}D + q_0 \tag{8-94}$$

式中　　q_0——地面均布荷载（kPa）；

γ_{m1}——基坑底面以上土的重度（kN/m³）；对多层土取各层土按厚度加权的平均重度；

h——基坑深度（m）；

γ_{m2}——基坑底面至抗隆起计算平面之间土层的重度（kN/m³）；对多层土取各层土按厚度加权的平均重度；

D——基坑底面至抗隆起计算平面之间土层的厚度（m）；当抗隆起计算平面为基坑底平面时，取 D 等于 0；

N_c、N_q——承载力系数；

c、φ——抗隆起计算平面以下土的黏聚力（kPa）、内摩擦角（°）；

b_1——土钉墙坡面的宽度（m）；当土钉墙坡面垂直时取 b_1 等于 0；

b_2——地面均布荷载的计算宽度（m），可取 b_2 等于 h；

K_{he}——抗隆起安全系数；安全等级为二级、三级的土钉墙，K_{he} 分别不应小于 1.6、1.4。

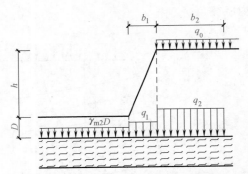

图 8-21　基坑底面下有软土层的土钉墙结构抗隆起稳定性验算

8.4.3　构造要求

1）土钉墙坡度不宜大于 1∶0.2，当基坑较深、土的抗剪强度较低时，宜取较小坡度。

2）土钉水平间距和竖向间距为 1~2m。

3）成孔注浆型钢筋土钉的构造应符合下列要求：

① 成孔直径宜取 70~120mm。

② 土钉钢筋宜采用 HRB400、HRB500 级钢筋，钢筋直径应根据土钉抗拔承载力设计要求确定，且宜取 16~32mm。

③ 应沿土钉全长设置对中定位支架，其间距宜取 1.5~2.5m，土钉钢筋保护层厚度不宜小于 20mm。

④ 土钉孔注浆材料可采用水泥浆或水泥砂浆，其强度不宜低于 20MPa。

4）土钉墙高度不大于 12m 时，喷射混凝土面层的构造要求应符合下列规定：

① 喷射混凝土面层厚度宜取 80~100mm。

② 喷射混凝土设计强度等级不宜低于 C20。

③ 喷射混凝土面层中应配置钢筋网和通长的加强钢筋，钢筋网宜采用 HPB300 级钢筋，钢筋直径宜取 6~10mm，钢筋网间距宜取 150~250mm；钢筋网间的搭接长度应大于 300mm；加强钢筋的直径宜取 14~20mm；当充分利用土钉杆体的抗拉强度时，加强钢筋的截面面积不应小于土钉杆体截面面积的二分之一。

5）土钉与加强钢筋宜采用焊接连接，其连接应满足承受土钉拉力的要求；当在土钉拉力作用下喷射混凝土面层的局部受冲切承载力不足时，应采取设置承压钢板等加强措施。

6）当土钉墙墙后存在滞水时，应在含水土层部位的墙面设置泄水孔或其他疏水措施。

■ 8.5　重力式水泥土墙

采用水泥土搅拌桩相互搭接成格栅或实体的重力式支护结构，称为重力式水泥土墙。

8.5.1　稳定性验算

1. 抗滑移稳定性

重力式水泥土墙的抗滑移稳定性应符合下列规定（图 8-22），即

$$\frac{E_{pk}+(G-u_m B)\tan\varphi+cB}{E_{ak}} \geqslant K_{s1} \qquad (8-95)$$

式中　K_{s1}——抗滑移稳定安全系数，其值不应小于 1.2；

E_{ak}、E_{pk}——作用在水泥土墙上的主动土压力、被动土压力标准值（kN/m）；

G——水泥土墙的自重（kN/m）；

u_m——水泥土墙底面上的水压力（kPa）；水泥土墙底面在地下水位以下时，可取 $u_m = \gamma_w(h_{wa}+h_{wp})/2$，在地下水位以上时，取 $u_m = 0$，此处，h_{wa} 为基坑外侧水泥土墙底处的水头高度（m），h_{wp} 为基坑内侧水泥土墙底处的水头高度（m）；

c、φ——水泥土墙底面下土层的黏聚力（kPa）、内摩擦角（°）；

B——水泥土墙的底面宽度（m）。

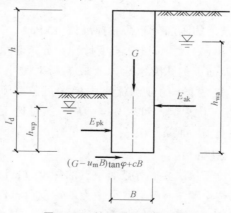

图 8-22　抗滑移稳定性验算

2. 抗倾覆稳定性

重力式水泥土墙的抗倾覆稳定性应符合下列规定，（图 8-23），即

$$\frac{E_{pk}a_p+(G-u_mB)a_G}{E_{ak}a_a}\geqslant K_{ov} \tag{8-96}$$

式中　K_{ov}——抗倾覆稳定安全系数，其值不应小于 1.3；

　　　a_a——水泥土墙外侧主动土压力合力作用点至墙趾的竖向距离（m）；

　　　a_p——水泥土墙内侧被动土压力合力作用点至墙趾的竖向距离（m）；

　　　a_G——水泥土墙自重与墙底水压力合力作用点至墙趾的水平距离（m）。

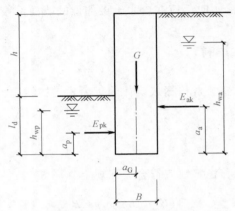

图 8-23　抗倾覆稳定性验算

3. 圆弧滑动稳定性验算

重力式水泥土墙应按下列规定进行圆弧滑动稳定性验算：

1）可采用圆弧滑动条分法进行验算。

2）采用圆弧滑动条分法时，其稳定性应符合下列规定（图 8-24），即

$$\frac{\sum\{c_jl_j+[(q_jb_j+\Delta G_j)\cos\theta_j-u_jl_j]\tan\varphi_j\}}{\sum(q_jb_j+\Delta G_j)\sin\theta_j}\geqslant K_s \tag{8-97}$$

式中　K_s——圆弧滑动稳定安全系数，其值不应小于 1.3；

　　　c_j、φ_j——第 j 土条滑弧面处土的黏聚力（kPa）、内摩擦角（°）；

　　　b_j——第 j 土条的宽度（m）；

　　　q_j——作用在第 j 土条上的附加分布荷载标准值（kPa）；

　　　ΔG_j——第 j 土条的自重（kN），按天然重度计算；分条时水泥土墙可按土体考虑；

　　　u_j——第 j 土条在滑弧面上的孔隙水压力（kPa）；对地下水位以下的砂土、碎石土、粉土，当地下水是静止的或渗流水力梯度可忽略不计时，在基坑外侧，可取 $u_j=\gamma_w h_{wa,j}$，在基坑内侧，可取 $u_j=\gamma_w h_{wp,j}$；对地下水位以上的各类土和地下水位以下的黏性土，取 $u_j=0$；

　　　γ_w——地下水重度（kN/m³）；

　　　$h_{wa,j}$——基坑外地下水位至第 j 土条滑弧面中点的深度（m）；

　　　$h_{wp,j}$——基坑内地下水位至第 j 土条滑弧面中点的深度（m）；

　　　θ_j——第 j 土条滑弧面中点处的法线与垂直面的夹角（°）。

当墙底以下存在软弱下卧土层时，稳定性验算的滑动面中尚应包括由圆弧与软弱土层层面组成的复合滑动面。

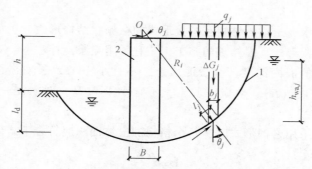

图 8-24　圆弧滑动稳定性验算

1—圆弧滑面　2—水泥土墙

8.5.2　墙体承载力验算

重力式水泥土墙墙体的正截面应力应符合下列规定：

1. 为拉应力

$$\frac{6M_i}{B^2} - \gamma_{cs}z \leqslant 0.15f_{cs} \tag{8-98}$$

2. 压应力

$$\gamma_0 \gamma_F \gamma_{cs}z + \frac{6M_i}{B^2} \leqslant f_{cs} \tag{8-99}$$

3. 剪应力

$$\frac{E_{ak,i} - \mu G_i - E_{pk,i}}{B} \leqslant \frac{1}{6}f_{cs} \tag{8-100}$$

式中　　M_i——水泥土墙验算截面的弯矩设计值（kN·m/m）；

B——验算截面处水泥土墙的宽度（m）；

γ_{cs}——水泥土墙的重度（kN/m³）；

z——验算截面至水泥土墙顶的垂直距离（m）；

f_{cs}——水泥土开挖龄期时的轴心抗压强度设计值（kPa）；

γ_F——荷载综合分项系数；

$E_{ak,i}$、$E_{pk,i}$——验算截面以上的主动土压力标准值、被动土压力标准值（kN/m）；验算截面在基底以上时，取 $E_{pk,i}=0$；

G_i——验算截面以上的墙体自重（kN/m）；

μ——墙体材料的抗剪断系数，取 0.4~0.5。

重力式水泥土墙的正截面应力验算时，计算截面应包括以下部位：

1）基坑面以下主动、被动土压力强度相等处。

2）基坑底面处。

3）水泥土墙的截面突变处。

当地下水位高于基底时，应进行地下水渗透稳定性验算。

8.5.3 构造要求

水泥土墙宜采用水泥土搅拌桩相互搭接形成的格栅状结构形式，也可采用水泥土搅拌桩相互搭接成实体的结构形式。搅拌桩的施工工艺宜采用喷浆搅拌法。

重力式水泥土墙的嵌固深度，对淤泥质土，不宜小于 $1.2h$，对淤泥，不宜小于 $1.3h$；重力式水泥土墙的宽度（B），对淤泥质土，不宜小于 $0.7h$，对淤泥，不宜小于 $0.8h$；此处，h 为基坑深度。

重力式水泥土墙采用格栅形式时，每个格栅的土体面积应符合下式要求，即

$$A \leqslant \delta \frac{cu}{\gamma_m} \tag{8-101}$$

式中　A——格栅内土体的截面面积（m^2）；

　　　　δ——计算系数；对黏性土，取 $\delta = 0.5$；对砂土、粉土，取 $\delta = 0.7$；

　　　　c——格栅内土的黏聚力（kPa）；

　　　　u——计算周长（m），按图 8-25 计算；

　　　　γ_m——格栅内土的天然重度（kN/m^3）；对成层土，取水泥土墙深度范围内各层土按厚度加权的平均天然重度。

水泥土格栅的面积置换率，对淤泥质土，不宜小于 0.7；对淤泥，不宜小于 0.8；对一般黏性土、砂土，不宜小于 0.6。格栅内侧的长宽比不宜大于 2。

水泥土搅拌桩的搭接宽度不宜小于 150mm，当水泥土墙兼作截水帷幕时，尚应符合截水的相关要求。

水泥土墙体 28d 无侧限抗压强度不宜小于 0.8MPa，水泥土墙顶面宜设置混凝土连接面板，面板厚度不宜小于 150mm，混凝土强度等级不宜低于 C20。

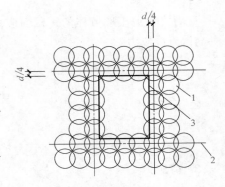

图 8-25　格栅式水泥土墙
1—水泥土桩　2—水泥土桩中心线
3—计算周长

■ 8.6　基坑开挖与监测

8.6.1　基坑开挖

基坑开挖应按支护结构设计规定的施工顺序和开挖深度分层开挖，当基坑采用降水时，地下水位以下的土方应在降水后开挖。开挖时，支护结构构件强度要达到开挖阶段的设计强度，采用预应力锚杆的支护结构，开挖下层土方前，本层锚杆预加力应施加完毕。对土钉墙，土钉、喷射混凝土面层的养护时间应大于 2d。开挖过程中，挖土机械不得碰撞或损害锚杆、腰梁、土钉墙墙面、内支撑及其连接件等构件，不得损害已施工的基础桩。土方开挖至锚杆、土钉施工作业面时，开挖面与锚杆、土钉的高差不宜大于 500mm。

当基坑开挖面上方的锚杆、土钉、支撑未达到设计要求时，严禁向下超挖土方。采用锚杆或支撑的支护结构，在未达到设计规定的拆除条件时，严禁拆除锚杆或支撑。基坑周边施

工材料、设施或车辆荷载严禁超过设计要求的地面荷载限值。

支护结构或基坑周边环境出现设计或规范规定的报警情况或其他险情时，应立即停止开挖，并应根据危险产生的原因和可能进一步发展的破坏形式，采取控制或加固措施。危险消除后，方可继续开挖。必要时，应对危险部位采取基坑回填、地面卸土、临时支撑等应急措施。

8.6.2　基坑监测

基坑支护设计应根据支护结构类型和地下水控制方法，按表 8-5 选择基坑监测项目，并应根据支护结构构件、基坑周边环境的重要性及地质条件的复杂性确定监测点部位及数量。选用的监测项目及监测部位应能反映支护结构的安全状态和基坑周边环境受影响的程度。

表 8-5　基坑监测项目一览表

监测项目	支护结构的安全等级		
	一级	二级	三级
支护结构顶部水平位移	应测	应测	应测
基坑周边建(构)筑物、地下管线、道路沉降	应测	应测	应测
坑边地面沉降	应测	应测	宜测
支护结构深部水平位移	应测	应测	选测
锚杆拉力	应测	应测	选测
支撑轴力	应测	宜测	选测
挡土构件内力	应测	宜测	选测
支撑立柱沉降	应测	宜测	选测
支护结构沉降	应测	宜测	选测
地下水位	应测	应测	选测
土压力	宜测	选测	选测
孔隙水压力	宜测	选测	选测

注：表内各监测项目中，仅选择实际基坑支护形式所含有的内容。

安全等级为一级、二级的支护结构，在基坑开挖过程与支护结构使用期内，必须进行支护结构的水平位移监测和基坑开挖影响范围内建（构）筑物、地面的沉降监测。

具体监测项目和监测点的布置按实际场地情况和有关规范要求执行，各类水平位移观测、沉降观测的基准点应设置在变形影响范围外，且基准点数量不应少于两个。各监测项目应在基坑开挖前或测点安装后测得稳定的初始值，且次数不应少于两次。

支护结构顶部水平位移的监测频次在基坑向下开挖期间，监测不应少于每天一次，直至开挖停止后连续三天的监测数值稳定。当地面、支护结构或周边建筑物出现裂缝、沉降，遇到降雨、降雪、气温骤变，基坑出现异常的渗水或漏水，坑外地面荷载增加等各种环境条件变化或异常情况时，应立即进行连续监测，直至连续三天的监测数值稳定。在监测数值稳定期间，尚应根据水平位移稳定值的大小及工程实际情况定期进行监测。

支护结构顶部水平位移之外的其他监测项目，除应根据支护结构施工和基坑开挖情况进行定期监测外，当支护结构水平位移增长、基坑周边环境条件变化或出现异常、监测数值比前次数值增长时，应进行连续监测，直至数值稳定。

基坑监测数据应及时整理和反馈，出现危险征兆时应立即进行危险报警。

【思考题】

1. 基坑设计主要设计原则有哪些，如何选用支护结构受到的作用效应和支护结构的设计极限状态？

2. 支护结构选型考虑的因素有哪些？

3. 支护结构受到的水平荷载有哪些类型，土的抗剪指标如何采用？

4. 悬臂桩支护结构，采用极限平衡法分析时，如何确定其嵌固深度？

5. 桩锚支护结构形式有哪些，各有什么特点？

6. 内支撑结构布置时应遵循哪些原则，主要结构分析方法有哪些？

7. 土钉和锚杆有何区别？土钉承载力计算包括哪些内容？

8. 重力式水泥土墙稳定性验算包括哪些内容？

9. 基坑开挖注意事项有哪些？主要基坑监测项目有哪些？

附　录

■ **附录 A　等跨等刚度连续梁在常用荷载作用下按弹性分析的内力系数表**

1. 在均布及三角形荷载作用下

$$M = 表中系数 \times ql_0^2$$
$$V = 表中系数 \times ql_0$$

2. 在集中荷载作用下

$$M = 表中系数 \times Pl_0$$
$$V = 表中系数 \times P$$

3. 内力正负号规定

M：使截面上部受压、下部受拉为正。

V：对邻近截面所产生的力矩沿顺时针方向者为正。

附表 A-1　两跨梁

荷载图	跨内最大弯矩		支座弯矩	剪　力		
	M_1	M_2	M_B	V_A	V_{Bl} V_{Br}	V_C
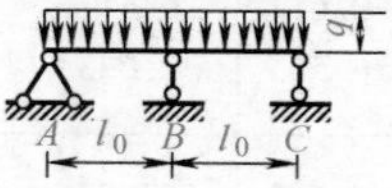	0.070	0.0703	−0.125	0.375	−0.625 0.625	−0.375
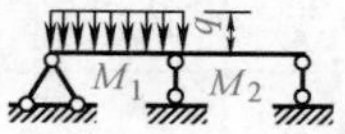	0.096	—	−0.063	0.437	−0.563 0.063	0.063
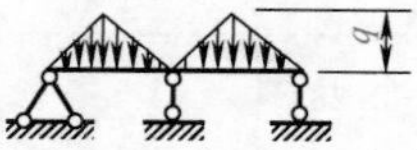	0.048	0.048	−0.078	0.172	−0.328 0.328	−0.172
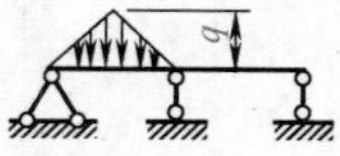	0.064	—	−0.039	0.211	−0.289 0.039	0.039

（续）

荷载图	跨内最大弯矩		支座弯矩	剪　力		
	M_1	M_2	M_B	V_A	V_{Bl} V_{Br}	V_C
	0.156	0.156	-0.188	0.312	-0.688 0.688	-0.312
	0.203	—	-0.094	0.406	-0.594 0.094	0.094
	0.222	0.222	-0.333	0.667	-1.333 1.333	-0.667
	0.278	—	-0.167	0.833	-1.167 0.167	0.167

附表 A-2　三跨梁

荷载图	跨内最大弯矩		支座弯矩		剪　力			
	M_1	M_2	M_B	M_C	V_A	V_{Bl} V_{Br}	V_{Cl} V_{Cr}	V_D
	0.080	0.025	-0.100	-0.100	0.400	-0.600 0.500	-0.500 0.600	-0.400
	0.101	—	-0.050	-0.050	0.450	-0.550 0	0 0.550	-0.450
	—	0.075	-0.050	-0.050	0.050	-0.050 0.500	-0.500 0.050	0.050
	0.073	0.054	-0.117	-0.033	0.383	-0.617 0.583	-0.417 0.033	0.033
	0.094	—	-0.067	0.017	0.433	-0.567 0.083	0.083 -0.017	-0.017
	0.054	0.021	-0.063	-0.063	0.183	-0.313 0.250	-0.250 0.313	-0.188
	0.068	—	-0.031	-0.031	0.219	-0.281 0	0 0.281	-0.219
	—	0.052	-0.031	-0.031	0.031	-0.031 0.250	-0.250 0.051	0.031

（续）

荷载图	跨内最大弯矩		支座弯矩		剪力			
	M_1	M_2	M_B	M_C	V_A	V_{Bl} V_{Br}	V_{Cl} V_{Cr}	V_D
	0.050	0.038	-0.073	-0.021	0.177	-0.323 0.302	-0.198 0.021	0.021
	0.063	—	-0.042	0.010	0.208	-0.292 0.052	0.052 -0.010	-0.010
	0.175	0.100	-0.150	-0.150	0.350	-0.650 0.500	-0.500 0.650	-0.350
	0.213	—	-0.075	-0.075	0.425	-0.575 0	0 0.575	-0.425
	—	0.175	-0.075	-0.075	-0.075	-0.075 0.500	-0.500 0.075	0.075
	0.162	0.137	-0.175	-0.050	0.325	-0.675 0.625	-0.375 0.050	0.050
	0.200	—	-0.100	0.025	0.400	-0.600 0.125	0.125 -0.025	-0.025
	0.244	0.067	-0.267	-0.267	0.733	-1.267 1.000	-1.000 1.267	-0.733
	0.289	—	-0.133	-0.133	0.866	-1.134 0	0 1.134	-0.866
	—	0.200	-0.133	-0.133	-0.133	-0.133 1.000	-1.000 0.133	0.133
	0.229	0.170	-0.311	-0.089	0.689	-1.311 1.222	-0.778 0.089	0.089
	0.274	—	-0.178	0.044	0.822	-1.178 0.222	0.222 -0.044	-0.044

附表 A-3　四跨梁

荷载图	跨内最大弯矩 M₁	M₂	M₃	M₄	支座弯矩 M_B	M_C	M_D	剪力 V_A	V_Bl / V_Br	V_Cl / V_Cr	V_Dl / V_Dr	V_E
(荷载图 A B C D E，各跨 l₀)	0.077	0.036	0.036	0.077	-0.107	-0.071	-0.107	0.393	-0.607 / 0.536	-0.464 / 0.464	-0.536 / 0.607	-0.393
(荷载图)	0.100	—	0.081	—	-0.054	-0.036	-0.054	0.446	-0.554 / 0.018	0.018 / 0.482	-0.518 / 0.054	0.054
(荷载图)	0.072	0.061	—	0.098	-0.121	-0.018	-0.058	0.380	-0.620 / 0.603	-0.397 / -0.040	-0.040 / -0.558	-0.442
(荷载图)	—	0.056	0.056	—	-0.036	-0.107	-0.036	-0.036	-0.036 / 0.429	-0.571 / 0.571	-0.429 / 0.036	0.036
(荷载图)	0.094	0.071	—	—	-0.067	-0.054	-0.004	0.433	-0.567 / 0.085	0.085 / -0.022	0.022 / 0.004	0.004
(荷载图)	—	—	—	0.052	-0.049	0.018	0.013	-0.049	-0.049 / 0.496	-0.504 / 0.067	0.067 / 0.013	-0.013
(荷载图，三角形荷载)	0.062	0.028	0.028	—	-0.067	-0.045	-0.067	0.183	-0.317 / 0.272	-0.228 / 0.228	-0.272 / 0.317	-0.183
(荷载图，三角形荷载)	0.067	—	0.055	—	-0.084	-0.022	-0.034	0.217	-0.234 / 0.011	0.011 / 0.239	-0.261 / 0.034	0.034

荷载图示											
	0.049	0.042	—	0.066	−0.075	−0.011	−0.036	0.175	−0.325 / 0.314	−0.186 / −0.025	−0.025 / 0.286	−0.214
	—	0.040	0.040	—	−0.022	−0.067	−0.022	−0.022	−0.022 / 0.205	−0.295 / 0.295	−0.205 / 0.022	0.022
	0.088	—	—	—	−0.042	0.011	−0.003	0.208	−0.292 / 0.053	0.063 / −0.014	−0.014 / 0.003	0.003
	—	0.051	—	—	−0.031	−0.034	0.008	−0.031	−0.031 / 0.247	−0.253 / 0.042	0.042 / −0.008	−0.008
	0.169	0.116	0.116	0.169	−0.161	−0.107	−0.161	0.339	−0.661 / 0.554	−0.446 / 0.446	−0.554 / 0.661	−0.330
	0.210	—	0.183	—	−0.080	−0.054	−0.080	0.420	−0.580 / 0.027	0.027 / 0.473	−0.527 / 0.080	0.080
	0.159	0.146	—	0.206	−0.181	−0.027	−0.087	0.319	−0.681 / 0.654	−0.346 / −0.060	−0.060 / 0.587	−0.413
	—	0.142	0.142	—	−0.054	−0.161	−0.054	0.054	−0.054 / 0.393	−0.607 / 0.607	−0.393 / 0.054	0.054

（续）

荷载图	跨内最大弯矩				支座弯矩			剪力				
	M_1	M_2	M_3	M_4	M_B	M_C	M_D	V_A	V_{Bl} / V_{Br}	V_{Cl} / V_{Cr}	V_{Dl} / V_{Dr}	V_E
	0.200	—	—	—	-0.100	-0.027	-0.007	0.400	-0.600 / 0.127	0.127 / -0.033	-0.033 / 0.007	0.007
	—	0.173	—	—	-0.074	-0.080	0.020	-0.074	-0.074 / 0.493	-0.507 / 0.100	0.100 / -0.020	-0.020
	0.238	0.111	0.111	0.238	-0.286	-0.191	-0.286	0.714	1.286 / 1.095	-0.905 / 0.905	-1.095 / 1.286	-0.714
	0.286	—	0.222	—	-0.143	-0.095	-0.143	0.857	-1.143 / 0.048	0.048 / 0.952	-1.048 / 0.143	0.143
	0.226	0.194	0.175	0.282	-0.321	-0.048	-0.155	0.679	-1.321 / 1.274	-0.726 / -0.107	-0.107 / 1.155	-0.845
	—	0.175	—	—	-0.095	-0.286	-0.095	-0.095	0.095 / 0.810	-1.190 / 1.190	-0.810 / 0.095	0.095
	0.274	—	—	—	-0.178	0.048	-0.012	0.822	-1.178 / 0.226	0.226 / -0.060	-0.060 / 0.012	0.012
	—	0.198	—	—	-0.131	-0.143	0.036	-0.131	-0.131 / 0.988	-1.012 / 0.178	0.178 / -0.036	-0.036

附表 A-4 五跨梁

荷载图	跨内最大弯矩			支座弯矩				剪力					
	M_1	M_2	M_3	M_B	M_C	M_D	M_E	V_A	V_{Bl} / V_{Br}	V_{Cl} / V_{Cr}	V_{Dl} / V_{Dr}	V_{El} / V_{Er}	V_F
<图> $A\ l_0\ B\ l_0\ C\ l_0\ D\ l_0\ E\ l_0\ F$ $M_1\ M_2\ M_3\ M_4\ M_5$	0.078	0.033	0.046	−0.105	−0.079	−0.079	−0.105	0.394	−0.606 / 0.526	−0.474 / 0.500	−0.500 / 0.474	−0.526 / 0.606	−0.394
<图>	0.100	—	0.085	−0.053	−0.040	−0.040	−0.053	0.447	−0.553 / 0.013	0.013 / 0.500	−0.500 / −0.013	−0.013 / 0.553	−0.447
<图>	—	0.079	—	−0.053	−0.040	−0.040	−0.053	−0.053	−0.053 / 0.513	−0.487 / 0	0 / 0.487	−0.513 / 0.053	0.053
<图>	0.073	②0.059 / 0.078	—	−0.119	−0.022	−0.044	−0.051	0.380	−0.620 / 0.598	−0.402 / −0.023	−0.023 / 0.493	−0.507 / 0.052	0.052
<图>	①− / 0.098	0.055	0.064	−0.035	−0.111	−0.020	−0.057	0.035	0.035 / 0.424	0.576 / 0.591	−0.409 / −0.037	−0.037 / 0.557	−0.443
<图>	0.094	—	—	−0.067	0.018	−0.005	0.001	0.433	0.567 / 0.085	0.086 / 0.023	0.023 / 0.006	0.006 / −0.001	0.001
<图>	—	0.074	—	−0.049	−0.054	0.014	−0.004	0.019	−0.049 / 0.496	−0.505 / 0.068	0.068 / −0.018	−0.018 / 0.004	0.004
<图>	—	—	0.072	0.013	0.053	0.053	0.013	0.013	0.013 / −0.066	−0.066 / 0.500	−0.500 / 0.066	0.066 / −0.013	0.013

（续）

荷载图	跨内最大弯矩			支座弯矩				剪力					
	M_1	M_2	M_3	M_B	M_C	M_D	M_E	V_A	V_{Bl} / V_{Br}	V_{Cl} / V_{Cr}	V_{Dl} / V_{Dr}	V_{El} / V_{Er}	V_F
	0.053	0.026	0.034	-0.066	-0.049	0.049	-0.066	-0.184	-0.316 / 0.266	-0.234 / 0.250	-0.250 / 0.234	-0.266 / 0.316	0.184
	0.067	—	0.059	-0.033	-0.025	-0.025	0.033	0.217	0.283 / 0.008	0.008 / 0.250	-0.250 / -0.006	-0.008 / 0.283	0.217
	—	0.055	—	-0.033	-0.025	-0.025	-0.033	0.033	-0.033 / 0.258	-0.242 / 0	0 / 0.242	-0.258 / 0.033	0.033
	0.049	②$\dfrac{0.041}{0.053}$	—	-0.075	-0.014	-0.028	-0.032	0.175	0.325 / 0.311	-0.189 / -0.014	-0.014 / 0.246	-0.255 / 0.032	0.032
	①$\dfrac{-}{0.066}$	0.039	0.044	-0.022	-0.070	-0.013	-0.036	-0.022	-0.022 / 0.202	-0.298 / 0.307	-0.198 / -0.028	-0.023 / 0.286	-0.214
	0.063	0.051	—	-0.042	0.011	-0.003	0.001	0.208	-0.292 / 0.053	0.053 / -0.014	-0.014 / 0.004	0.004 / -0.001	-0.001
	—	—	—	-0.031	-0.034	0.009	-0.002	-0.031	-0.031 / 0.247	-0.253 / 0.043	0.049 / -0.011	-0.011 / 0.002	0.002
	—	—	0.050	0.008	-0.033	-0.033	0.008	0.008	0.008 / -0.041	-0.041 / 0.250	-0.250 / 0.041	0.041 / -0.008	-0.008

荷载图													
(GGGGG)	-0.342	-0.540 / 0.658	-0.500 / 0.460	-0.460 / 0.500	-0.658 / 0.540	0.342	-0.158	-0.118	-0.118	-0.158	0.132	0.112	0.171
(QQQQ)	-0.421	-0.020 / 0.579	-0.500 / -0.020	0.020 / 0.500	-0.579 / 0.020	0.421	-0.079	-0.059	-0.059	-0.079	0.191	—	0.211
	0.079	-0.520 / 0.079	0 / 0.480	-0.480 / 0	-0.079 / 0.520	-0.079	-0.079	-0.059	-0.059	-0.079	—	0.181	—
	0.077	-0.511 / 0.077	-0.034 / 0.489	-0.353 / -0.034	-0.679 / 0.647	0.321	-0.077	-0.066	-0.032	-0.179	—	②0.144 / 0.178	0.160
	-0.414	-0.056 / 0.586	-0.363 / -0.056	-0.615 / 0.637	-0.052 / 0.385	-0.052	-0.086	-0.031	-0.167	-0.052	0.151	0.140	①— / 0.207
	-0.002	0.009 / -0.002	-0.034 / 0.009	0.127 / -0.031	-0.600 / 0.127	0.400	0.002	-0.007	0.027	-0.100	—	—	0.200
	0.005	-0.027 / 0.005	0.102 / -0.027	-0.507 / 0.102	-0.073 / 0.493	-0.073	-0.005	0.022	-0.081	-0.073	—	0.173	—
(Q)	-0.020	0.090 / -0.020	-0.500 / 0.099	-0.099 / 0.500	0.020 / -0.099	0.020	0.020	-0.079	-0.079	0.020	0.171	—	—

（续）

荷载图	跨内最大弯矩			支座弯矩				剪力					
	M_1	M_2	M_3	M_B	M_C	M_D	M_E	V_A	V_{Bl} / V_{Br}	V_{Cl} / V_{Cr}	V_{Dl} / V_{Dr}	V_{El} / V_{Er}	V_F
	0.240	0.100	0.122	-0.281	-0.211	0.211	-0.281	0.719	-1.281 / 1.070	-0.930 / 1.000	-1.000 / 0.930	1.070 / 1.281	-0.719
	0.287	—	0.228	-0.140	-0.105	-0.105	-0.140	0.860	-1.140 / 0.035	0.035 / 1.000	1.000 / -0.035	-0.035 / 1.140	-0.860
	—	0.216	—	-0.140	-0.105	-0.105	-0.140	-0.140	-0.140 / 1.035	-0.965 / 0	0.000 / 0.965	-1.035 / 0.140	0.140
	0.227	②$\frac{0.189}{0.209}$	0.198	-0.319	-0.057	-0.118	-0.137	0.681	-1.319 / 1.262	-0.738 / -0.061	-0.061 / 0.981	-1.019 / 0.137	0.137
	①$\frac{-}{0.282}$	0.172	—	-0.093	-0.297	-0.054	-0.153	-0.093	-0.093 / 0.796	-1.204 / 1.243	-0.757 / -0.099	-0.099 / 1.153	-0.847
	0.274	—	—	-0.179	0.048	-0.013	0.003	0.821	-1.179 / 0.227	0.227 / -0.061	-0.061 / 0.016	0.016 / -0.003	-0.003
	—	0.198	—	-0.131	-0.144	0.038	-0.010	-0.131	-0.131 / 0.987	-1.013 / 0.182	0.182 / -0.048	-0.048 / 0.010	0.010
	—	—	0.193	0.035	-0.140	-0.140	0.035	0.035	0.035 / -0.175	-0.175 / 1.000	-1.000 / 0.175	0.175 / -0.035	-0.035

① 分子及分母分别为 M_1 及 M_5 的弯矩系数。

② 分子及分母分别为 M_2 及 M_4 的弯矩系数。

■ 附录B 四边支承矩形板在均布荷载作用下的弯矩、挠度系数表

说明1：泊松比为0，单位板宽内的弯矩=表中系数×$q \cdot l_0^2$，以使受荷面受压为正；挠度 Δ=表中系数×$q \cdot l_0^4/B$，与荷载方向相同为正

$$B = E \cdot h^3 / \left[12(1-\mu^2) \right]$$

式中 B——板的抗弯刚度；

E——板的弹性模量；

h——板厚；

μ——板的泊松比，对于钢筋混凝土板可取0.2，对于钢板可取0.3；

q——均布面荷载值；

l_0——计算跨度，取两个方向计算跨度 l_{0x}、l_{0y} 中的小值。

说明2：表中

m_x、$m_{x,\max}$——平行于 l_{0x} 方向板中心点单位板宽内的弯矩和跨内最大弯矩；

m_y、$m_{y,\max}$——平行于 l_{0y} 方向板中心点单位板宽内的弯矩和跨内最大弯矩；

m_x'——沿 l_{0x} 方向固定边中点单位板宽内的弯矩；

m_y'——沿 l_{0y} 方向固定边中点单位板宽内的弯矩。

说明3：

﹣﹣﹣﹣﹣﹣﹣代表简支边；⊥⊥⊥⊥⊥代表固定边。

附表 B-1　四边简支

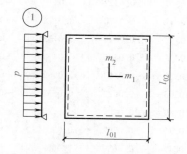

挠度=表中系数×$\dfrac{p l_{01}^4}{B_C}$；

$\nu=0$，弯矩=表中系数×$p l_{01}^2$；

这里 $l_{01} < l_{02}$。

l_{01}/l_{02}	f	m_1	m_2
0.50	0.01013	0.0965	0.0174
0.55	0.00940	0.0892	0.0210
0.60	0.00867	0.0820	0.0242
0.65	0.00796	0.0750	0.0271
0.70	0.00727	0.0683	0.0296
0.75	0.00663	0.0620	0.0317
0.80	0.00603	0.0561	0.0334
0.85	0.00547	0.0506	0.0348
0.90	0.00496	0.0456	0.0358
0.95	0.00449	0.0410	0.0364
1.00	0.00406	0.0368	0.0368

附表 B-2　三边简支一边固定

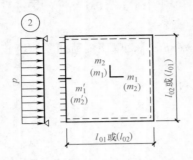

挠度 = 表中系数 $\times \dfrac{p l_{01}^4}{B_c}\left(\text{或} \times \dfrac{p(l_{01})^4}{B_c}\right)$；

$\nu = 0$，弯矩 = 表中系数 $\times p l_{01}^2$（或 $\times p(l_{01})^2$）；

这里 $l_{01} < l_{02}$，$(l_{01}) < (l_{02})$。

l_{01}/l_{02}	$(l_{01})/(l_{02})$	f	f_{max}	m_1	m_{1max}	m_2	m_{2max}	m_1' 或 (m_2')
0.50	—	0.00488	0.00504	0.0583	0.0646	0.0060	0.0063	−0.1212
0.55	—	0.00471	0.00492	0.0563	0.0618	0.0081	0.0087	−0.1187
0.60	—	0.00453	0.00472	0.0539	0.0589	0.0104	0.0111	−0.1158
0.65	—	0.00432	0.00448	0.0513	0.0559	0.0126	0.0133	−0.1124
0.70	—	0.00410	0.00422	0.0485	0.0529	0.0148	0.0154	−0.1087
0.75	—	0.00388	0.00399	0.0457	0.0496	0.0168	0.0174	−0.1048
0.80	—	0.00365	0.00376	0.0428	0.0463	0.0187	0.0193	−0.1007
0.85	—	0.00343	0.00352	0.0400	0.0431	0.0204	0.0211	−0.0965
0.90	—	0.00321	0.00329	0.0372	0.0400	0.0219	0.0226	−0.0922
0.95	—	0.00299	0.00306	0.0345	0.0369	0.0232	0.0239	−0.0880
1.00	1.00	0.00279	0.00285	0.0319	0.0340	0.0243	0.0249	−0.0839
—	0.95	0.00316	0.00324	0.0324	0.0345	0.0280	0.0287	−0.0882
—	0.90	0.00360	0.00368	0.0328	0.0347	0.0322	0.0330	−0.0926
—	0.85	0.00409	0.00417	0.0329	0.0347	0.0370	0.0378	−0.0970
—	0.80	0.00464	0.00473	0.0326	0.0343	0.0424	0.0433	−0.1014
—	0.75	0.00526	0.00536	0.0319	0.0335	0.0485	0.0494	−0.1056
—	0.70	0.00595	0.00605	0.0308	0.0323	0.0553	0.0562	−0.1096
—	0.65	0.00670	0.00680	0.0291	0.0306	0.0627	0.0637	−0.1133
—	0.60	0.00752	0.00762	0.0268	0.0289	0.0707	0.0717	−0.1166
—	0.55	0.00838	0.00848	0.0239	0.0271	0.0792	0.0801	−0.1193
—	0.50	0.00927	0.00935	0.0205	0.0249	0.0880	0.0888	−0.1215

附表 B-3　对边简支、对边固定

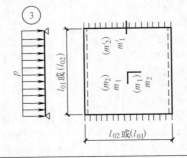

挠度 = 表中系数 $\times \dfrac{p l_{01}^4}{B_c}\left(\text{或} \times \dfrac{p(l_{01})^4}{B_c}\right)$；

$\nu = 0$，弯矩 = 表中系数 $\times p l_{01}^2$（或 $\times p(l_{01})^2$）；

这里 $l_{01} < l_{02}$，$(l_{01}) < (l_{02})$。

（续）

l_{01}/l_{02}	$(l_{01})/(l_{02})$	f	m_1	m_2	m_1' 或 (m_2')
0.50	—	0.00261	0.0416	0.0017	−0.0843
0.55	—	0.00259	0.0410	0.0028	−0.0840
0.60	—	0.00255	0.0402	0.0042	−0.0834
0.65	—	0.00250	0.0392	0.0057	−0.0826
0.70	—	0.00243	0.0379	0.0072	−0.0814
0.75	—	0.00236	0.0366	0.0088	−0.0799
0.80	—	0.00228	0.0351	0.0103	−0.0782
0.85	—	0.00220	0.0335	0.0118	−0.0763
0.90	—	0.00211	0.0319	0.0133	−0.0743
0.95	—	0.00201	0.0302	0.0146	−0.0721
1.00	1.00	0.00192	0.0285	0.0158	−0.0698
—	0.95	0.00223	0.0296	0.0189	−0.0746
—	0.90	0.00260	0.0306	0.0224	−0.0797
—	0.85	0.00303	0.0314	0.0266	−0.0850
—	0.80	0.00354	0.0319	0.0316	−0.0904
—	0.75	0.00413	0.0321	0.0374	−0.0959
—	0.70	0.00482	0.0318	0.0441	−0.1013
—	0.65	0.00560	0.0308	0.0518	−0.1066
—	0.60	0.00647	0.0292	0.0604	−0.1114
—	0.55	0.00743	0.0267	0.0698	−0.1156
—	0.50	0.00844	0.0234	0.0798	−0.1191

附表 B-4　四边固定

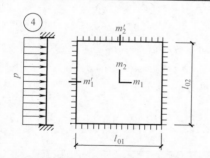

挠度 = 表中系数 $\times \dfrac{p l_{01}^4}{B_{\mathrm{C}}}$；

$\nu = 0$，弯矩 = 表中系数 $\times p l_{01}^2$；

这里 $l_{01} < l_{02}$。

l_{01}/l_{02}	f	m_1	m_2	m_1'	m_2'
0.50	0.00253	0.0400	0.0038	−0.0829	−0.0570
0.55	0.00246	0.0385	0.0056	−0.0814	−0.0571
0.60	0.00236	0.0367	0.0076	−0.0793	−0.0571
0.65	0.00224	0.0345	0.0095	−0.0766	−0.0571
0.70	0.00211	0.0321	0.0113	−0.0735	−0.0569
0.75	0.00197	0.0296	0.0130	−0.0701	−0.0565
0.80	0.00182	0.0271	0.0144	−0.0664	−0.0559
0.85	0.00168	0.0246	0.0156	−0.0626	−0.0551
0.90	0.00153	0.0221	0.0165	−0.0588	−0.0541
0.95	0.00140	0.0198	0.0172	−0.0550	−0.0528
1.00	0.00127	0.0176	0.0176	−0.0513	−0.0513

附表 B-5　邻边简支、邻边固定

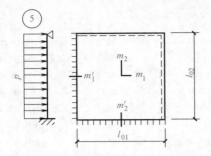

挠度 = 表中系数 $\times \dfrac{pl_{01}^4}{B_C}$；

$\nu = 0$，弯矩 = 表中系数 $\times pl_{01}^2$；

这里 $l_{01} < l_{02}$。

l_{01}/l_{02}	f	$f_{\max}$	m_1	$m_{1\max}$	m_2	$m_{2\max}$	m_1'	m_2'
0.50	0.00468	0.00471	0.0559	0.0562	0.0079	0.0135	−0.1179	−0.0786
0.55	0.00445	0.00454	0.0529	0.0530	0.0104	0.0153	−0.1140	−0.0785
0.60	0.00419	0.00429	0.0496	0.0498	0.0129	0.0169	−0.1095	−0.0782
0.65	0.00391	0.00399	0.0461	0.0465	0.0151	0.0183	−0.1045	−0.0777
0.70	0.00363	0.00368	0.0426	0.0432	0.0172	0.0195	−0.0992	−0.0770
0.75	0.00335	0.00340	0.0390	0.0396	0.0189	0.0206	−0.0938	−0.0760
0.80	0.00308	0.00313	0.0356	0.0361	0.0204	0.0218	−0.0883	−0.0748
0.85	0.00281	0.00286	0.0322	0.0328	0.0215	0.0229	−0.0829	−0.0733
0.90	0.00256	0.00261	0.0291	0.0297	0.0224	0.0238	−0.0776	−0.0716
0.95	0.00232	0.00237	0.0261	0.0267	0.0230	0.0244	−0.0726	−0.0698
1.00	0.00210	0.00215	0.0234	0.0240	0.0234	0.0249	−0.0677	−0.0677

附表 B-6　三边固定、一边简支

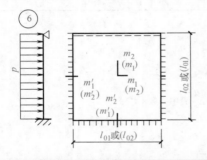

挠度 = 表中系数 $\times pl_{01}^4$（或 $\times p(l_{01})^4$）；

$\nu = 0$，弯矩 = 表中系数 $\times pl_{01}^2$（或 $\times p(l_{01})^2$）；

这里 $l_{01} < l_{02}$，$(l_{01}) < (l_{02})$。

l_{01}/l_{02}	$(l_{01})/(l_{02})$	f	$f_{\max}$	m_1	$m_{1\max}$	m_2	$m_{2\max}$	m_1'	m_2'
0.50	—	0.00257	0.00258	0.0408	0.0409	0.0028	0.0089	−0.0836	−0.0569
0.55	—	0.00252	0.00255	0.0398	0.0399	0.0042	0.0093	−0.0827	−0.0570
0.60	—	0.00245	0.00249	0.0384	0.0386	0.0059	0.0105	−0.0814	−0.0571
0.65	—	0.00237	0.00240	0.0368	0.0371	0.0076	0.0116	−0.0796	−0.0572
0.70	—	0.00227	0.00229	0.0350	0.0354	0.0093	0.0127	−0.0774	−0.0572
0.75	—	0.00216	0.00219	0.0331	0.0335	0.0109	0.0137	−0.0750	−0.0572
0.80	—	0.00205	0.00208	0.0310	0.0314	0.0124	0.0147	−0.0722	−0.0570
0.85		0.00193	0.00196	0.0289	0.0293	0.0138	0.0155	−0.0693	−0.0567
0.90		0.00181	0.00184	0.0268	0.0273	0.0159	0.0163	−0.0663	−0.0563
0.95	—	0.00169	0.00172	0.0247	0.0252	0.0160	0.0172	−0.0631	−0.0558
1.00	1.00	0.00157	0.00160	0.0227	0.0231	0.0168	0.0180	−0.0600	−0.0550
—	0.95	0.00178	0.00182	0.0229	0.0234	0.0194	0.0207	−0.0629	−0.0599

（续）

l_{01}/l_{02}	$(l_{01})/(l_{02})$	f	f_{max}	m_1	m_{1max}	m_2	m_{2max}	m_1'	m_2'
—	0.90	0.00201	0.00206	0.0228	0.0234	0.0223	0.0238	−0.0656	−0.0653
—	0.85	0.00227	0.00233	0.0225	0.0231	0.0255	0.0273	−0.0683	−0.0711
—	0.80	0.00256	0.00262	0.0219	0.0224	0.0290	0.0311	−0.0707	−0.0772
—	0.75	0.00286	0.00294	0.0208	0.0214	0.0329	0.0354	−0.0729	−0.0837
—	0.70	0.00319	0.00327	0.0194	0.0200	0.0370	0.0400	−0.0748	−0.0903
—	0.65	0.00352	0.00365	0.0175	0.0182	0.0412	0.0446	−0.0762	−0.0970
—	0.60	0.00386	0.00403	0.0153	0.0160	0.0454	0.0493	−0.0773	−0.1033
—	0.55	0.00419	0.00437	0.0127	0.0133	0.0496	0.0541	−0.0780	−0.1093
—	0.50	0.00449	0.00463	0.0099	0.0103	0.0534	0.0588	−0.0784	−0.1146

■ 附录 C 规则框架承受均布及倒三角形分布水平力作用时反弯点的高度比

附表 C-1 规则框架承受均布水平力作用时标准反弯点的高度比 y_0 值

n	j	K 0.1	0.2	0.3	0.4	0.5	0.6	0.7	0.8	0.9	1.0	2.0	3.0	4.0	5.0
1	1	0.80	0.75	0.70	0.65	0.65	0.60	0.60	0.60	0.60	0.55	0.55	0.55	0.55	0.55
2	2	0.45	0.40	0.35	0.35	0.35	0.35	0.40	0.40	0.40	0.40	0.45	0.45	0.45	0.45
	1	0.95	0.80	0.75	0.70	0.65	0.65	0.65	0.60	0.60	0.60	0.55	0.55	0.55	0.50
3	3	0.15	0.20	0.20	0.25	0.30	0.30	0.30	0.35	0.35	0.40	0.45	0.45	0.45	0.45
	2	0.55	0.50	0.45	0.45	0.45	0.45	0.45	0.45	0.45	0.45	0.50	0.50	0.50	0.50
	1	1.00	0.85	0.80	0.75	0.70	0.70	0.65	0.65	0.65	0.60	0.55	0.55	0.55	0.55
4	4	−0.05	0.05	0.15	0.20	0.25	0.30	0.30	0.35	0.35	0.35	0.40	0.45	0.45	0.45
	3	0.25	0.30	0.30	0.35	0.35	0.40	0.40	0.40	0.40	0.45	0.45	0.50	0.50	0.50
	2	0.65	0.55	0.50	0.50	0.45	0.45	0.45	0.45	0.45	0.45	0.50	0.50	0.50	0.50
	1	1.10	0.90	0.80	0.75	0.70	0.70	0.65	0.65	0.65	0.60	0.55	0.55	0.55	0.55
5	5	−0.20	0.00	0.15	0.20	0.25	0.30	0.30	0.30	0.35	0.35	0.40	0.45	0.45	0.45
	4	0.10	0.20	0.25	0.30	0.35	0.35	0.40	0.40	0.40	0.40	0.45	0.45	0.50	0.50
	3	0.40	0.40	0.40	0.40	0.40	0.45	0.45	0.45	0.45	0.45	0.50	0.50	0.50	0.50
	2	0.65	0.55	0.50	0.50	0.50	0.50	0.50	0.50	0.50	0.50	0.50	0.50	0.50	0.50
	1	1.20	0.95	0.80	0.75	0.75	0.70	0.70	0.65	0.65	0.65	0.55	0.55	0.55	0.55
6	6	−0.30	0.00	0.10	0.20	0.25	0.25	0.30	0.30	0.35	0.35	0.40	0.45	0.45	0.45
	5	0.00	0.20	0.25	0.30	0.35	0.35	0.40	0.40	0.40	0.40	0.45	0.45	0.50	0.50
	4	0.20	0.30	0.35	0.35	0.40	0.40	0.40	0.45	0.45	0.45	0.45	0.50	0.50	0.50
	3	0.40	0.40	0.40	0.45	0.45	0.45	0.45	0.45	0.45	0.45	0.50	0.50	0.50	0.50
	2	0.70	0.60	0.55	0.50	0.50	0.50	0.50	0.50	0.50	0.50	0.50	0.50	0.50	0.50
	1	1.20	0.95	0.85	0.80	0.75	0.70	0.70	0.65	0.65	0.65	0.55	0.55	0.55	0.55
7	7	−0.35	−0.05	0.10	0.20	0.20	0.25	0.30	0.30	0.35	0.35	0.40	0.45	0.45	0.45
	6	−0.10	0.15	0.25	0.30	0.35	0.35	0.35	0.40	0.40	0.40	0.45	0.45	0.50	0.50
	5	0.10	0.25	0.30	0.35	0.40	0.40	0.40	0.45	0.45	0.45	0.45	0.50	0.50	0.50
	4	0.30	0.35	0.40	0.40	0.40	0.45	0.45	0.45	0.45	0.45	0.50	0.50	0.50	0.50
	3	0.50	0.45	0.45	0.45	0.45	0.45	0.45	0.45	0.45	0.45	0.50	0.50	0.50	0.50
	2	0.75	0.60	0.55	0.50	0.50	0.50	0.50	0.50	0.50	0.50	0.50	0.50	0.50	0.50
	1	1.20	0.95	0.85	0.80	0.75	0.70	0.70	0.65	0.65	0.65	0.55	0.55	0.55	0.55

（续）

n	j \ K	0.1	0.2	0.3	0.4	0.5	0.6	0.7	0.8	0.9	1.0	2.0	3.0	4.0	5.0
8	8	−0.35	−0.15	0.10	0.15	0.25	0.25	0.30	0.30	0.35	0.35	0.40	0.45	0.45	0.45
	7	−0.10	0.15	0.25	0.30	0.35	0.35	0.40	0.40	0.40	0.40	0.45	0.50	0.50	0.50
	6	0.05	0.25	0.30	0.35	0.40	0.40	0.40	0.45	0.45	0.45	0.45	0.50	0.50	0.50
	5	0.20	0.30	0.35	0.40	0.40	0.45	0.45	0.45	0.45	0.45	0.50	0.50	0.50	0.50
	4	0.35	0.40	0.40	0.45	0.45	0.45	0.45	0.45	0.45	0.45	0.50	0.50	0.50	0.50
	3	0.50	0.45	0.45	0.45	0.45	0.45	0.45	0.45	0.50	0.50	0.50	0.50	0.50	0.50
	2	0.75	0.60	0.55	0.55	0.50	0.50	0.50	0.50	0.50	0.50	0.50	0.50	0.50	0.50
	1	1.20	1.00	0.85	0.80	0.75	0.70	0.70	0.65	0.65	0.65	0.55	0.55	0.55	0.55
9	9	−0.40	−0.05	0.10	0.20	0.25	0.25	0.30	0.30	0.35	0.35	0.45	0.45	0.45	0.45
	8	−0.15	0.15	0.25	0.30	0.35	0.35	0.35	0.40	0.40	0.40	0.45	0.45	0.50	0.50
	7	0.05	0.25	0.30	0.35	0.40	0.40	0.40	0.45	0.45	0.45	0.45	0.50	0.50	0.50
	6	0.15	0.30	0.35	0.40	0.40	0.45	0.45	0.45	0.45	0.45	0.50	0.50	0.50	0.50
	5	0.25	0.35	0.40	0.40	0.45	0.45	0.45	0.45	0.45	0.45	0.50	0.50	0.50	0.50
	4	0.40	0.40	0.40	0.45	0.45	0.45	0.45	0.45	0.45	0.45	0.50	0.50	0.50	0.50
	3	0.55	0.45	0.45	0.45	0.45	0.45	0.45	0.45	0.50	0.50	0.50	0.50	0.50	0.50
	2	0.80	0.65	0.55	0.55	0.50	0.50	0.50	0.50	0.50	0.50	0.50	0.50	0.50	0.50
	1	1.20	1.00	0.85	0.80	0.75	0.70	0.70	0.65	0.65	0.65	0.55	0.55	0.55	0.55
10	10	−0.40	−0.05	0.10	0.20	0.25	0.30	0.30	0.30	0.35	0.35	0.40	0.45	0.45	0.45
	9	−0.15	0.15	0.25	0.30	0.35	0.35	0.40	0.40	0.40	0.40	0.45	0.45	0.50	0.50
	8	0.00	0.25	0.30	0.35	0.40	0.40	0.40	0.45	0.45	0.45	0.45	0.50	0.50	0.50
	7	0.10	0.30	0.35	0.40	0.40	0.45	0.45	0.45	0.45	0.45	0.50	0.50	0.50	0.50
	6	0.20	0.35	0.40	0.40	0.45	0.45	0.45	0.45	0.45	0.45	0.50	0.50	0.50	0.50
	5	0.30	0.40	0.40	0.45	0.45	0.45	0.45	0.45	0.45	0.50	0.50	0.50	0.50	0.50
	4	0.40	0.40	0.45	0.45	0.45	0.45	0.45	0.45	0.45	0.50	0.50	0.50	0.50	0.50
	3	0.55	0.50	0.45	0.45	0.45	0.50	0.50	0.50	0.50	0.50	0.50	0.50	0.50	0.50
	2	0.80	0.65	0.55	0.55	0.55	0.50	0.50	0.50	0.50	0.50	0.50	0.50	0.50	0.50
	1	1.30	1.00	0.85	0.80	0.75	0.70	0.70	0.65	0.65	0.65	0.60	0.55	0.55	0.55
11	11	−0.40	0.05	0.10	0.20	0.25	0.30	0.30	0.30	0.35	0.35	0.40	0.45	0.45	0.45
	10	−0.15	0.15	0.25	0.30	0.35	0.35	0.40	0.40	0.40	0.40	0.45	0.45	0.50	0.50
	9	0.00	0.25	0.30	0.35	0.40	0.40	0.40	0.45	0.45	0.45	0.45	0.50	0.50	0.50
	8	0.10	0.30	0.35	0.40	0.40	0.45	0.45	0.45	0.45	0.45	0.50	0.50	0.50	0.50
	7	0.20	0.35	0.40	0.45	0.45	0.45	0.45	0.45	0.45	0.45	0.50	0.50	0.50	0.50
	6	0.25	0.35	0.40	0.45	0.45	0.45	0.45	0.45	0.45	0.45	0.50	0.50	0.50	0.50
	5	0.35	0.40	0.40	0.45	0.45	0.45	0.45	0.45	0.45	0.50	0.50	0.50	0.50	0.50
	4	0.40	0.45	0.45	0.45	0.45	0.45	0.45	0.50	0.50	0.50	0.50	0.50	0.50	0.50
	3	0.55	0.50	0.50	0.50	0.50	0.50	0.50	0.50	0.50	0.50	0.50	0.50	0.50	0.50
	2	0.80	0.65	0.60	0.55	0.55	0.50	0.50	0.50	0.50	0.50	0.50	0.50	0.50	0.50
	1	1.30	1.00	0.85	0.80	0.75	0.70	0.70	0.65	0.65	0.65	0.60	0.55	0.55	0.55
12 以 上	↓ 1	−0.40	−0.05	0.10	0.20	0.25	0.30	0.30	0.30	0.35	0.35	0.40	0.45	0.45	0.45
	2	−0.15	0.15	0.25	0.30	0.35	0.35	0.40	0.40	0.40	0.40	0.45	0.45	0.50	0.50
	3	0.00	0.25	0.30	0.35	0.40	0.40	0.40	0.45	0.45	0.45	0.50	0.50	0.50	0.50
	4	0.10	0.30	0.35	0.40	0.40	0.45	0.45	0.45	0.45	0.45	0.50	0.50	0.50	0.50
	5	0.20	0.35	0.40	0.40	0.45	0.45	0.45	0.45	0.45	0.45	0.50	0.50	0.50	0.50
	6	0.25	0.35	0.40	0.45	0.45	0.45	0.45	0.45	0.45	0.45	0.50	0.50	0.50	0.50
	7	0.30	0.40	0.40	0.45	0.45	0.45	0.45	0.45	0.45	0.50	0.50	0.50	0.50	0.50
	8	0.35	0.40	0.45	0.45	0.45	0.45	0.45	0.45	0.50	0.50	0.50	0.50	0.50	0.50
	中间	0.40	0.40	0.45	0.45	0.45	0.45	0.50	0.50	0.50	0.50	0.50	0.50	0.50	0.50

（续）

n	j	0.1	0.2	0.3	0.4	0.5	0.6	0.7	0.8	0.9	1.0	2.0	3.0	4.0	5.0
12以上	4	0.45	0.45	0.45	0.45	0.50	0.50	0.50	0.50	0.50	0.50	0.50	0.50	0.50	0.50
	3	0.60	0.50	0.50	0.50	0.50	0.50	0.50	0.50	0.50	0.50	0.50	0.50	0.50	0.50
	2	0.80	0.65	0.60	0.55	0.55	0.50	0.50	0.50	0.50	0.50	0.50	0.50	0.50	0.50
	↑1	1.30	1.00	0.85	0.80	0.75	0.70	0.70	0.65	0.65	0.65	0.55	0.55	0.55	0.55

注：
$$K=\frac{i_1+i_2+i_3+i_4}{2i}。$$

（示意：i_1、i_2 为上部梁，i 为柱，i_3、i_4 为下部梁）

附表 C-2　规则框架承受倒三角形分布水平力作用时标准反弯点的高度比 y_0 值

n	j	0.1	0.2	0.3	0.4	0.5	0.6	0.7	0.8	0.9	1.0	2.0	3.0	4.0	5.0
1	1	0.80	0.75	0.70	0.65	0.65	0.60	0.60	0.60	0.60	0.55	0.55	0.55	0.55	0.55
2	2	0.50	0.45	0.40	0.40	0.40	0.40	0.40	0.40	0.40	0.45	0.45	0.45	0.45	0.50
	1	1.00	0.85	0.75	0.70	0.70	0.65	0.65	0.65	0.60	0.60	0.55	0.55	0.55	0.55
3	3	0.25	0.25	0.25	0.30	0.30	0.35	0.35	0.35	0.40	0.40	0.45	0.45	0.45	0.50
	2	0.60	0.50	0.50	0.50	0.50	0.45	0.45	0.45	0.45	0.45	0.50	0.50	0.50	0.50
	1	1.15	0.90	0.80	0.75	0.75	0.70	0.70	0.65	0.65	0.65	0.60	0.55	0.55	0.55
4	4	0.10	0.15	0.20	0.25	0.30	0.30	0.35	0.35	0.35	0.40	0.45	0.45	0.45	0.45
	3	0.35	0.35	0.35	0.40	0.40	0.40	0.40	0.45	0.45	0.45	0.45	0.50	0.50	0.50
	2	0.70	0.60	0.55	0.50	0.50	0.50	0.50	0.50	0.50	0.50	0.50	0.50	0.50	0.50
	1	1.20	0.95	0.85	0.80	0.75	0.70	0.70	0.70	0.65	0.65	0.55	0.55	0.55	0.55
5	5	-0.05	0.10	0.20	0.25	0.30	0.30	0.35	0.35	0.35	0.40	0.45	0.45	0.45	0.45
	4	0.20	0.25	0.35	0.35	0.40	0.40	0.40	0.40	0.40	0.45	0.45	0.50	0.50	0.50
	3	0.45	0.40	0.45	0.45	0.45	0.45	0.45	0.45	0.45	0.45	0.50	0.50	0.50	0.50
	2	0.75	0.60	0.55	0.55	0.50	0.50	0.50	0.50	0.50	0.50	0.50	0.50	0.50	0.50
	1	1.30	1.00	0.85	0.80	0.75	0.70	0.70	0.65	0.65	0.65	0.65	0.55	0.55	0.55
6	6	-0.15	0.05	0.15	0.20	0.25	0.30	0.30	0.35	0.35	0.35	0.40	0.45	0.45	0.45
	5	0.10	0.25	0.30	0.35	0.35	0.40	0.40	0.40	0.45	0.45	0.45	0.50	0.50	0.50
	4	0.30	0.35	0.40	0.40	0.45	0.45	0.45	0.45	0.45	0.45	0.50	0.50	0.50	0.50
	3	0.50	0.45	0.45	0.45	0.45	0.45	0.45	0.45	0.45	0.50	0.50	0.50	0.50	0.50
	2	0.80	0.65	0.55	0.55	0.55	0.55	0.50	0.50	0.50	0.50	0.50	0.50	0.50	0.50
	1	1.30	1.00	0.85	0.80	0.75	0.70	0.70	0.65	0.65	0.65	0.60	0.55	0.55	0.55
7	7	-0.20	0.05	0.15	0.20	0.25	0.30	0.30	0.35	0.35	0.35	0.45	0.45	0.45	0.45
	6	0.05	0.20	0.30	0.35	0.35	0.40	0.40	0.40	0.40	0.45	0.45	0.50	0.50	0.50
	5	0.20	0.30	0.35	0.40	0.40	0.45	0.45	0.45	0.45	0.45	0.50	0.50	0.50	0.50
	4	0.35	0.40	0.40	0.45	0.45	0.45	0.45	0.45	0.45	0.45	0.50	0.50	0.50	0.50
	3	0.55	0.50	0.50	0.50	0.50	0.50	0.50	0.50	0.50	0.50	0.50	0.50	0.50	0.50
	2	0.80	0.65	0.60	0.55	0.55	0.55	0.50	0.50	0.50	0.50	0.50	0.50	0.50	0.50
	1	1.30	1.00	0.90	0.80	0.75	0.70	0.70	0.70	0.65	0.65	0.60	0.55	0.55	0.55
8	8	-0.20	0.05	0.15	0.20	0.25	0.30	0.30	0.35	0.35	0.35	0.45	0.45	0.45	0.45
	7	0.00	0.20	0.30	0.35	0.35	0.40	0.40	0.40	0.40	0.45	0.45	0.50	0.50	0.50
	6	0.15	0.30	0.35	0.40	0.40	0.45	0.45	0.45	0.45	0.45	0.50	0.50	0.50	0.50
	5	0.30	0.45	0.40	0.45	0.45	0.45	0.45	0.45	0.45	0.45	0.50	0.50	0.50	0.50
	4	0.40	0.45	0.45	0.45	0.45	0.45	0.50	0.50	0.50	0.50	0.50	0.50	0.50	0.50
	3	0.60	0.50	0.50	0.50	0.50	0.50	0.50	0.50	0.50	0.50	0.50	0.50	0.50	0.50

（续）

n	j \ K	0.1	0.2	0.3	0.4	0.5	0.6	0.7	0.8	0.9	1.0	2.0	3.0	4.0	5.0
8	2	0.85	0.65	0.60	0.55	0.55	0.55	0.50	0.50	0.50	0.50	0.50	0.50	0.50	0.50
	1	1.30	1.00	0.90	0.80	0.75	0.70	0.70	0.70	0.65	0.65	0.60	0.55	0.55	0.55
9	9	−0.25	0.00	0.15	0.20	0.25	0.30	0.30	0.35	0.35	0.40	0.45	0.45	0.45	0.45
	8	−0.00	0.20	0.30	0.35	0.35	0.40	0.40	0.40	0.40	0.45	0.45	0.50	0.50	0.50
	7	0.15	0.30	0.35	0.40	0.40	0.45	0.45	0.45	0.45	0.45	0.50	0.50	0.50	0.50
	6	0.25	0.35	0.40	0.40	0.45	0.45	0.45	0.45	0.45	0.50	0.50	0.50	0.50	0.50
	5	0.35	0.40	0.45	0.45	0.45	0.45	0.45	0.45	0.50	0.50	0.50	0.50	0.50	0.50
	4	0.45	0.45	0.45	0.45	0.45	0.50	0.50	0.50	0.50	0.50	0.50	0.50	0.50	0.50
	3	0.60	0.50	0.50	0.50	0.50	0.50	0.50	0.50	0.50	0.50	0.50	0.50	0.50	0.50
	2	0.85	0.65	0.60	0.55	0.55	0.55	0.55	0.50	0.50	0.50	0.50	0.50	0.50	0.50
	1	1.35	1.00	0.90	0.80	0.75	0.75	0.70	0.70	0.65	0.65	0.60	0.55	0.55	0.55
10	10	−0.25	0.00	0.15	0.20	0.25	0.30	0.30	0.35	0.35	0.40	0.45	0.45	0.45	0.45
	9	−0.05	0.20	0.30	0.35	0.35	0.40	0.40	0.40	0.40	0.45	0.45	0.50	0.50	0.50
	8	0.10	0.30	0.35	0.40	0.40	0.40	0.45	0.45	0.45	0.45	0.50	0.50	0.50	0.50
	7	0.20	0.35	0.40	0.40	0.45	0.45	0.45	0.45	0.45	0.50	0.50	0.50	0.50	0.50
	6	0.30	0.40	0.40	0.45	0.45	0.45	0.45	0.45	0.45	0.50	0.50	0.50	0.50	0.50
	5	0.40	0.45	0.45	0.45	0.45	0.45	0.50	0.50	0.50	0.50	0.50	0.50	0.50	0.50
	4	0.50	0.45	0.45	0.45	0.50	0.50	0.50	0.50	0.50	0.50	0.50	0.50	0.50	0.50
	3	0.60	0.55	0.50	0.50	0.50	0.50	0.50	0.50	0.50	0.50	0.50	0.50	0.50	0.50
	2	0.85	0.65	0.60	0.55	0.55	0.55	0.55	0.50	0.50	0.50	0.50	0.50	0.50	0.50
	1	1.35	1.00	0.90	0.80	0.75	0.75	0.70	0.70	0.65	0.65	0.60	0.55	0.55	0.55
11	11	−0.25	0.00	0.15	0.20	0.25	0.30	0.30	0.30	0.35	0.35	0.45	0.45	0.45	0.45
	10	−0.05	0.20	0.25	0.30	0.35	0.40	0.40	0.40	0.40	0.45	0.45	0.50	0.50	0.50
	9	0.10	0.30	0.35	0.40	0.40	0.40	0.45	0.45	0.45	0.45	0.50	0.50	0.50	0.50
	8	0.20	0.35	0.40	0.40	0.45	0.45	0.45	0.45	0.45	0.45	0.50	0.50	0.50	0.50
	7	0.25	0.40	0.40	0.45	0.45	0.45	0.45	0.45	0.45	0.50	0.50	0.50	0.50	0.50
	6	0.35	0.40	0.45	0.45	0.45	0.45	0.45	0.50	0.50	0.50	0.50	0.50	0.50	0.50
	5	0.40	0.45	0.45	0.45	0.45	0.50	0.50	0.50	0.50	0.50	0.50	0.50	0.50	0.50
	4	0.50	0.50	0.50	0.50	0.50	0.50	0.50	0.50	0.50	0.50	0.50	0.50	0.50	0.50
	3	0.65	0.55	0.50	0.50	0.50	0.50	0.50	0.50	0.50	0.50	0.50	0.50	0.50	0.50
	2	0.85	0.65	0.60	0.55	0.55	0.55	0.55	0.50	0.50	0.50	0.50	0.50	0.50	0.50
	1	1.35	1.05	0.90	0.80	0.75	0.75	0.70	0.70	0.65	0.65	0.60	0.55	0.55	0.55
12 以 上	↓1	−0.30	0.00	0.15	0.20	0.25	0.30	0.30	0.30	0.35	0.35	0.40	0.45	0.45	0.45
	2	−0.10	0.20	0.25	0.30	0.35	0.40	0.40	0.40	0.40	0.40	0.45	0.45	0.45	0.50
	3	0.05	0.25	0.35	0.40	0.40	0.40	0.45	0.45	0.45	0.45	0.45	0.50	0.50	0.50
	4	0.15	0.30	0.40	0.40	0.45	0.45	0.45	0.45	0.45	0.45	0.50	0.50	0.50	0.50
	5	0.25	0.35	0.50	0.45	0.45	0.45	0.45	0.45	0.45	0.45	0.50	0.50	0.50	0.50
	6	0.30	0.40	0.50	0.45	0.45	0.45	0.45	0.50	0.50	0.50	0.50	0.50	0.50	0.50
	7	0.35	0.40	0.55	0.45	0.45	0.45	0.50	0.50	0.50	0.50	0.50	0.50	0.50	0.50
	8	0.35	0.45	0.55	0.45	0.50	0.50	0.50	0.50	0.50	0.50	0.50	0.50	0.50	0.50
	中间	0.45	0.45	0.55	0.45	0.50	0.50	0.50	0.50	0.50	0.50	0.50	0.50	0.50	0.50
	4	0.55	0.50	0.50	0.50	0.50	0.50	0.50	0.50	0.50	0.50	0.50	0.50	0.50	0.50
	3	0.65	0.55	0.50	0.50	0.50	0.50	0.50	0.50	0.50	0.50	0.50	0.50	0.50	0.50
	2	0.70	0.70	0.60	0.55	0.55	0.55	0.55	0.50	0.50	0.50	0.50	0.50	0.50	0.50
	↑1	1.35	1.05	0.90	0.80	0.75	0.70	0.70	0.70	0.65	0.65	0.60	0.55	0.55	0.55

附表 C-3　上下层横梁线刚度比对 y_0 的修正值 y_1

I \ K	0.1	0.2	0.3	0.4	0.5	0.6	0.7	0.8	0.9	1.0	2.0	3.0	4.0	5.0
0.4	0.55	0.40	0.30	0.25	0.20	0.20	0.20	0.15	0.15	0.15	0.05	0.05	0.05	0.05
0.5	0.45	0.30	0.20	0.20	0.15	0.15	0.15	0.10	0.10	0.10	0.05	0.05	0.05	0.05
0.6	0.30	0.20	0.15	0.15	0.10	0.10	0.10	0.10	0.05	0.05	0.05	0.05	0	0
0.7	0.20	0.15	0.10	0.10	0.10	0.05	0.05	0.05	0.05	0.05	0	0	0	0
0.8	0.15	0.10	0.05	0.05	0.05	0.05	0.05	0.05	0.05	0	0	0	0	0
0.9	0.05	0.05	0.05	0.05	0	0	0	0	0	0	0	0	0	0

注：

$$I=\frac{i_1+i_2}{i_3+i_4}，当 i_1+i_2>i_3+i_4 时，取 I=\frac{i_3+i_4}{i_1+i_2}，同时在查得的 y_1 值前加负号 “-”。$$

$$K=\frac{i_1+i_2+i_3+i_4}{2i_c}。$$

附表 C-4　上下层高变化对 y_0 的修正值 y_2 和 y_3

α_2	α_3	K=0.1	0.2	0.3	0.4	0.5	0.6	0.7
2.0	—	0.25	0.15	0.15	0.10	0.10	0.10	0.10
1.8	—	0.20	0.15	0.10	0.10	0.10	0.05	0.05
1.6	0.4	0.15	0.10	0.10	0.05	0.05	0.05	0.05
1.4	0.6	0.10	0.05	0.05	0.05	0.05	0.05	0.05
1.2	0.8	0.05	0.05	0.05	0.0	0.0	0.0	0.0
1.0	1.0	0.0	0.0	0.0	0.0	0.0	0.0	0.0
0.8	1.2	-0.05	-0.05	-0.05	0.0	0.0	0.0	0.0
0.6	1.4	-0.10	-0.05	-0.05	-0.05	-0.05	-0.05	-0.05
0.4	1.6	-0.15	-0.10	-0.10	-0.05	-0.05	-0.05	-0.05
—	1.8	-0.20	-0.15	-0.10	-0.10	-0.10	-0.05	-0.05
—	2.0	-0.25	-0.15	-0.15	-0.10	-0.10	-0.10	-0.10
2.0	—	0.10	0.05	0.05	0.05	0.05	0.0	0.0
1.8	—	0.05	0.05	0.05	0.05	0.0	0.0	0.0
1.6	0.4	0.05	0.05	0.0	0.0	0.0	0.0	0.0
1.4	0.6	0.05	0.05	0.0	0.0	0.0	0.0	0.0
1.2	0.8	0.0	0.0	0.0	0.0	0.0	0.0	0.0
1.0	1.0	0.0	0.0	0.0	0.0	0.0	0.0	0.0
0.8	1.2	0.0	0.0	0.0	0.0	0.0	0.0	0.0
0.6	1.4	-0.05	-0.05	0.0	0.0	0.0	0.0	0.0
0.4	1.6	-0.05	-0.05	-0.05	0.0	0.0	0.0	0.0
—	1.8	-0.05	-0.05	-0.05	-0.05	0.0	0.0	0.0
—	2.0	-0.10	-0.05	-0.05	-0.05	-0.05	0.0	0.0

注：

y_2 ——按照 K 及 α_2 求得，上层较高时为正值。

y_3 ——按照 K 及 α_3 求得。

参 考 文 献

[1] 童林旭. 地下建筑学 [M]. 济南：山东科学技术出版社，1994.

[2] 刘新荣. 地下结构设计 [M]. 重庆：重庆大学出版社，2013.

[3] 龚维明. 地下结构工程 [M]. 南京：东南大学出版社，2004.

[4] 朱合华. 地下建筑结构 [M]. 3 版. 北京：中国建筑工业出版社，2016.

[5] 铁道第二勘察设计院. 铁路隧道设计规范：TB 10003—2016 [S]. 北京：中国铁道出版社，2016.

[6] 中华人民共和国交通运输部. 公路隧道设计细则：JTG/T D70—2010 [S]. 北京：人民交通出版社，2010.

[7] 中华人民共和国住房和城乡建设部，中华人民共和国国家质量监督检验检疫总局. 地铁设计规范：GB 50157—2013 [S]. 北京：中国建筑工业出版社，2014.

[8] 中华人民共和国建设部，中华人民共和国国家质量监督检验检疫总局. 人民防空地下室设计规范：GB 50038—2005 [S]. 北京：中国计划出版社，2005.

[9] 国家铁路局. 铁路桥涵设计规范：TB 10002—2017 J 460—2017 [S]. 北京：中国铁道出版社，2017.

[10] 中华人民共和国住房和城乡建设部，中华人民共和国国家质量监督检验检疫总局. 建筑结构荷载规范：GB 50009—2012 [S]. 北京：中国建筑工业出版社，2012.

[11] 中华人民共和国建设部，中华人民共和国国家质量监督检验检疫总局. 铁路工程抗震设计规范：GB 50111—2006 [S]. 2009 年版. 北京：中国计划出版社，2009.

[12] 中华人民共和国交通运输部. 公路桥涵设计通用规范：JTG D60—2015 [S]. 北京：人民交通出版社，2015.

[13] 门玉明，王启耀，刘妮娜. 地下建筑结构 [M]. 2 版. 北京：人民交通出版社股份有限公司，2016.

[14] 王树理. 地下建筑结构设计 [M]. 3 版. 北京：清华大学出版社，2015.

[15] 葛俊颖. 桥梁工程：上 [M]. 北京：中国铁道出版社，2014.

[16] 中华人民共和国水利部. 水工隧洞设计规范：SL 279—2016 [S]. 北京：中国水利水电出版社，2016.

[17] 朱永全，宋玉香. 地下铁道 [M]. 3 版. 北京：中国铁道出版社，2015.

[18] 曾亚武. 地下结构设计模型 [M]. 武汉：武汉大学出版社，2013.

[19] 吴能森. 地下工程结构 [M]. 武汉：武汉理工大学出版社，2010.

[20] 孟丽军，赵静. 房屋建筑工程 [M]. 2 版. 北京：机械工业出版社，2016

[21] 东南大学，同济大学，天津大学. 混凝土结构：中册 混凝土结构与砌体结构设计 [M]. 6 版. 北京：中国建筑工业出版社，2016.

[22] 刘勇，朱永全. 地下空间工程 [M]. 北京：机械工业出版社，2014.

[23] 中华人民共和国住房和城乡建设部，中华人民共和国国家质量监督检验检疫总局. 建筑地基基础设计规范：GB 50007—2011 [S]. 北京：中国建筑工业出版社，2011.

[24] 中华人民共和国住房和城乡建设部. 高层建筑筏形与箱形基础技术规范：JGJ 6—2011 [S]. 北京：中国建筑工业出版社，2011.

[25] 刘新宇，马林建. 地下结构 [M]. 上海：同济大学出版社，2016.

[26] 崔振东，张忠良. 地下结构设计 [M]. 北京：中国建筑工业出版社，2017.

[27] 华南理工大学，浙江大学，湖南大学. 基础工程 [M]. 3 版. 北京：中国建筑工业出版社，2014.

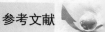

［28］ 李国胜. 多高层建筑基础及地下室结构设计（附实例）［M］. 北京：中国建筑工业出版社，2011.

［29］ 侯兆霞. 基础工程［M］. 北京：中国建材工业出版社，2004.

［30］ 中华人民共和国住房和城乡建设部. 建筑基坑支护技术规程：JGJ 120—2012［S］. 北京：中国建筑工业出版社，2012.

［31］ 孔德森，吴燕开. 基坑支护工程［M］. 北京：冶金工业出版社，2012.

［32］ 刘国彬，王卫东. 基坑工程手册［M］. 2版. 北京：中国建筑工业出版社，2009.

［33］ 蒋国盛. 基坑工程［M］. 北京：中国地质大学出版社，2000.

［34］ 蒋雅君，邱品茗. 地下工程本科毕业设计指南［M］. 成都：西南交通大学出版社，2015.

［35］ 建筑结构静力计算手册编写组. 建筑结构静力计算手册［M］. 2版. 北京：中国建筑工业出版社，1998.